物种起源

[英] 达尔文◎著　刘连景◎译

图书在版编目（CIP）数据

物种起源／（英）达尔文著. -- 北京：
新世界出版社, 2014.5
ISBN 978-7-5104-5009-9

Ⅰ.①物…　Ⅱ.①达…②刘…　Ⅲ.①达尔文学说
Ⅳ.①Q111.2

中国版本图书馆CIP数据核字（2014）第088939号

物种起源

作　　　者：	（英）达尔文
责任编辑：	熊文霞　严匡正
责任印制：	李一鸣　黄厚清
出版发行：	新世界出版社
社　　　址：	北京西城区百万庄大街24号（100037）
发行部电话：	（010）6899 5968　（010）6899 8733（传真）
总编室电话：	（010）6899 5424　（010）6832 6679（传真）
网　　　址：	http://www.nwp.cn
	http://www.newworld-press.com
版　权　部：	+8610 6899 6306
版权部电子信箱：	frank@nwp.com.cn
印　　　刷：	北京嘉业印刷厂
经　　　销：	新华书店
开　　　本：	710×1000　1/16
字　　　数：	400千字　印张：20
版　　　次：	2014年7月第1版　2014年7月第1次印刷
书　　　号：	ISBN 978-7-5104-5009-9
定　　　价：	39.80元

版权所有，侵权必究

凡购本社图书，如有缺页、倒页、脱页等印装错误，可随时退换。
客服电话：（010）6899 8638

目录 Contents

第一章	家养状态下的变异	001
第二章	自然状态下的变异	021
第三章	生存斗争	033
第四章	自然选择即适者生存	045
第五章	变异的法则	077
第六章	本学说之难点以及解释	097
第七章	关于自然选择学说的各种异议	123
第八章	本能	149
第九章	杂种性质	171
第十章	地质记录的不完整	193
第十一章	古生物的演替	213
第十二章	生物的地理分布	233
第十三章	生物的地理分布（续）	253
第十四章	生物之间的亲缘关系：形态学、胚胎学和退化器官的证据	269
第十五章	综述和结论	299

第一章 家养状态下的变异

变异的原因

如果我们认真观察有着悠久历史的栽培植物和家养动物，比较同一变种或者亚变种中的个体，将会发现家养生物间的个体差异要远远大于自然状态下的物种或者变种之间的个体差异。各种各样的家养动植物，人们将其在不同的气候条件下进行培养，从而产生了多种变异。因此，我们可以得出结论：由于家养的生活条件与亲种在自然状态下的条件不同，所以才导致了这种变异。奈特认为家养生物的变异和过多的食物有着密切的关系，这种观点有一定的道理。显然，在新的生活条件的影响下，生物经过若干世代才能发生巨大的变异；而且，只要生物的体制发生变异，在接下来的几个世代会一直变异下去。还未见过一种变异的生物经过培育后停止了变异的情况。最古老的栽培植物依然在发生变异形成新变种，如小麦等植物；最古老的家养动物也在发生变异。

我经过长期研究后发现，生活条件以两种方式产生作用：一种是直接对生物体的整体机制或者局部构造产生作用；另一种是间接影响生物体的生殖系统。关于直接作用，我在《家养状态下的变异》一书中说过，主要包括生物本身的性质和外部条件的性质两个方面的因素。而且，与外部条件相比，生物本身的内因的作用更大。因为我觉得，不同的外部条件会造成相似的变异，而不同的变异也会产生于相似的条件下。生活条件对后代造成的变异，可能是一定变异，也可能是不定变异。一定变异指的是在某种条件下，一切后代或者近乎一切后代会在若干世代中按照相同的方式产生变异。然而，对于这种一定变异来说，它的变化范围难以确定，但下列的细微变异除外：食物的多少造成生物体大小的变异，食物的性质引起生物体肤色的变异，气候的变化导致生物体皮毛厚薄程度的变异等。如果将同一个因素作用于多种生物体身上，经过若干世代之后也许会产生相同的变异。将能够产生树瘤的昆虫的毒汁注入到植物体内，便会出现各种各样的树瘤。这个事实表明，一旦植物体液产生化学变化，便会出现奇异的变形。

与一定变异不同，条件的变化对不定变异有着重要的影响。对于家养品种来说，条件变化的影响更加显著。不定变异主要体现在微小特征中，这些微小特征让我们能够分辨同一物种的不同个体。我们不能认为这种不定变异是从上一代中遗传得到的，因为即使同一胎的幼体也会有明显的不同。在同一个地方用相同的饲料喂养，在很长时间之后产生的几百万个个体中，构造上偶尔也会出现明显变异，从而被认定为畸形；但畸形和轻微变异之间没有明确的界限。在一起生活的众多个体之间出现的变异，无论是轻微的还是明显的，都被认为是环境变化对个体造成的影响。

至于条件变化对生物体产生的间接作用，也就是对生殖系统的作用，我认为它在两个方面产成变异。一方面是生物系统对外界条件的变化非常敏感，另一方面是凯洛依德所说的，有时非自然状态下的变异类似于异种杂交产生的变异。许多事实表明，生殖系统对环境的变化非常敏感。驯养动物不是难事，但想让它们交配、繁殖却很困难。许多动物在原产地类似于自然状态下饲养，也不能生育。以前，人们认为是生殖本能受到伤害造成的，但这种想法是错误的。许多栽培植物长势良好，但结籽很少，甚至是不会结籽。在某些场合，条件的细微变化就会影响到植物的结籽情况，如水分多一点或者少一点等。我在许多地方解释过这个问题，在此不再多说。在这里，只想说明圈养动物的生殖法则非常奇妙。例如肉食动物，从热带地区迁移到英国圈养，只有熊科动物难以适应，其他动物都能够正常生育。相反，对于肉食鸟类来说，只有极少数能够适应，大部分难以繁殖后代。许多外来植物的花粉类似于无法繁殖的杂种，一点用途也没有。因此，虽然家养动植物体弱多病，但在圈养状态下依然可以自由生育；而幼年期从自然状态下迁移进行饲养的生物，虽然健壮长寿（我可以列举许多例子），但生殖系统受到不明因素破坏。于是，当生殖系统在圈养状态下发生变化，导致产下的后代和父母有着明显区别时，也就不足为奇了。需要补充说明的是，在非常不自然的状态下（如将雪貂和兔子圈养在笼箱中），某些动物也能够自由生育，这说明生殖系统没有受到影响。因此，有些动植物在家养或者栽培状态下很少发生变异，变异量几乎等同于自然状态下的情况。

有些博物学家认为，所有的变异都和有性生殖相关，这种说法明显含有错误。在一部著作中，我把园艺学家们称为"芽变植物（sporting plant）"的东西列成一张长长的表格。这类植物可以突生出一个芽，这个芽与同株上的其他芽有着明显的区别。这种芽是一种变异，可以用嫁接、扦插的方式进行繁殖，甚至是播种也可以。在自然状态下，这种芽变现象很难发生，但在培植时常常出现。在条件相同的一棵树上，每年会生长成百上千个芽，其中会突然出现一个具有新特征的芽；而在不同条件的不同树上，有时会出现非常相似的变种，例如桃树的芽上生长的油桃（nectarine），蔷薇的芽上生长的苔蔷薇（mossrose）。因此，我们可以看到，在决定生物的变异上，生物本身内因条件比外因条件重要得多。

习性和器官的使用与不使用的效应；相关变异；遗传

习性的变化能够形成遗传效应，例如植物从一种气候移植到另一种气候时，开花期会产生变化。对于动物来说，身体各部分的器官的常常使用或者不使用，效果更加明显。例如，家鸭的翅骨与整体骨骼的比重要小于野鸭，而家鸭的腿骨与整体骨骼的比重要大于野鸭。显然，这种变化的原因是家鸭走动比较多、飞行比较少。我们来看另一个"器官使用就会发达"的例子：对于母牛和母山羊的乳房来说，经常挤奶的地方要比不挤奶的地方发育的好一些。在一些地区，家养动物的耳朵往下垂。某些人认为，由于动物受到的惊吓比较少，使用耳肌的机会减少，所以耳朵才会下垂，这种说法有着一定的道理。

支配变异的法则非常多，但我们只能发现几条而已。我在以后会简单介绍，在这里只是讨论一下相关变异。如果胚胎和幼体产生巨大变异，可能会导致成体的变异。对于畸形生物来说，不同构造之间的相关作用非常奇妙，小圣提雷尔的作品中的许多事例和这一点有关。饲养者们认为，四肢长的动物脑袋也比较长。有些相关变异的例子，显得非常怪异。例如，白毛蓝眼的猫大部分会耳聋，但泰特先生说，只有雄猫会出现这种情况。在动植物中，有许多关于色彩和体质特征相关联的例子。赫辛格经过观察发现，某些植物会对白毛的绵羊和猪造成伤害，但不会对深色的绵羊和猪产生影响。韦曼教授询问弗吉尼亚的农民，他们饲养的猪为什么都是黑色的。农民回答说，猪食用赤根

（Lachnanthes）之后骨头会变化红色，而且只有黑猪的蹄子没有脱落。当地的牧人说："在一胎猪仔中，我们只选择黑色的进行饲养，因为黑猪的生存机会比较大。"此外，无毛的狗的牙齿不健全；毛长且粗的动物的角又长又多；脚上长毛的鸽子的外趾间有皮；短喙鸽子的脚小，而长喙鸽子的脚大。因此，如果人们依据某个性状选种，那么，相关变异法则会在无意间改变其他的构造。

各种未知或者了解不透彻的变异法则会产生各种各样的效应。认真阅读一下关于古老栽培植物的论文是非常有必要的，例如风信子（hyacinth）、马铃薯、大理花等。变种和亚变种在构造特征和体质上的微小差异，让我们觉得无比惊讶。这些生物的整体构造变得可以塑造，而且慢慢地远离亲代的体制。

我们无需关心不会遗传的变异。不过，能够遗传的变异，不管是微小的还是有重要生理作用的，其频率和多样性难以计算。关于这一点，卢卡斯（Lucas）在自己的两部作品中进行了详细描述。饲养者们从来不会怀疑遗传的强大作用，他们信奉"物生其类"。只有空谈理论的人们才会怀疑这个说法。如果构造偏差出现的很频繁，在父代和子代都会出现时，我们会认为这是同一个原因造成的。不过，有些构造变异非常罕见，在众多环境条件的影响下，促使这种变异出现在母体和子体上，那么，我们会将这种巧合看成是遗传作用。大家应该都听过这样的事例，同一个家族的某些成员会出现白化症、皮刺、多毛症等状况。如果将罕见且怪异的变化看成是遗传，那么，常见的变异应该也是可以遗传的。于是，这个问题要这样理解：各种性状的遗传是通例，而不遗传是特例。

现在还不清楚支配遗传的法则。谁都无法说明，为什么同种或者异种的同一性状，有时候可以遗传，有时候不能遗传；为什么后代的身上常常出现其祖父母甚至更远祖先的特征；为什么一种性别可以将某一性状有时遗传给雌雄两性后代，有时遗传给单性后代，当然，多数情况下遗传给同性后代，偶尔遗传给异性后代。雄性家畜的性状只会遗传给雄性后代，或者大多数时候遗传给雄性，这是一个非常重要的情况。我认为另一种重要规律也是可信的，即生物体在某个阶段出现的性状，其后代也会在相同阶段出现（虽然有时会早一点）。对于许多生物来说，这种性状会定期出现，非常准确。例如，牛角的遗传特性只会出现在性将要成熟时；蚕的各种性状只会出现在幼虫期或者蛹期。遗传性疾病等事实让我明白，这种定期出现的规律的适用范围更加广泛。为什么遗传性状会定期出现呢？虽然还不清楚根本原因，但的确存在这种趋势，那就是它在后代中出现的阶段与其在父辈或者祖辈中出现的时间相同。我认为这个规律在解释胚胎学中有着重要的作用。上述内容针对的是性状"初次出现"这一点，不会涉及到作用在胚珠或者雄性生殖质的内部因素。例如，短角母牛和长角公牛的后代的角会变长。虽然这个性状出现的比较晚，但雄性生殖因素起着决定作用。

博物学家们觉得，如果让家养变种回归野生状态，一定会慢慢地表现出祖先的性状。因此，有人得出结论，我们不能用家养动物的特征去推论其在自然状态下的情况。我曾经尝试着寻找出现这种说法的原因，但都没有成功。的确，这种说法的真实性很难证明。而且，我可以肯定地说，许多性状突出的家养变种，在野生状态下无法生存。此外，我们不清楚许多家养动物的原种，因而不能断定是否会出现返祖现象。为了避免杂交产生的影响，我们要将实验的变种单独放在新地方。尽管如此，有时家养变种确实可以表现出其祖先的某些性状。例如，将甘蓝（cabbage）种植在贫瘠的土地中，数代之后，它们会在很大程度上表现为野生原种状态（在此，贫瘠土地有着重要的作用）。无论这种试验能否成功，都不会对我们的观点造成影响，因为生活条件在试验过程中发生了变化。如果有人能够证明，将大量的家养变种在相同的条件下饲养，让它们自由交配以便充分混合，从而消除了构造上的细微差异，此时要是依然能够出现明显的返祖倾向，即丧失它们已有的性状，那么，显然无法用家养变异推断物种在自然状态下的变异。但是，我们没有发现能够证明这个说法的证据。如果由此断言，驾车马、赛跑马、长角牛、短角牛、鸡等物种无法一直繁殖下去，这种观点违背了经验事实。

家养变种的性状；变种与物种区分中的困难；家养变种来源于一个或者多个物种

如果仔细观察家养动植物的变种，并将它们和亲缘关系比较近的物种相比较，我们会发现，家养变种的性状不如原种一致：家养变种常常出现畸形。也就是说，它们彼此之间或者它们与同属的物种之间，尽管在一些方面的差异很小，但在某些方面的差异很显著，尤其是与自然状态下的亲近物种相比。除了畸形之外（还有变种杂交的可育性，后面会讲到这一点），同种家养变种之间的区别类似于自然状态下的同属近缘物种之间的区别，前者的表现只是在程度上小一些而已。这一点是绝对正确的。某些有能力的鉴定家说，许多动植物的家养品种是不同物种的后代；而另一些有能力的鉴定家说，这仅仅是一些变种。如果家养品种和物种之间有着显著的区别，那么，这样的争论将会消失。有人认为，家养变种之间的差异，绝对不会到达属级程度。我觉得这种观点是错误的。生物的性状怎样才算达到属级程度，博物学家们有着不同的观点，鉴定标准凭借自己的经验。如果我们弄清楚了自然环境中属的起源，便会明白在家养品种中无法找到比较多的属级变异。

在探索近缘家养品种器官构造方面产生的变异程度时，我们常常觉得迷茫，无法弄清楚它们是来源于一个物种还是几个物种。如果能够将这一点研究透彻，将会有重要的意义。例如，细腰猎狗（greyhound）、嗅血警犬、长耳猎狗（spaniel）、逗牛狗（bull-dog）等都能以纯种繁殖。如果能够证明它们来自于同一个物种，那么，我们将会怀疑自然界中的许多近缘物种（如世界各地的狐种）是不变的这种说法。我觉得，上述几种狗的差异不是全部产生于家养状态，在下面会讨论这一点。我认为，有些变异是原来不同物种遗传下来的。不过，有证据表明有些特征显著的家养物种来自于同一物种。

人们觉得，人类会选择变异性大且能够适应各种环境的动植物当作家养生物。对此，我表示赞同，这些优势能够提高家养生物的价值。不过，没有开化的蛮人怎么知道后代能够产生变异、忍受不同的环境呢？驴和鹅的变异性小，驯鹿的耐热性差，普通骆驼的耐寒性差，难道这些特点会使它们不被家养吗？我相信，如果现在从自然状态下寻找一些动植物，让它们的数目、产地、分类类似于现代家养生物，并假设在家养状态下繁殖了相同数目的世代，那么，它们发生的变异量等同于现代家养生物的亲种经历的变异量。

从古代便开始家养的动植物，是由一种野生动植物繁衍而来，还是由多种呢？我们还未找到这个问题的答案。相信多源论的人们的依据是，在古埃及石碑和瑞士湖上先民的住所中发现了许多品种，而且有一些和现在的物种非常相似，甚至是完全相同。但是，这仅仅证明了人类的文明史更加久远，人类对物种的驯养比我们想象的更早。瑞士湖上居民早就开始了种植各种作物，例如大麦、小麦、豌豆、罂粟、亚麻等，还驯养了好几种家畜。而且，他们还和其他民族相互往来，互通有无。希尔曾经说过，所有的一切都表明，在那时他们已经有了很高的文明；同时也暗示了，此前有过一段较低的文明时期，那时各地居民饲养的动物慢慢发生变异，逐渐形成了不同的品种。所有的地质学家都认为，自从燧石器在许多地方被发现之后，原始民族已经拥有长久的历史。我们知道，现在的任何一个民族都会饲养狗。

也许，永远无法弄清楚许多家养动物的来源。不过，我想说明的是，曾经仔细研究过世界上的各种狗，并且得出了这样的结论：犬科中的几个野生物种曾被驯养过，它们的血液混合在一起，在现在家狗的血管中流淌着。关于绵羊和山羊，我没有得出确定的答案。布里斯（Blyth）给我写信说，印度产的瘤牛，在习性、声音、体质、构造几个方面与欧洲牛不同，因此可以推断它们来自于不同的祖先。而且，某些杰出的鉴定家觉得，欧洲牛的祖先有两三个（但不知它们是否可以称为物种）。其实，吕提梅尔（Rütimeyer）教授的研究所已经证明了这个结论和瘤牛与普通牛的种级区别的结论。在关于马的问题上，我和其他学者的意见不同。我认为所有的品种都来源于同一物种，在此无法阐释原因。我搜集了英国的所有鸡种，让它们进行杂交并繁殖，对它们的骨骼进行研究之后发现，它们的祖先都是印度野生鸡。至于鸭和兔，尽管许多品种有着很大的区别，但它们都是野生鸭和野兔的后代。

有些作家始终坚持家养品种的多源论，到了非常夸张的地步。他们认为，只要是能够独立繁殖的品种，即使它们之间的区别非常小，它们的祖先也是不同的野生物种。如果按照这个说法计算，欧洲至少要存在20种野牛，20种野绵羊，好几种野山羊，甚至在英国也存在若干个物种。有一位作者认为，英国特有的野生绵羊便有11个品种。我们需要注意的是，现在英国不存在特产哺乳动物；法国的哺乳动物只有极少数与德国的有区别；匈牙利、西班牙等国家的情况也是一样。不过，这些国家有好几个特有的牛、羊品种。因此，我们必须承认，许多家畜来自于欧洲，否则，它们起源于哪里呢？印度的情况也是如此。对于全世界的家狗品种来说（它们的祖先是几种野狗），存在着非常大的可以遗传的变异。因为意大利细腰猎狗、嗅血警犬、逗牛狗、巴儿狗（pug-dog）、布莱海姆长耳猎狗等与野生犬科动物有着很大的区别，很难相信与它们类似的动物曾经生活在自然状态下。有些人认为，现在的狗的品种都是由过去少数原始物种杂交产生的。不过，杂交只能得到父母双亲之间的类型。因此，如果用杂交推测现有狗品种的来源，那么，我们一定要承认，曾经野生状态下一定有过类似于意大利细腰猎狗、嗅血警犬、逗牛狗等极端类型。况且，我们夸大了杂交过程可能产生的品种。我们常常发现这样的内容，通过杂交选择所需要的性状，便可以让一个品种产生变异。不过，想要由两个差异很大的品种得到一个中间品种是非常困难的。希布莱特爵士（Sir J. Sebright）曾经进行过实验，但最终失败了。将两个纯种进行杂交（如我在鸽子中见到的现象），后代的性状很相似，但让这些后代继续杂交，经过几代之后情况会变得很复杂，几乎没有相似的个体了。

家鸽的品种，它们的差异和起源

我觉得最好选择特殊的类群做研究。我经过认真考虑之后，选择了家鸽。我设法收集了所有能找到的或者买到的，而且我还得到了来自世界各地的鸽皮，尤其是艾略特（Elliot）和摩雷（Hon. C. Murray）分别从印度和波斯寄来的标本。关于鸽类研究，很多论文有着记载。其中，有些年代非常久远，所以有着重要的价值。曾经，我与几个著名的养鸽家进行交流，还参加了两个养鸽俱乐部。家鸽的品种非常多，令人感觉惊讶。将英国信鸽（carrier）和短面翻飞鸽（short-faced tumbler）进行比较，发现它们的喙有着很大的差异，从而促使骨骼发生变异。雄性信鸽的头皮上有着明显的肉突，还有长长的眼睑、宽大的鼻孔、阔大的嘴。短面翻飞鸽的喙形类似于鸣鸟类。普通翻飞鸽喜欢在高空聚集翻筋斗，这是它们的遗传习性。西班牙鸽的体形硕大，喙粗足大，有些亚品种的颈项很长，有些翼和尾很长，而还有一些尾非常短。巴巴鸽（barb）类似于信鸽，但喙短而阔，没有信鸽的长。球胸鸽（pouter）的身形、翼、腿都比较长，嗉囊也很发达，当它兴奋的时候会膨胀，令人觉得好笑。浮羽鸽（turbit）喙短呈圆锥形，胸部的羽毛有一列是倒生的；它可以让食管的上部慢慢膨大起来。凤头鸽（jacobin）颈背上的羽毛向前倾，看起来像凤冠；对于身体比例而言，翼和尾比较长。喇叭鸽（trumpeter）和笑鸽的鸣声独特，与其他品种不同。扇尾鸽（fantail）的尾羽数目高达30~40，而其他鸽类的尾羽仅仅是12~14。当扇尾鸽将尾羽展开竖立时，优良的品种头和尾可以相接。此外，扇尾鸽的脂腺退化比较严重。我们还可以列举有着较小差异的一些品种。

对于骨骼来说，这些品种面骨的长度、宽度、曲度有着巨大的差别；下颚支骨的形状、长度、宽度变异严重；尾椎和荐椎的数目有着差异；肋骨的数量、相对宽度、有无突起等方面有着差别；胸骨上孔的大小和形状发生很大的变异；叉骨两支的角度、相对宽度变异较大。这些地方很容易发生变异：口裂的相对阔度、鼻孔、眼睑和舌（不是总与喙的长度紧密相连）的相对长度、嗉囊和食管上部的大小，脂腺的发育程度，首翼羽和尾翼羽的数目，翼和尾的相对长度、翼和身体的相对长度、腿和足的相对长度，趾上鳞片的数目，趾间皮膜的发育程度等。羽毛长成需要的时间、初生雏鸽的绒毛状态都会产生变异，卵的形状、大小也有差异。某些品种的鸣声、性情也会有所不同。最后，某些品种的雌雄个体也不一样。

如果我们从上述家鸽中选择20个品种，然后让鸟类学家进行鉴定，并对他说这些都是野鸟，那么，他一定会把它们划分成不同的物种。在这种情况下，我觉得任何专家都会认为英国信鸽、短面翻飞鸽、西班牙鸽、巴巴鸽、球胸鸽、扇尾鸽属于不同的属，尤其是那些纯系遗传亚种（当然，他肯定认为是不同物种），更是如此。

尽管家鸽品种间的差异非常大，但我赞同博物学家们的看法：它们的祖先是野生岩鸽（Columba livia）。岩鸽由差异较小的地理品种和亚品种组成。我赞成上述观点的理由在某种程度上能够用于其他场合，所以我要简单概述一下。如果这些家鸽品种不是变种，而且不是岩鸽传衍来的，那么，它们会属于七八个原始种。因为现在所知道的家鸽类型非常多，绝对不是少数种杂交得到的。例如球胸鸽，如果它的祖先没有巨大的嗉囊，那么，杂交之后如何产生这种性状呢？这想象中的七八个原始种，应该都是岩鸽类，它们不在树上生育或者栖息。然而，除了这种岩鸽及其地理亚种之外，还存在两三种野生岩鸽，而且它们没有家鸽的任何性状。因此，这些想象中的原始种只有两种情况：一是它们依然生存在最初家养的地方，只是未被发现；二是它们早就灭绝了。不过，各种特征显示，它们不可能至今未被发现，而第二种情况也不存在。因为生活在岩壁上且能够飞翔的鸟类，一般是不会灭绝的。与家鸽有着相同习性的岩鸽，即使在英国的某些小岛或者地中海沿岸生活，依然没有灭绝。因此，假设与岩鸽习性相似的多种种类已经灭绝，似乎有些草率。而且，上述所说的各个品种被运送到世界各地，有一些绝对会回到其原产地。不过，只有鸠鸽（dovecot pigeon）（一种有着微小变异的岩鸽）在某些地方返回到野生状态，其余的都没有。此外，经验事实表明，在家养状态下，野生动物很难自由繁殖。不过，根据家鸽的多元假说，半开化人至少饲养过七八个物种，并且在笼中大量繁殖。

还有一个说服力很强的论证（该论证可以用于其他场合），虽然上述许多鸽类品种在总体特征、习性、声音、颜色、多数构造等方面与岩鸽一致，但依然有一部分构造有着显著差异。对于整个鸽科来说，英国信鸽、短面翻飞鸽、巴巴鸽的喙，凤头鸽的倒生毛，球胸鸽的嗉囊，扇尾鸽的尾羽都是独一无二的，难以找到类似的品种。于是，如果家鸽多源说是正确的，那么，古代的半开化人不仅能够驯服多种野生鸽，而且能够选出特殊的种类，而这些种类自此灭绝或者不为人知。显然，这些事情绝对不会发生。

关于鸽类的颜色，有些事实值得研究。岩鸽是石板蓝，腰部白色；斯特利克兰的岩鸽（印度亚种）的腰部是浅蓝色；岩鸽的尾端有道暗色横纹，外侧尾羽的外缘基部是白色的；翼上有两条黑带，某些半家养或者野生的岩鸽的翼上还有黑色方斑。对于本科中的其他物种来说，无法同时具备这些特征。相反，对于家鸽品种来说，只要繁殖的好，不仅有上述所说的斑纹，还能出现外尾羽上的白边。而且，由两个或者几个不是蓝色、不含斑纹的家鸽品种进行杂交，后代很容易出现这些性状。现在，我将自己观察到的几个实例列举出来：将纯种白色扇尾鸽与黑色巴巴鸽进行杂交（巴巴鸽很少出现蓝色变种，据说在英国还未见到），子代有黑色的、褐色的、杂色的；将巴巴鸽与斑点鸽（spot）进行杂交（纯种斑点鸽是白色、红尾，额部有红色斑点），后代是暗黑色且带有斑点；接着，将上面的两个杂种进行杂交，产生的一只鸽子具有野生岩鸽的蓝色羽毛、白腰、黑色翼带，还有条纹和白边尾羽。如果我们觉得所有的家鸽品种都来自于岩鸽，那么，根据众所周知的祖征重现原则，上述事实很容易理解。不过，如果我们不赞同这个观点，那么，将会出现两种不符合情理的假设：一是，我们想象的原始种的颜色和斑纹与岩鸽的相似。不过，现有的其他鸽类物种都不具备这些条件；二是，各个品种（包含纯种）必须在20代以内与岩鸽发生过杂交。我之所以说20代之内，那是因为还未有例子显示可以重现20代以上已经消失的外来血统祖先的性状。对于杂交过一次的品种来说，想要得到杂交所出现的性状的趋向肯定越来越小，因为外来血统会随着代数的增多而减少。不过，如果没有进行杂交，这个品种便会具有重现前几代消失的性状的趋向。因为这个趋向不同于前个趋向，它可以一直传给后代。分析遗传问题的人常常将这两种性状搞混。

最后，根据我对不同品种进行的观察可以断定，家鸽品种杂交产生的后代完全可育。但是，两个有着很大差异的物种杂交得到的后代，没有一个例子证明它们完全可育。有些学者认为，长时间的家养具有消除种间杂交不育的倾向。通过家养动物的演化历史可知，上述观点可以用于亲缘关系密切的物种。但是，如果引申得太远，假设有着显著差异的物种进行杂交之后依然能够产生可育后代，那就太过轻率了。

将上面的理由进行概括可得：古代人类不可能驯养七八种假定的原始鸽种，并让它们在家养状态下自由繁殖；从未发现这些假定的家鸽的野生类型，也没有发现过回归野生的事实；虽然这些假定物种与岩鸽有着许多相似之处，但与家鸽其他种相比，有着很大的变异；不管是纯种还是杂种，所有品种偶尔都会出现蓝色和黑色斑纹；杂交后代可育。我们通过上述理由可以得出结论：所有的家鸽品种都来源于岩鸽及其地理亚种。

我再补充几点，对上面的观点进行论证。第一，野生岩鸽能够在欧洲或者印度家养已经被证实，它的习性和构造类似于一些家养品种；第二，虽然英国信鸽、短面翻飞鸽的某些性状与岩鸽的差异很大，但仔细观察这两个品种中的几个亚品种，我们在它们和岩鸽之间会发现一个演变序列。其他品种也会出现类似的情况，但不能一概而论；第三，每个品种容易变异的性状往往是最显著的性状，例如信鸽的肉垂和长喙，扇尾鸽的尾羽数目。当我们研究"选择"时，便会明白这个事实要如何解释；第四，鸽类一直受到人们的喜爱和保护。世界各地养鸽的历史已有好几千年。莱卜修斯教授（Prof. Lepsius）对我说，大约在公元前3000年前，埃及第五王朝已经开始养鸽，这是最早的养鸽记录。但是，伯齐先生（Mr. Brich）说，在更早一个朝代的菜单上出现过鸽子的名字。根据普林尼（Pling）论述，罗马时期的鸽子价格昂贵，而且人们可以对鸽子的品种和谱系进行评估。印度的阿克巴可汗（Akbar khan）非常喜欢鸽子，他在宫廷中养了两万多只鸽子。宫廷史官写到："伊朗和都伦的国王送来一些珍贵的鸽子，陛下让各品种鸽子进行杂交，出现了很好的改良；以前，人们从来没有这样做过。"同一时期，荷兰人也非常喜爱信鸽。上述史料，在我们解释鸽类的变异时有着重要作用。关于这一点，我们在后面讨论"选择"时会详细解释。同时，我们还可以明白，这几个品种为什么常常出现畸形性状。家鸽配偶不变是产生鸽类品种的有利条件，因为这样可以将许多品种养在一起而不会混乱。

我在上文描述了家鸽的可能起源途径，但不是很充分，因为当我自己养鸽仔细观察时，发现各个品种在繁育之后依然能够保持极为纯化，从而认定它们不可能出于一源，这和博物学家们对鸟类做出的结论一致。各种动植物的家养者都认为自己培育的几个品种来自于不同的原始物种，这一点给我留下深刻的印象。如果你询问饲养者，他的牛是不是与长角牛同出一源，结果一定会引来嘲笑。我遇到的养鸽、养鸡、养鸭、养兔的人中，每一个人都认为自己的主要品种来自于一个特殊物种。范蒙斯（Van Mons）在论述梨和苹果的品种时说，利勃斯顿·皮平（Ribston Pippin）苹果和科特灵（Codlin）苹果等品种来源于同一棵树的种子。还有许多类似的例子，不胜枚举。我觉得原因非常简单：长时间的研究使他们非常清楚每个品种的差别；另外，虽然他们知道每个品种的变异很小，还用这些微小变异进行育种得到奖励，但他们完全不懂变异法则，而且不会综合思考，仔细想想这些微小变异是如何慢慢变大的。现在，有些博物学家知道的遗传法则还不如养殖家多，也不清楚演化谱系中的中间环节，但他们承认许多家养品种来自于同一亲种。当博物学家们嘲讽"自然状态下的物种是其他物种的直系后代"这个观点时，他们的确应该学习一下什么是"谨慎"。

古代依据的选择原理及其效果

现在，我们要简单解释一下，一个原始种或者多个近缘种演化成不同家养品种的过程。有些效果是由外界条件或者定向作用造成的，有些则是习性。不过，如果有人将驾车马和赛跑马的不同、细腰猎狗和嗅血猎狗的不同、信鸽和翻飞鸽的不同归结为是由这些作用引起的，那么，未免有失谨慎。家养动植物最显著的特点是，其适应特征符合人们的要求或者喜好，但不符合自己的利益。有些对人类有用的变异，也许是突然出现的，或者进化成的。例如，许多植物学家觉得，具有刺钩的起绒草（Fuller's teasel）（这种刺钩的作用不是机械所能比拟的）是野生川续断草变异形成的；而这种变异很可能发生在幼苗时期。

矮脚狗和安康羊（Ancon sheep）大概也是这样出现的。不过，当我们比较驾车马和赛跑马、单峰骆驼和双峰骆驼、不同品种的绵羊、不同用途的狗类，还有斗鸡与非斗鸡、不孵卵的卵用鸡、娇小美丽的短腿鸡时，甚至农艺憨物、菜蔬植物、果树植物、花卉植物时，就会发现它们对人类的作用不同，或者由于美丽让人觉得赏心悦目。对于这些情况，我觉得不能仅仅用变异性来解释，一定还有其他的原因。我们无法想象，经过一次变异就形成了上述所有品种，变得像现在这样完美无缺。的确，对于大多数情况来说，它们的形成历史绝对不是这样简单。人类的选择作用有着决定性影响。大自然促使它们不断发生变异，而人类根据自己的需要积累这些变异。从这个方面来说，人类自己创造了有益的品种。

这种选择原理具有的力量绝对不是想象的。某些优秀的饲养者，在自己的一生中将牛羊品种进行改良。只有阅读关于这个问题的作品，仔细研究这些动物，才能了解这些人的成就。饲养家常常说动物机体具有可塑性，能够任意塑造。在篇幅允许的范围内，我将引用一些权威作者的关于这个效应的事例。尤亚特（Youatt）比较熟悉农艺家们的工作，而且他还是一位优秀的动物鉴定家。他认为人工选择原理不仅可以使农学家改良家畜的性状，而且可以让其发生根本变化。"选择"就像是一个魔法杖，可以将生物塑造成各种类型。索麦维尔爵士在讨论养羊者的成就时说道："他们好像先设想出一个完美的模型，然后让活羊逐渐变成这个样子。"在撒克逊尼，人们充分认识到人工选择原理对培育美利若绵羊（Merino sheep）的重要性，所以他们将人工选择看作一个行业。他们在桌子上仔细研究绵羊，每隔几个月就进行一次，每次都在绵羊身上做标记并分类，以便选出最好的品种用来繁殖。

英国饲养者取得的成就，通过优良品种的高昂价格可以显示。曾经，人们将这些品种运送到世界各地。一般来说，这种改良不是由杂交得到的。一流的育种家都反对采用杂交法，只是偶尔使用一些近缘亚品种进行杂交。即使杂交之后，遴选过程也会更加严格。如果选择作用仅仅是分离出某些独特品种，以便进行繁殖，那选择原理将不再值得研究。人工选择的重要性主要是将变异按照一定方向逐代积累，以便产生巨大的效果。这些变异非常细微，不仔细观察很难发现。我曾经尝试过，但没有找到这些微小变异。在成百上千的人中，也许只有一个人的眼力和判断力能够让他成为一个优秀的养殖家。即使他有这项天赋，也要潜心钻研好几年，然后才可能获得成功。人们相信，即使要成为熟练的养鸽者，也要有一定的天赋，还要有多年的经验积累。

园艺家的工作也是如此。不过，与动物相比，植物的变异更加突然。谁都不会认为，我们所选的优良品种是由原始种经过一次变异得到的。关于这一点，我们有精确的记录，例如普通鹅莓逐渐变大。如果将现在的花朵与二三十年前的花朵进行比较，我们会发现花卉栽培家取得的成就。当一个植物品种培育成功之后，育种者不是选择最好的植株继续繁殖，而是剔除不符合标准的植株。人们也会用相同的方法培育动物，任何时候都不会选择劣等的动物进行繁殖。

还可以这样观察植物变异的积累效果：比较花园中的同种内不同变种的花朵的多样性；比较菜园中的植物的有价值部分相对同变种表现出来的多样性；比较果园中的同种果实相对同种变种表现出来的多样性。甘蓝的叶子区别很大，但花非常相似；三色堇的花差异很大，但叶子非常相似；鹅莓果实的大小、颜色、形状、茸毛变异很大，但花很相似。上述例子并不表示，变种的某一点发生巨大变异时，其他各点不会发生变异。相反，根据我的观察可知，几乎不会出现这种现象。相关变异法则不容忽视，它能保证发生相关变异。显然，根据一般法则得知，一直对细微变异进行选择，就可以在花、茎、叶、果实等方面培育出新品种。

近几十年，人们才按照选择原理有计划地进行工作。关于这种说法，有些人可能持反对态度。近年来，的确更加注意人工选择，成果和著作接二连三地出现。不过，如果说这个原理是近代发现的，那就太过唐突了。古代著作中的一些例子显示，人们早就明白选择原理的重要性了。英国还未开化时期，已经开始精心选择动物输入，而且严禁输出。法令规定，当马类的体格大小无法到达某个尺度时，需要消灭，这类似于园艺家去掉不符合标准的植物。在中国古代的一部百科全书中，清清楚楚地记录着选择原理。罗马时代的学者已经有了明确的选择法则。《创世纪》记载，当时人们开始关注家养动物的颜色。现代未开化人会让自己的狗和野生狗杂交，以便得到改良品种；普利尼在书中说，古代未开化人也是如此。非洲南部的未开化人常常根据畜牛的颜色进行繁殖，有些爱斯基摩人在拖车狗的交配上也如此。李文斯顿（Living Stone）说，非洲内地的黑人也非常重视家畜的优良品种。尽管这些事实无法说明古代已经出现真正的人工选择，但表明他们注重家畜的繁殖；即使现代的野蛮人也是一样。既然优劣品质的遗传这么明显，如果仅仅重视饲养而不重视选择，那将是一种奇怪的现象。

无意识的选择

现代优秀的育种专家都根据明确的目标，进行有计划的人工选择，以便培育出优良的新品种或者亚品种。不过，对于我们来说，无意识选择也是一种重要的选择方式。每个人都想要最优良的动物并进行繁殖，于是这种选择方式诞生了。例如，饲养大猎狗的人，一定会竭尽全力寻求最优良的狗，并进行交配，但他的目的不是改变这个品种。然而，如果这个过程一直持续数百年，一定会促使品种发生变异，就像贝克韦尔（Bakewell）和柯林斯（Collins）进行饲养得到的结果。贝、柯两人采用相同的方法，借助于周密的计划，在有生之年改良了牛的形态和品质。很久之前，只有仔细观察无意识选择的品种，才能发现缓慢而不明显的变化。不过，在一些情况下，同一品种在文化落后地区改进比较慢，也会出现个体变异很少甚至完全没有变异的情况。我们相信，查尔斯王的长耳狗从那个朝代开始，经过无意识选择产生了很大变化。有些权威学家认为，侦察犬是长耳狗逐渐演化成的。我们知道，在上世纪，英国大猎狗发生了巨大变化，大家都认为是与猎狐狗杂交造成的。不过，我们需要注意的是，尽管这种变化是无意地缓慢进行，但其效果很明显。长耳狗（又叫西班牙猎狗）确实来自于西班牙；但博罗先生（Mr. Borrow）说，他在西班牙从来没有见过类似英国猎狗的本地狗。

经过选择和训练，英国赛跑马无论是速度还是大小都比其亲种阿拉伯马优秀。因此，根据古德伍德赛马规则，可以减轻阿拉伯马的载重量。斯宾塞爵士等人认为，英国的牛和过去相比，重量和早熟性都有了很大提高。如果将不列颠、印度、波斯现在的信鸽和翻飞鸽的状态与过去记录中的状态进行比较，我们便会发现它们经历了许多个难以察觉的演变阶段，从而导致与岩鸽有着巨大区别。

尤亚特用一个例子解释选择过程的效果；可以将此看作无意识选择，因为出现了饲养者不曾期盼的结果，即产生了两个不同的品系。他说，巴克利先生（Mr. Buckley）和布尔吉斯先生（Mr. Burgess）拥有的莱斯特绵羊，都是由贝克韦尔先生的原品种纯系经过50多年时间培育成的。只要熟悉此事的人都会相信，他们两人拥有的羊的血统和原品种相同；但是，他们的绵羊之间有了很大不同，从外貌上判断像是两个完全不同的变种。

即使现代有一些还未开化的人从来不会思考家畜可能会有的遗传性状，但如果他们遭遇灾荒或者其他灾害，为了实现某个目的，也将会选择一些有用的动物。这些动物与劣等动物相比，能够产生更多后代。于是，他们进行着无意识选择。我们知道，火地岛的野蛮人非常重视动物，他们在灾荒之年宁可杀吃老年妇女也不会杀狗；在他们眼中，狗的价值要比老年妇女高。

在植物方面，偶尔保存下来的个体不断改良使品质得以提高，不管它们出现的时候能否达到变种标准，也不管是否由两个或者多个物种或者品种杂交而成，我们都能发现改良过程，例如三色堇、蔷薇、天竺葵、大理花等植物变种，与原品种相比，大小和美观都有了改良。最初，没有人想从野生三色堇或者大理花的种子中得到上等的三色堇或者大理花，也没有人想从野生梨的种子中得到上等软梨，即使他能够将从果园品系中得到的野生瘦弱梨苗培育成优良品种。尽管古代就有梨的栽培，但根据普林尼的记载得知，那时果实的品质很差。园艺书籍常常赞扬园艺者的技巧，因为他们可以将低劣的材料培育成优良的品种。不过，其技术非常简单；从结果来看，可以说是无意识的。其做法是：选择最有名的品种种植，当出现更好的变种时，再次选出种植。这样，一直持续下去。对于我们现在的优良品种而言，虽然在某种程度上得益于他们对最好品种的选择，但当他们种植选择的梨树时，绝对不会想到我们今天享受着如此美味的梨。

这样，不知不觉的积累形成了大量的变异。这恰好解释了如下事实：许多时候，我们无法辨别出花园内或者菜园内种植的历史悠久的植物的野生原始物种。许多植物能够变异成现在对人类有用的样子，经过了数百年甚至数千年的变异。这样，我们可以理解，为什么澳大利亚、好望角等未开化人居住的地方没有值得栽培的植物。在这些地方，有多种天然植物，并不缺乏形成有用植物的原始物种，但由于没有进行选优，以便品种不断改良而到达家养的程度。

当我们讨论未开化人的家养动物时，有一点需要注意，那就是动物在某些季节要为了食物斗争。在两个不同的环境中，体质或者构造上有着差异的同种个体，常常在其中一个地方生活的比较好；于是，在自然选择的影响下，便形成了两个亚品种。这种情况也许可以解释，为什么未开化人所养的变种要比文明国度中的变种更具备真种性状。

我们根据人工选择的作用可以明白，为什么家养品种在构造和习性上都符合人们的要求；同时，还帮助我们理解，为什么家养品种常常出现畸形，为什么外部构造的差异大而内部构造的差异小。其实，人类很难甚至是无法选择内部构造的变异。一方面是因为人们不重视内部构造的性状，另一方面是因为难以观察到内部构造的变异。如果不是一个鸽子的尾巴出现了异状，人们不会想到培育扇尾鸽；如果不是一个鸽子的嗉囊非常大，人们不会想到培育球胸鸽。任何性状，刚出现时越是异常，越能引起人们的注意。不过，我不赞同人们一直有意识地培养扇尾鸽的说法。最初选择尾羽稍大一些的鸽子的人，绝对不会想到将这些鸽子的后代一直半选择半计划地培育下去，最终会出现什么情况。也许，扇尾鸽的始祖类似于现代爪哇扇尾鸽，只有14根尾羽，或者像其他特殊品种一样，已经有17根尾羽；也许，最早的球胸鸽嗉囊的膨胀程度类似于现在浮羽鸽的食管膨胀程度；而现代鸽迷几乎很少注意食管膨胀的性状，因为它不是这个品种的主要特征。

不要以为鸽迷只会注意构造上的显著差异，因为他们也能发现微小差异。人类的天性就是关于自己喜欢的物品的任何新奇之处，即使是非常微小，也会特别重视。我们绝对不能用现在品种的价值标准评判它们以前的微小变异的价值。现在，家鸽也会出现微小变异，但这种变异被看作品种的缺陷，由于不符合完善标准而被抛弃。普通鹅没有出现过显著变异，所以虽然图卢兹鹅（Toulouse）只有颜色与普通鹅不同，而且这种性状非常不稳定，但还是以不同品种的身份出现在家禽展览会上。

这些观点能够很好地解释人们常常提到的一种说法：我们几乎不知道任意一个家养品种的起源及其演化过程。其实，生物品种类似于方言，很难解释它们的起源。人们选择了一些结构上差异很小的个体，或者关注它们最优个体的交配，以便改进它们并促使其扩散到邻近地区。不过，它们几乎没有确定名称，而且它们的价值不被重视，从而导致人们忽视了其演化历史。此后，该动物继续慢慢改良，并进行传播；此时，人们才认识到它的特点和价值，出现了地方性名称。在半文明过度中，交通的不便利导致新品种的传播速度非常缓慢。只要品种的价值得到公认，无论该品种的特点是什么性质，都会依据无意识选择原理慢慢发展。当然，各地居民的习性决定了品种的兴衰，某些地方养得多一些，而某些地方养得少一些。无论如何，这些品种的特征会慢慢积累。不过，遗憾的是，由于改良过程非常缓慢且常常变换方向，而且不容易观察到，所以很难记录并保存。

人工选择的有利条件

现在，我要简单论述一下人工选择的条件，其中有利也有弊。显然，高度变异性要选用人工选择，因为它有丰富的选择材料，以便顺利进行选择工作。即使这种变异是单个的，也不能忽视，只要仔细观察就能促使变异量沿着我们的期望慢慢积累。对人们有用的变异，即使只是偶尔出现，也能提高出现这种变异的概率（如大量饲养）。于是，人工选择能够成功的一个重要条件是个体数量。根据这个原则，马歇尔（Marshall）对约克郡某些地方的绵羊的说法是："它们无法进行改良，因为大部分的羊是由穷人所养，而且是小群的。"相反，园艺家种植了大量同种植物，所以在培育有价值的新品种时，比一般业余者更容易取得成功。如果想要培育大量的动植物个体，一定要选择便利于繁殖的地点。如果个体太少，即使品质很好，让其全部繁殖也不利于选择。当然，人们一定要重视动植物的价值，才能注意到它们在品质和构造上的细微差异；如果不仔细观察，效果就会不好。曾经，有人这样说，园艺者开始注意草莓时，它便开始出现变异，这是非常幸运的。草莓进行栽培之后，常常会发生变异，只是人们没有注意到微小变异罢了。园艺者选择特殊的植株，如成熟早的、果实大的或者果实好的，然后将其培育成幼苗，再选择最好的幼苗进行繁殖（还辅助以中间杂交）。于是，优良草莓品种慢慢诞生了。这是最近50年间出现的事情。

在动物方面，培育新品种的关键是避免杂交，至少在有其他品种存在的地方是这样。所以，圈养很有必要。流动的未开化人和广阔平原上的人们养的动物，同种内的单一品种比较多。家鸽因配偶终生不变，所以很多品种可以一起养育，依然能够保持纯种或者改良品种；对于养鸽者来说，这是很好的事情，而且便于培育新品种。此外，鸽类繁殖速度很快，劣等个体可以食用，自然而然被摒弃了。相反，猫喜欢夜游，难以控制交配；尽管受到人们的喜爱，但很难发现独特品种且能够长久保存下去。我们偶尔见到的独特品种，几乎都是来自于外国。尽管我承认某些家养动物的变异比其他动物小，但对于猫、驴、孔雀、鹅等动物来说，品种少或者根本没有特殊品种的原因在于，选择作用没有发生：猫是因为交配不容易控制；驴是因为数量少，而且大部分是穷人在养，不重视选种；不过，近几年在西班牙和美国的某些地区，人们已经开始注意选种，促使驴有了很大改善；孔雀是因为饲养困难，而且数量比较少；鹅是因为用途有限，仅仅是肉和羽毛有用，一般人不会重视特异品质；我在其他地方说过，即使家养状态下的鹅会产生微小变异，但品质特征几乎不会产生变化。

某些作者认为，家养生物的变异在短期内就能达到一定限度，此后便不容易产生变异。无论如何，断然下此结论未免显得有些轻率，因为几乎所有家养动植物在近代都发生了很大改良，这说明它们的变异一直没有停止。这样一来，如果认为现在已经达到极限的某些特征经过数百年的定型之后，即使在新环境下也不会发生变异的说法有些草率。正如华莱士先生所说，最终会达到变异的极限，这句话绝对是真的。例如，陆上动物的运动速度有着一定限度，这是它们的体重、肌肉伸缩能力、摩擦阻力造成的。不过，有这样一个事实，当人们注意选择时，同种家养变种每个性状的差异要比同属异种之间的差异大。小圣提雷尔在体形方面对这一点做出了证明，颜色和毛的长度也是一样。而身体特征决定了速度，如伊克里普斯（Eclipse）马跑得快，拖车马身体健壮，而马属中的另外两个自然种没有这两种性状。植物的情况也是一样，豆或者玉米的种子在大小上的差异，与这两科中的同属相比，差异是最大的；李子变种的果实也是如此；甜瓜的变异更加明显。此外，类似情况还有很多，举不胜举。

现在，我们总结一下家养动物的起源。对于生物变异来说，生活条件变化非常重要：不仅可以对生物的构造体制产生作用，而且会对生殖系统产生间接影响。如果说变异体现了天赋和自然性，这种说法不太准确。遗传性和返祖性的强弱决定了变异能不能一直发展。许多未知定律决定了变异性，尤其是相关生长律。其中，生活条件有着一部分作用，但不知道程度怎样。对于变异来说，器官有着一定的作用，甚至非常巨大。于是，结果将会变得相当复杂。某些例子显示，现有品种是由不同原种杂交产生的；在任何情况下，当品种形成之后进行杂交，并辅助人工选择，对于形成新亚种有很大的帮助。不过，在动物和植物种子方面，曾经过分夸大了杂交育种的重要性。对于依靠插枝、芽接等方法进行临时繁殖的植物来说，杂交显得非常重要，因为培育者不用考虑杂种和混种的变异性和不育性；不过，对于我们的选择来说，这类不用种子繁殖的植物仅仅是暂时存在。在人工选择的积累作用这方面，无论是有计划且快速进行的，还是无意识而缓慢进行的，都超过了这些变异原因，它始终是形成新品种的最佳动力。

第二章　自然状态下的变异

变异性

在将上一节得到的原理应用到自然状态下的生物身上之前，我们首先要讨论一下自然状态下的生物是不是容易产生变异。不过，只有列举许多枯燥乏味的实例才能弄清楚这个问题，所以只能在将来另文讨论它们。此外，在这里我不想讨论物种这个术语的各种定义，因为没有一种定义能够让所有的博物学家满意；而且，在讨论物种这个术语时，每个博物学家都是含含糊糊的。一般来说，物种这个术语体现了某种未知的创造行为。同理，难以对变种这个术语下定义。尽管这里没有提供证明，但变种一般指拥有共同的祖先。此外，畸形也没有准确的定义，但变种慢慢替代了畸形这个词。我觉得，畸形指的是对物种有害或者无益的变异。有些学者赋予变异一词专门的意义，指的是自然条件引起的变异，而且认为这种变异没有遗传性。不过，谁能断言波罗的海半咸水中的贝类不会变短，阿尔卑斯山顶的植物不会变小，极北地区动物的厚毛不会遗传呢？在这种情况下，我认为生物类型要叫做变种。

对于某些家养动植物来说，我们偶尔会发现突然出现在构造上的差异；在自然状态下，这些差异能否一直遗传下去，值得我们怀疑。所有生物的每一个器官几乎都能适应其所在的环境，所以任何一个器官都不会突然出现，就像人类不能一下子创造出完美的机器。在家养状态下，有时会出现一些畸形，这些畸形类似于其他物种的正常结构。例如，猪偶尔会生下长鼻子小猪。如果曾经同属的野生物种有过长鼻，这种长鼻猪也许是一种畸形；但经过搜索之后，我没有发现类似于近缘种类的正常结构的畸形，这正是最主要的问题。在自然状态下，如果这种畸形确实出现过且进行繁殖（一般都不能繁殖），那么，由于这种畸形出现的几率非常小，必须在非常有利的环境中才能保存下来。此外，这种畸形出现之后会和普通类型进行杂交，这样它们的变异特征可能会消失。在下一章,我将会讨论单独或者偶然出现的变异的保存和延续。

个体之间的差异

对于相同父母的后代来说,它们之间会有许多微小差异。在相同地区生活的同种个体,具有相同的祖先,它们之间也会有许多微小差异,这些差异叫做个体之间的差异。谁也不会这样认为,同种的所有个体是一模一样的,毫无区别。众所周知,差异常常能够遗传;由于具有遗传性,个体之间的差异就为自然选择及其积累提供了条件。这种自然选择及其积累的方式类似于人们让家养生物朝着一定方向变异并积累的方式。一般来说,个体之间的差异出现在博物学家认为不重要的器官上,但许多事实可以证明,同种个体之间的差异也会出现在非常重要的器官上。我认为,只要最出色的博物学家一直认真观察,肯定会发现生物的变异是非常多的,甚至是重要器官的变异也会很多。需要注意的是,分类学家并不希望重要特征中出现变异;而且许多人不愿意浪费时间研究内部器官,并仔细比较同种标本之间的差异。谁都不会想到,昆虫大中央神经节周围的主要神经分支也会产生变异。也许,人们常常认为这种性质的变异只能慢慢进行。但是,卢布克爵士(Sir Lubbock)说,介壳虫(Coccus)主要神经分支发生了巨大的变异,就像树干的分支那样毫无规律。这位博物哲学家还说,某些昆虫幼体内肌肉的排列有着很大的区别。当某些学者认为重要器官不会产生变异时,他们使用的是循环推理的论证法,因为这些学者将不变异的部分当作重要器官(有些人也这样认为);当然,根据这种说法肯定不会发现重要器官变异的例子。不过,从另一个观点出发,人们肯定能够发现许多重要器官产生变异的例子。

有个问题和个体变异相关,即在"变型"或者"多型"属内,物种的变异量达到很高的程度,这一点令人们非常困惑。对于许多类型来说,属于物种还是变种,两位博物学家的意见难得一致。例如,植物中的悬钩子属(Rubus)、蔷薇属(Rosa)、山柳菊属(Hieracium),昆虫类和腕足类中的某些属。大部分多型属中的物种有固定特征,除了少数情况外,在一个地方是多型的属,一般在另一个地方也是如此。这些事实让人们充满疑惑,因为它们体现出的这些变异与生活条件没有直接关系。我猜想,在某些多型属内，这些变异对物种本身没有太大影响，所以自然选择没有什么作用，这些特征也没有固定下来。关于这一点，我在后文会详细论述。

对于同种个体来说，它们在身体构造上有着巨大差异，而这种差异和变异没有关系。例如，各种动物的雌雄个体、昆虫的不育雌虫的二三个职级、多种低等动物的幼虫和未成熟个体之间的差异。又如，在动物界和植物界中，普遍存在两型性和三型性的情况。近几年，华莱士先生注意到这个问题，在马来群岛某种蝴蝶的雌性个体中，存在着两三种有着显著差异的类型，但不存在中间变种。在讨论巴西的某些雄性甲壳类动物时，弗里茨·缪勒（Fritz Müller）讲述了更加怪异的情况。例如，异足水虱（Tanais）常常出现两种不同的雄体，一种有形状各异的强有力的螯足，另一种有布满嗅毛的触角。在动植物表现出来的两三种类型中，虽然很难找到过渡的中间类型，但以前也许出现过这种类型。华莱士先生所描述的某个岛屿的蝴蝶表明，这种蝴蝶有许多变种，而且能够组成连续的系列；而这个系列两端的类型类似于马来群岛地区的一个近缘双型物种的两个类型。蚁类也是一样，一般来说，几种工蚁的职级有着很大的区别；不过，通过随后的例子可以得知，这些职级是由一些有着微小差别的中间类型组成的。在某些两型性植物中，我也观察到了这种情况。例如，一株雌雄同体的植物可以形成三种不同的雌雄同株个体，而这些个体是由三种不同的雌性和三种或者六种不同的雄性组成的。乍看之下，这些事实确实奇怪，但它们仅仅是寻常事情的典型代表而已。也就是说，雌性个体能够产生有着巨大差异的雌雄两性后代。

可疑物种

在某种程度上，有些类型体现了物种的特征，但它们又类似于别的类型，或者由过渡类型将它们与别的类型连接起来，这样一来，博物学家就不会将它们划分为不同的物种。从几个方面来说，这些连续性类型在论证我们的学说时，有着重要的作用，我们绝对相信，很多地位可疑而又相似的类型，它们的特征得到了长久保持。根据我们了解，它们可以像物种一样长久地保持其特征。其实，当博物学家以中间环节将两个类型连接在一起时，他是将一个看作另一个的变种。在分类时，我们将常常看到的一个当作物种，将另一个当作变种。不过，即使在两个类型之间发现了中间类型，但要将一个类型看作另一个类型的变种也不容易。然而，在很多时候，我们认为一个类型是另一个类型的变种，并不是因为找到了它们之间的过渡类型，而是观察者通过构造推测这种中间环节现在存在或者曾经存在过。不过，这样的想法打开了怀疑之门。

因此，只有经验丰富、判断力强的博物学家才能断定一个类型是物种还是变种。当然，在很多场合，博物学家的观点为我们提供了依据，因为人们熟知的物种都是由若干个优秀的鉴定者一起定为物种的。

显然，处处存在性质可疑的变种。将各国植物学家所编著的植物志比较一下，你将会发现许多这样的类型，这个植物学家定义为物种，那个植物学家定义为变种。华生先生（Mr. H. C. Watson）为我提供了许多帮助，我非常感激他；曾经，他将182种不列颠植物列为现在公认的变种，而某些植物学家将这些植物列为物种。华生先生不仅排除了某些植物学家定义为物种的变种，还删除了一些具有显著特征的多型性的属。在含有最多类型的属中，巴宾顿先生（Mr. Babington）列出了251个物种，而本瑟姆先生（Mr. Bentham）列出了112个物种，这里面有着139个可疑物种的差异。对于每次生育都要交配且善于运动的动物来说，某个动物学家将某些可疑类型列为变种，而另一个动物学家将其列为物种。在同一个地区，很少出现这样的可疑类型，但在彼此隔离的地方非常普遍。在北美和欧洲，某个著名的学者将有着细微差异的鸟类和昆虫定义为物种，而另一个学者定义为变种或者"地理族"。华莱士先生在关于动物的几篇论文中说，可以将生活在大马来群岛的鳞翅类（Lepidoptera）动物划分为四类：变异类型、地方类型、"地理族"（又叫地理亚种）、物种。在同一个岛屿上，第一类变异类型发生的变异比较大。在本岛上，地方类型比较固定，但在隔离的岛上不是这样。不过，若是将所有岛上的类型进行比较，除了两极端的类型有着显著差异，其他类型间的区别非常小。地理族（或者亚种）是隔离地方类型，有着固定的特征，但在显著特征方面没有区别，所以只能凭借个人经验判断哪个类型是物种，哪个类型是变种。最后，我们来解释一下物种，在各岛的生态结构中，它们的位置类似于地方类型或者亚种。由于它们之间的差异远远大于地方类型或者亚种之间的差异，所以博物学家将它们称为物种。上述是一些分类方法，但要找到准确的标准来划分变异类型、地方类型、亚种、物种是不可能的。

多年前，我仔细观察了加拉帕戈斯群岛上各个邻近岛屿的鸟类，我参考其他学者进行的比较，结果让我非常惊讶，原来物种和亚种之间的区别非常模糊。沃拉斯顿先生（Mr. Wollaston）在著作中，将小马德拉群岛的小岛上的许多昆虫列为变种，但其他昆虫学家肯定会将这些昆虫列为不同的物种。某些经验丰富的鸟类专家认为，英国红松鸡属于挪威种的一个族，但大多数学者将其列为大不列颠独有的物种。博物学家常常将产地遥远的两个可疑类型列为不同的物种；人们也许会产生这样的疑惑，相距多远才能划分为不同的物种呢？如果认为美洲和欧洲的距离足够远，那么，欧洲与亚速尔群岛、马德拉群岛、加那利群岛之间的距离够远吗？这些群岛的诸岛之间的距离呢？

华尔什先生是美国著名的昆虫学家，他将食用植物的昆虫叫做植食性（Phytophagic）物种和植食性变种。大多数植食性昆虫常常食用一种植物或者一类植物，但有些昆虫食用多种植物，而且不会发生变异。不过，华尔什先生观察到，对于食用不同植物的昆虫来说，它们的幼虫期或者成虫期，或者两个时期，在色彩、大小、分泌物等方面都有一定的差异。有时雄体表现出这些差异，有时雌雄两体都表现出这些差异。假如这些差异比较显著，而且出现在雌雄两体和成幼两期，那么，所有的昆虫学家都会将具有这些特征的不同类型定义为物种。不过，关于将一个类型定义为物种还是变种这个问题，不同的观察者有着不同的答案。华尔什先生将能够杂交的类型列为变种，将不能杂交的类型列为物种。由于昆虫长期食用不同的植物导致了上述差异，所以在若干类型中难以找到过渡类型。因此，博物学家们丧失了将可疑类型进行分类的依据。在不同大陆或者岛屿的类似生物中，一定存在着这种情况。另外，同一大陆或者同一岛屿到处存在的一种动物或者植物，如果各个地方都有不同类型，人们可能会找到两个极端类型的过渡类型，而这样的类型叫做变种。

少数博物学家坚持动物不存在变种，于是他们将微小的差异认为是种别的特征。如果在两个相距很远的地区或者两个地层中找到两个相同类型，他们依然认为那是两个物种，只是外观相似而已。于是，物种这个术语变成了毫无意义的抽象名词，仅仅体现了假定的独立创造作用。当然，一些权威专家会将具有物种性状的某些类型列为变种，而另一些权威专家却列为物种。不过，在没有明确物种和变种这些术语的定义之前，讨论一些类型应该属于哪一类是没有意义的。

现在，有些变种和可疑物种值得我们研究，为了将它们明确分类，人们从地理分布、相似变异、杂交等几个方面进行讨论，由于篇幅的限制，在此无法详谈。在可疑类型的分类中，博物学家通过认真考察能够形成一致意见。然而，我们必须承认这一点，对一个地区的了解越透彻，发现的可疑类型就越多。让我有着深刻感触的一个事实是：人们将自然界中对人类有用途，或者人类非常感兴趣的动植物的变种记录下来，而某些学者常常将这些变种列为物种。普通的栎树已经被研究得非常透彻，而一位德国学者从列为变种的类型中发现了十多种物种；在英国也有类似的例子，关于有柄栎树和无柄栎树，有些人认为它们是物种，有些人认为它们是变种。

接下来，我要分析一下德康多尔发表的关于各种栎树的报告。在辨别物种这个方面，从来没有人拥有像他一样多的材料，并热情、敏锐地研究这些材料。首先，他详细列举了若干物种在构造上的多种变异，并且由数字得出变异的频率，他甚至能够在一个枝条上发现十多种微小的变异特征。当然，这些特征无法和物种的价值相提并论；然而，正像阿沙·格雷（Asa Gray）评论报告时所说，这些特征大部分在物种的定义中。德康多尔说，如果某个类型在同一植株上永远不会变异，而且此类型和其他类型没有过渡环节，他就将这种类型定义为物种。这是他努力研究得到的结果。此后，德康多尔强调说："有些人认为大部分物种之间存在明确的界限，而可疑物种仅仅是小部分，这种观点是不正确的。只是我们的了解有限，凭借少数标本断定物种时才会出现这种情况，因为这些物种是假定的。随着我们对属的认识的加深，中间类型会越来越多，对物种界限的怀疑也逐渐增加。"他还说，人们越熟悉的物种，具有的自发变种和亚变种越多。例如，夏栎有28个种，除了6个之外，其他变种的特征都围绕着有柄栎、无花柄栎、毛栎三个亚种。现在，将三个亚种连接起来的中间类型非常小，正像阿沙·格雷所说，一旦这些中间类型灭绝，这三个亚种之间的关系将会变得和夏栎周围的四五个假定物种一样。最后，德康多尔承认自己列举的300多种栎科物种中，有一多半是假定物种，因为人们不知道它们是否符合真正物种定义的要求。需要注意的是，德康多尔相信物种进化论满足自然规律，而且非常符合古生物学、植物地理学、动物地理学、解剖学、分类学等各个方面的事实。

一个青年博物学家开始研究生物时，他最困惑的是，何种差异是物种级差异，何种差异是变种级差异，因为他不清楚所研究的生物产生变异的种类和数量；当然，这说明某些变异普遍存在。不过，如果他认真研究一个地区的一类生物，他很快就会发现如何排列大多数的可疑类型。开始时，他会列出许多物种，与喜爱养家禽的人一样，研究过程中遇到的各种类型间的差异给他留下深刻的印象。而且，他缺乏与最初印象相关的其他地区其他生物类似变异的知识。随着观察范围的增大，他遇到的困难会越来越多，因为会出现更多的相似类型。如果观察范围继续扩大，最终他会做出决定。不过，只有承认了变异的大量存在，他才可以做到这一点。然而，如果想要承认这个真理，肯定会遭到其他博物学家的反对。如果他研究的相似类型来自于不同的地区，那么，很难找到各种类型之间的过渡类型。这时，他只能依靠推论方法，他的研究进入最困难阶段。

在物种和亚种之间，的确不存在明显的界限。某些博物学家认为，亚种指的是接近物种但未达到物种等级的类型。同样，变种和显著变种之间，不显著变种和个体差异之间，也不存在明显的界限。这些差异体现在难以察觉的系列中，正是这个系列让人们认识到生物的演化过程。

因此，虽然分类学家不重视个体差异，但我认为它们非常重要，是实现轻微变异的基础；这些有着微小变异的变种，几乎不值得记载在自然史中。我认为，无论何种程度上的显著、固定的变种都是实现更显著、更固定的变种的基础，接着是亚种，最后慢慢变成物种。在很多情况下，生物的本性和所处的自然条件让它们具有的差异从一个阶段跨入另一个阶段。不过，对于从一个阶段到另一个阶段比较重要的特征来说，以自然选择的积累作用和器官的使用或者不使用造成的结果来解释更加合理。因此，一个显著的变种可以叫做初级的物种；这是一个观点，至于是否正确还要用大量的事实进行证明。

并不是所有的变种或者初级物种都能够发展成为物种，因为有一些可能会灭绝或者永远是变种。沃拉斯顿先生和加斯东·得沙巴达（Gaston de saporta）已经证明了这一点。如果一个变种非常繁盛，比亲种数量还多，它就会成为物种，而原来的物种降级为变种；或者变种取代并消灭了亲种；或者两种作为独立的物质一起存在。以后，我们会详细讨论这个问题。

通过上述内容可知，为了讨论方便，我将物种这个术语强加给一类极其相似的个体；而用变种这个术语描述那些易于变化但差异微小的类型。其实，

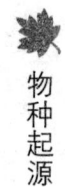

物种和变种之间没有本质区别。同理，为了论述方便，变种这个术语是相对个体差异而言的。

分布广、扩散大的常见物种容易发生变异

我根据理论指导得出，如果把几本著名的植物志中的所有变种排列在一起，在物种的关系和性质方面会得到意想不到的结果。开始时，觉得这项工作相当简单，但华生先生让我明白要比想象的困难得多。在这个问题上，我非常感激他的忠告。后来，胡克博士再次强调了这种困难。在以后的作品中，我会详细讨论这种困难，并将变异物种按照比例整理成表格。胡克博士阅读完我的手稿，观察了我的各种图表之后，允许我补充一个论述。由于论述的问题非常复杂，而且涉及到"生存竞争"、"性状分歧"等问题，所以在此只能简单地讨论一下。

德康多尔等学者已经证明，分布广泛的植物中容易出现变种。人们可能这样想，分布广泛的植物处于不同的自然条件下，而且要和多种生物进行斗争（以后，我们会发现这一点和自然环境条件同样重要，甚至是更重要）。我的图表表明，在一个有限的区域中，最常见的物种（个体最多的物种）和这个地区扩散最大的物种（扩散大和分布广有着不同的含义，而且和常见的含义也有区别），往往最容易发生显著变异。因此，那些最繁盛的种容易形成变种，或者初级物种。这种情况很容易想到，因为变种只有和其他生物不停地斗争，才能在某种程度上永远存在，那么，有着优势的物种一定能够产出优秀的后代，即使后代和亲种有着一定的差异，它们也必然会继承亲种的优势。这里的优势指的是在竞争过程中，不同类型生物具有的优点，尤其是有着类似生活习性的同属或者同类生物个体的优势。关于个体的数目或者是否常见这个问题，针对的是同种生物的比较。例如，如果一种高等植物在数量和扩散程度上都超过了同一地区的其他植物，它就有了一定的优势。虽然在同一区域的水中，水绵（conferva）或者寄生菌类的个体非常多、扩散非常大，但这种高等植物依然有其优势。如果水绵和寄生菌在上述所描述的各个方面都超过了其同类，那么，它们就具有了一定的优势。

各地区较大属内的物种比较小属内的物种更加容易产生变异

如果把某个地区的植物分为两个群，每个群中属的数目相同，但一个群是大属（包含的物种比较多），另一个群是小属。这时，我们会发现，含有大属的群中含有较多常见的扩散大的优势物种。这是很明显的事实，因为一个地区的一个属含有的众多物种说明这个地区有机或者无机的条件有利于这个属的发展，所以在物种数多的大属内能够找到优势物种。不过，许多原因导致这个结果不如想象的明显。例如，让人难以置信的是，图表显示，大属拥有的优势物种仅仅比小属多一点。在这里，我要说明两个原因：一般来说，淡水植物和咸水植物的分布广、扩散大，但这与它们生长环境的性质密切相关，而与所在属的大小没有关系；而低等植物比高等植物更容易扩散，这和属的大小也没有关系。在地理分布一章中，我们将会详细描述低等植物分布广泛的原因。

物种具有特征显著、界限分明的性质，让我联想到各地区内大属比小属更容易产生变种。在拥有多种近缘物种（也就是同属内的物种）的地区，按照一般规律有许多变种或者物种慢慢形成，就像在大树生长的地方有许多幼苗。一个属内由于变异而产生多个物种的地方，曾经有利于变异的各种条件将会一直有利于变异。相反，如果将物种当作独自创造行为，我们难以解释为什么物种多的生物群要比物种少的生物群更容易产生变种。

为了验证这个推论是否正确，我曾经在多个地区找到一些植物和甲虫，分为大致相等的两组进行对比，将大属物种分为一组，小属物种分为一组。结果表明，大属组中的物种形成变种的比例大一些；而且，大属组中形成变种的平均数也比较大。如果将分组方法进行改变，将含有四个以下物种的小属去掉，依然能够得到这样的结果。显然，这些事实有助于解释物种是显著的永久变种的观点，因为在同属中形成多种物种的地方，或者在过去物种比较活跃的地方，现在依然非常活跃，我们有足够的理由相信，新物种的形成过程相当缓慢。如果认为变种是初级物种，那么，上面的说法是正确的，因为图表体现了一个规律，那就是如果一个属产生的物种多，这个属内的物种产生的变种（也就是初级物种）也多。这不是说，所有的大属都会出现大量变异，一直在增加种数，或者说小属的变异很少，不会增加种数。如果真是这样的话，我的学说会遭受各种抨击，因为地质学清楚地表明，随着时间的前进，小属内的物种也曾出现大量增加的情况，而大属在到达顶点之后会慢慢衰落，一直到消失不见。我们想要说明的是：一般而言，曾经形成许多物种的属内，许多新物种一直在不断产生。

类似于物种内各个变种之间的情况，一个大属内的许多物种程度不同地紧密相连，而且在分布上有局限性

在大属内，物种和变种之间还有一些关系值得重视。我们已经明白，并没有明确标准来区分物种和显著变种，所以无法找到可疑类型的中间环节时，博物学家只能根据它们之间的差异量进行判断，是否可以将其列为物种。因此，在判断两个类型是物种还是变种时，差异量是一个非常重要的标准。当弗里斯（Fries）谈论植物或者韦斯特伍德（West-Wood）讨论昆虫时，两个人都认为大属内物种之间的差异量非常小。曾经，我用平均数来验证这种说法是否正确，结果表明是正确的。我还询问过一些经验丰富的观察家，他们也都赞同这种说法。由此可知，与小属内的物种相比，大属内的物种更像变种。另外，还有一种情况说明了这个问题，大属内有高于平均数的变种在慢慢形成，即使在物种中，许多物种类似于变种，因为这些物种间的差异量要小于一般情况下的物种间的差异量。

进一步说，大属内的物种之间的关系和物种的变种之间的关系一样。所有的博物学家都不会认为，同属内的所有物种彼此之间的区别完全相同，所以一般会被分为亚属、组，甚至是更小的单位。弗里斯说，小群的物种总是围绕着其他物种，像是卫星一样。那么，变种是什么呢？变种指的是围绕在亲种周围，彼此关系亲疏不等的类型吗？当然，物种和变种有着明显的区别，即变种之间、变种与亲种之间的差异量要小于同属物种之间的差异量。在讨论"性状分歧"的原理时，我们会详细论述这一点。还会解释变种间的差异是如何发展为物种间的差异的。

需要注意的是，变种的分布范围有着一定的限制。这是很明显的事实，如果变种的分布范围比亲种还要广泛，那它们的名称就要交换了。不过，那些与其他物种相近、类似于变种的物种在分布上也会受到限制。例如，华生先生从《伦敦植物名录》（第四版）一书中，发现了63种植物被列为物种，但由于

与其他物种很相似，他对这些物种产生怀疑。华生先生将大不列颠划分为许多个省，上述63种植物分布的范围是6.9个省；在同一本书中，公认的53个变种的分布范围是7.7个省；而这些变种所属的物种的分布范围是14.3个省。看来，公认的变种和可疑物种的分布范围相似；然而，英国植物学家将这些可疑物种列为真正的物种了。

摘要

变种和物种的区别是：第一，找到了中间过渡类型；第二，两者间有若干不定的差异量。如果差异非常小，即使两个类型的关系不是很紧密也会被列为变种。那么，将两个类型列为物种需要多大的差异量呢？这一点没有明确的标准。在一个地区，如果属内的物种超过了平均数，物种的变种也会如此。大属的物种之间有着不同程度的密切关系，它们慢慢形成一些小群，围绕在其他物种的周围。显然，类似于其他物种的物种的分布范围是有限的。通过上述各个方面可知，大属内的物种和变种很相似。如果物种是由变种慢慢发展来的，我们就能够理解物种和变种的相似性；如果物种是由上帝创造出来的，上述的类似性就无法解释了。

我们知道，大属内最繁盛的物种或者优势物种产生的变种比较多；我们以后会发现，变种有演变成物种的趋势。因此，大属会变得更大；在自然界中有着优势的生物类型，由于产生的变异量大，后代将会具有更大的优势。不过，我们以后会进一步解释，经过某些步骤之后，大属可以分裂成许多小属。这样一来，世界上的生物类型会一级一级地分下去。

第三章　生存斗争

生存斗争和自然选择的关系

在论述本章的内容之前，我们要先讨论一下生存斗争在自然选择学说中的作用。通过上一章的内容可知，生物在自然状态下会发生变异。然而，我原来不知道在这一点上存在争议。对于我们来说，许多可疑类型应该划分为物种还是变种并不重要，只要认识到显著变种是存在的就行了。不过，仅仅依靠个体变异和显著物种还是无法解释自然界中的物种的形成过程。各种生物的相互适应，对环境的适应，单个生物和生物之间的适应，为什么能够达到这么完善的地步呢？我们到处都能发现这种适应关系。例如，啄木鸟和槲寄生的关系，依附着鸟的羽毛上的寄生虫，潜水甲虫和带有茸毛的种子的关系等。总之，自然界中处处存在着巧妙的适应关系。

此外，我们还会产生这样的疑问，变种是怎样发展成物种的呢？显然，大多数物种之间的差异要比同种内变种之间的差异明显，而不同属的物种之间的差异又比同属物种之间的差异明显，这些种类是如何来的呢？可以这样说，这一切都来自于生存斗争，我们在下一章会仔细讨论这个问题。由于存在着生存斗争，不管是多么微小的变异，只要对物种的个体有利，这个变异就能在斗争的过程中保留下来，而且大部分可以遗传。由于物种产生的众多个体只有一部分能够生存下来，所以那些遗传到有利变异的后代的生存机会比较大。我将有利变异能够遗传的原理叫做自然选择，与人工选择进行区分。不过，斯宾塞先生喜欢用"适者生存"这个说法，看起来更加方便、更加准确。我们知道，人们利用人工选择获得效益，即将无数的微小变异积累起来，让生物朝着人类需要的方向发展。但是，自然选择是无止境的，其作用效果之大是人们难以想象的，自然选择和人工选择可以比喻为人工艺术和自然艺术，它们之间有着巨大的差别。

现在，简单讨论一下生存斗争这个问题，但详细的论述会出现在以后的著作中。老德康多尔和莱伊尔两位先生说，所有的生物都会参与激烈的竞争，这是无法避免的。曼彻斯特区的赫巴特（W. Herbert）教长以植物为例，对这个问题进行了精彩的论述。口头上认可生存斗争这个真理并不困难，难的是要将其时时刻刻放在心上。我觉得，只有深入地了解了生存斗争，一个人才能正确地看待自然界中的各种现象，例如生物的分布、稀少、繁多、灭绝、变异等事实。当我们看到丰盛的食物时，我们会想起自然界中美好的一面，但忘记了快活的鸟儿们在食用昆虫或者植物叶子时，正在不断地摧毁另一类生命；我们也不会想到，这些鸟儿们的卵或者雏鸟会被其他肉食动物所消灭。我们需要谨记，虽然现在的食物非常丰富，但并非年年都是如此。

广义的生存斗争

需要说明的是，广义的生存斗争指的是生物之间的相互依存，生物个体的生存及成功繁育后代。当缺乏食物时，两只狗会为了生存争夺食物，这是真正地为了生存斗争。不过，沙漠边缘生长的植物，与其说是为了生存与干旱做斗争，不如说是它们需要依靠水分存活。一棵年产1000粒种子的植物，平均只有一粒种子能够开花结果。准确地说，它不仅要和周围的同类斗争，还要和身边的其他植物斗争。槲寄生要依附苹果等树木生存，可以说它们在与寄主做斗争。因为一棵树的槲寄生太多时，树木会逐渐枯萎死亡。如果一个树枝上缠满了槲寄生幼苗，说明这些幼苗在相互斗争。因为槲寄生依靠鸟类传播种子生存，各类种子植物都要引诱鸟类来食用种子、传播种子。此外，各种植物也在相互斗争。上述几种含义相通，为了便于描述，我将其概括为生存斗争。

生物按照几何级数增加的趋势

所有的生物都具有快速增加个体数量的趋势，这肯定会导致生存竞争。在生命过程中，产生若干个卵或者种子的生物，往往会在生命的某个时期、某个季节或者某一年中彻底消失。否则，按照几何级数增加的原则，这些生物的个体数量会迅速增加，从而使其无处生存。由于生存下来的个体数目比较多，自然界中肯定会出现生存斗争：同一物种个体之间的斗争，不同物种之间的斗争，生物和所生存的自然环境的斗争。其实，这就是马尔萨斯（Malthus）的学说的内容。这个学说能够应用于整个动植物界，有着强大的说服力，因为自然界中没有人为的食物增加，更没有严格的婚姻限制。目前，虽然某些物种的个体数目在慢慢增加，但并非一切物种都是这样，否则这个世界就会崩溃。

显然，如果所有的生物都能够高速率地繁殖下去且不会死亡的话，那么，即使是一对生物的后代，不久之后也会将世界填满。即使是生殖率比较低的人类，25年内也可以让人口数量增加一倍，按照这个速率计算，不到1000年的时间，子孙后代就会没有生存之地了。林奈（Linnaeus）通过计算得知，如果一棵植物一年只结两粒种子（其实，不存在结种这么少的植物），其幼苗在第二年各结两粒种子，以此类推，20年后将会产生100万棵这种植物。对于已知的动物来说，大象的繁殖速度最慢，我曾经计算过其自然增加率的最低限度。如果大象能够活100年，生育期是30岁到90岁，这个期间可以产下6头小象，（如果幼仔都能存活并繁殖的话）那么，在740到750年间，这对大象将会拥有1900万个后代。

这个问题不仅有理论上的计算，还有对事实的记载。在自然状态下，许多动物在连续两三个有利于生长的季节中，能够迅速繁殖。让人惊讶的是，某些地区的许多家养动物繁殖非常快，甚至难以控制。例如，牛和马的繁殖速率本来是非常低的，但在南美洲和澳洲的增加速度之快，简直让人无法相信。植物也是一样。例如，英伦诸岛引进的植物在不到10年的时间里，已经遍布全岛成为常见的植物了；拉普拉它（Laplata）从欧洲大陆引进的刺菜蓟（Cardoon）和高蓟（tall thistle），现在成为了南美洲的广大平原上最常见的植物，在数平方英里的地面上几乎没有其他植物。福尔克纳（Falconer）博士说，自从美洲被发现之后，从美洲传入印度的植物已经遍布整个印度了。人们看到这些例子或者类似的例子时，绝对不会认为这是植物的繁殖能力造成的。显然，正确的答案是：生存环境利于它们的生长，老幼的死亡率比较低，几乎所有的后代都能够成长并繁殖，符合几何级数增加的原理，这才是对上述例子的最好解释。无疑，几何级数增加能够带来惊人的效果。

在自然状态下，成年的植株年年都会结籽，大多数的动物年年都会交配。因此，我们能够推断，所有的动植物都有按照几何级数增加的趋势，迅速向能

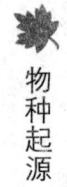

够生存的地方扩散；然而，在某个时期，这种趋势会由于个体数量的减少而受到抑制。也许，人们认为大型家养动物不会面临大量死亡的威胁。不过，每年都有成千上万的牲畜被屠宰，自然状态下的牲畜也会因为各种原因而死亡。

有的生物繁殖率高，而有的生物极少繁殖，它们之间的唯一差别是：在有利的条件下，繁殖率低的生物需要更长的时间去填满一个地区（如果这个地区比较大）。秃鹰（condor）每年可以产两个卵，鸵鸟每年可以产20个卵，但同一地区秃鹰的数量也不会比鸵鸟的数量多。管鼻鹱（Fulmar petrol）每年只产一个卵，但人们相信世界上最多的鸟就是它。一只苍蝇能够产几百个卵，而一只虱蝇仅仅产一个卵，但这种差异并不能决定它们在同一地区的数量。有些生物赖以生存的食物常常出现巨大的波动，这些生物必须要大量产卵，这样在食物充足时个体的数量才能迅速增加。不过，大量产卵的真正意义是，补充某个阶段个体数量的大量减少。对于大多数生物而言，这个阶段是生命的早期。如果一种动物能够保护好自己的卵或者幼体，那么，少量的繁殖就能保证它的平均数量；如果卵或者幼体的死亡率高，就必须多产卵，否则这种动物会灭绝。如果有一种树的寿命是1000年，一生中只结一粒种子，假如这粒种子能够发芽并长大，这就可以保证这种植物的数量。总之，在任何情况下，动植物个体的平均数量与其卵或者种子的数量没有直接关系。

在研究动植物时，我们要时时记住这个观点：所有的生物都在竭尽全力促使个体数量增加；在生命的某个时期，每种生物都要依赖斗争生存；每过一段时间，生物中的幼体或者衰老者就会死亡。降低抑制生殖的作用，或者减少死亡率，这样会促使物种个体的数量增加。

抑制生物数量增加的因素

个体数量增加是每个物种发展的自然趋势，控制这个趋势的因素很难说清楚。那些兴旺的物种一直在增加，而今后会继续增加。不过，我们举例说明是什么因素抑制了它的大量增加。其实，这并不奇怪，我们在这个问题上就是如此无知，甚至在关于人类的问题上也是一样无知，尽管我们对人类的了解要比对任何物种的了解都多。曾经，许多学者讨论过抑制物种数量的问题，我打算在将来的著作中详细地论述这个问题。在这里，我只是提出几个要点，让读者们去关注。卵和幼小动物最容易受到伤害，但并非所有的情况都是如此。对于植物来说，种子最容易受到伤害，但根据我的观察可知，在长满其他植物的土地上，幼苗受到的损伤最大。此外，幼苗常常遭受敌害的威胁。曾经，我将一块长3英尺、宽2英尺的土地上的杂草除掉，以便种植的幼苗不会受到其他植物的侵害。幼苗长出来后，我在每个幼苗上做了标记，结果357株幼苗，至少有295株受到了伤害，主要是昆虫和蚯蚓造成的。如果让植物在经常放牧的草地上任意生长，有些较弱的植物即使长成之后，也会在较强植物的排挤下死亡。例如，在一块割过的长4英尺、宽3英尺的草地上，生长着20种杂草，其中有9种受到排挤而死亡。

对于每个物种的增长速度来说，食物的多少有着重要的作用。不过，一个物种的平均数不是由获得的食物决定的，而是由其他动物的捕食情况决定的。无疑，田园中鹧鸪（partridges）、松鸡（grouse）、野兔的数量是由消灭敌害的程度决定的。如果英国在今后的20年内，不仅不猎杀动物，也不驱除它们的敌害，等到20年后，猎物的数量也许还没有现在多，即使现在人们每年会猎杀几十万只动物。相反，还存在另外一种情况，例如，大象很少会受到攻击，即使是印度的老虎也不敢攻击大象保护下的小象。

对于物种个体总数来说，气候有着重要的影响；带有周期性的寒冷或者干旱的季节，常常抑制生物个体数量的增加。春季鸟巢的数量迅速减少，据此推测，在1854—1855年的冬季，我居住的地方的鸟类的死亡率高达4/5。与人类相比，这是一种巨大的死亡，当人类遭遇最严重的传染病时，死亡率最高是1/10。气候的变化会导致食物减少，食物的减少会加剧同种或者异种之间的斗争。在气候直接起作用时，例如寒冬到来时，首先受到伤害的是最弱小的动物或者缺乏食物的动物。如果我们从南向北走，或者从湿地走向干燥的地方，会发现某些物种慢慢减少，甚至是趋于灭绝。由于整个过程中气候的变化非常明显，我们常常误以为气候的影响会导致物种个体数量的减少。不过，这种想法是错误的，因为在生物非常繁盛的地方，它们在某个时期也会因为敌害或者争夺食物而迅速减少，如果这些敌害或者竞争者由于气候有利而大量增加，那么，此地其他生物的数量将会减少。如果我们在向南走的过程中，发现某个物种的个体数量慢慢减少，那是因为其他物种的优势导致该物种受到损害。向北走也会看到类似的情况，但不如向南走时明显，那是因为越向北生物越少，竞争也会减弱。因此，向北走或者爬高山时，常常见到矮小的生物，这是气候的影响。对于北极地区、雪山之巅、荒漠来说，自然环境是生存斗争的主要对象。

虽然许多移置到花园中的植物能够适应当地的气候，但它们无法与当地植物竞争，也抵御不了当地动物的侵害。由此可知，气候对物种的作用是间接的，从而引发不良后果。

如果某一环境对某个物种非常有利，这个物种可能会在这个地区大量繁殖，但这往往会引发传染病，至少在狩猎动物时常常出现这种情况。这是一种限制生物数量的因素，但与生存斗争没有关系。寄生虫会引发某些传染病，也许是动物的密集程度有利于寄生虫的传播。这样一来，生存竞争也存在于寄生虫和寄主之间。

不过，从另一个方面来说，在许多情况下，物种个体数量要远远大于受到侵害的数量，它才能够保存下来。人们可以从田地里得到谷物和油菜籽，这是因为种子的数量比鸟类食用的数量多得多。在食物过剩的季节中，鸟类增加的数量和食物不成比例，因为冬天之后，鸟类的数量依然会受到限制。只要在花园里种植过几株小麦等植物的人都会知道，在这种情况下很难收获种子。曾经，我自己尝试过，结果是颗粒无收。某种生物得以保存的条件是拥有大量的个体，这个说法可以解释自然界中的某些现象。例如，某些稀有植物在少数地区能够非常繁盛，丛生的植物在它们生存的边缘地区也能相当繁茂。于是，我们相信，只有生存条件有利于植物成群生长时，这种植物才不会灭绝。需要补充说明的是，在许多情况下，杂交和近亲交配会产生不利影响，但我不打算在这里详细讨论这些情况。

生存斗争中动植物之间的复杂关系

许多事例证明，同一地区相互斗争的生物之间存在着复杂关系和抑制作用。我们来看一个简单而有趣的例子：我曾经仔细研究过斯塔福德郡（Staffordshire）的一大片未开垦的荒地，以及几百英亩性质相同的土地，25年前曾经种植过苏格兰冷杉。在这片土地上，原有的土著植物群产生了巨大变化，即使在两块土质不同的土地上也很难出现这么大的差别。与荒地相比，这里植物的比例完全变了，而且这里还有荒地上没有的12种植物（不含草类）。

在植物区内，昆虫受到了重大影响，人造林中常见的6种食虫鸟类荒地上没有，而荒地上常常出现的两三种食虫鸟在人造林中也没有。当初，将种植区围起来只是为了防止牛进去破坏植物，此外并未采取其他措施，可见一种树木会产生多么大的影响。不过，在萨利（Surrey）的法汉姆（Farnham），清清楚楚地显示了人工圈围对荒地的重要作用。在那片广阔的荒地上，原来只在远处的山顶上有几小片老苏格兰冷杉林。最近十几年，有人将这里的荒地一块块地围起来，让里面的冷杉自由繁殖，结果长成了许多小杉树。当知道这些小树不是人工种植的时候，我对小杉树的数目之多觉得惊讶。于是，我仔细观察了几个地方，在没有圈围的荒地上，只有以前种植的老杉树，没有发现一株新生的苏格兰冷杉树。然而，当我深入研究荒地上的树干时，发现牛将杉树苗和幼树都吃掉了，所以才无法生长起来。在距离老杉树林几百码的地方，我在一平方码的地面上发现了32株小冷杉树，有一株有26个年轮，但它的树干始终比不上荒地上的其他树木。难怪只要将荒地围起来，马上就会长出无数的小冷杉。不过，也许任何人都无法想象到，在这么广阔的荒地上，牛会仔细地寻找冷杉树苗作为自己的食物。

我们通过这个例子得知，牛决定着苏格兰冷杉的生存。然而，在世界的其他地方，昆虫决定着牛的生存，巴拉圭（Paraquay）的例子就是如此。该地从未出现过牛、马、狗成为野生的情况，尽管该地区的北面和南面都存在着这些动物的野生状态。阿萨拉（Azara）和伦格（Rengger）说，巴拉圭有一种蝇的数量很多，而且将卵产在新生动物的肚脐中。虽然这种蝇很多，但它们的繁殖受到某种限制，也许是寄生昆虫吧。因此，如果巴拉圭的某种食虫鸟的数量下降，寄生昆虫的数目就会增加，蝇的数目便会减少，那么，牛和马将会变为野生的，而这将对植物界（在南美的某些地区，我见到过类似现象）产生重大影响。接着，植物的变化会影响昆虫；此后，正如斯塔福德郡出现的现象，食虫鸟类将会受到影响，以此类推，受到影响的范围越来越大。其实，在自然状态下，动植物之间的关系远远要复杂得多。一场场的生存战争不停地打响，有胜有负，细微的差异就会让一种生物脱颖而出，轻易地战胜另一种生物。但是，各方面的势力会达到平衡，促使自然界在很长一段时间内不会发生变化。不过，人们对这一切的了解非常少，而且喜欢进行各种推测。因此，当听说某种生物灭绝时，一定会觉得震惊，如果无法找到生物灭绝的原因，便用灾难来解释，或者捏造一些法则测量生物的寿命。

我想通过一个例子来解释在自然分类上相距遥远的动植物，怎样由一张错综复杂的关系网联系起来。在我的花园中，昆虫从来不会侵害来自于墨西哥的半边莲（Lobelia fulgens）。不过，由于某些植物的构造奇特，在花园中无法结籽的情况，我以后会继续解释。对于兰科植物来说，几乎都需要接受昆虫传粉才能受精。在试验的过程中，我发现三色堇（heartsease, viola tricolor）的受精一定要依靠野蜂，因为其他的蜂不会采集这种花粉。我还发现，三叶草（clovor）的受精也要依靠蜂来传播花粉。例如，白三叶草（Trifolium repens）的20串花序能够结2290粒种子，但另外20串花序被遮盖着，蜂类无法接触，所以一粒种子也没结；红三叶草（Trifolium pratense）的100串花序能够结2700粒种子，而遮盖起来的花序一粒种子也结不了。只有野蜂会为红三叶草传粉，因为其他的蜂无法压倒它的花瓣从而采集花粉。有些人认为蛾类可以帮助三叶草受精，但我怀疑此事的真假，因为蛾的重量无法将三叶草的花瓣压倒。这样，我们可以推论，如果英国的野蜂灭绝或者大量减少，那么，三色堇和红三叶草也会面临灭绝的危险。在任何一个地方，野蜂的数量和田鼠的数量紧密相连，因为田鼠会捣毁蜂房、破坏蜂窝。纽曼（Newman）上校仔细研究过野蜂的习性，他认为田鼠破坏了英国超过2/3的野蜂窝。大家很清楚，猫的数目决定了田鼠的数目，所以纽曼上校说："村庄周围和城镇附近的野蜂窝比较多，我觉得是因为大量的猫导致田鼠的数量下降的缘故。"因此，我们相信，如果一个地区猫的数量比较多，通过猫对田鼠、田鼠对蜂的干预作用，能够推测出这个地区的花的数量。

所有物种的兴衰在生命的不同时期、不同季节或者不同年份，都会受到一定的制约。一般来说，一种或者几种因素的制约作用比较大，但一个物种的平均数量甚至生存能力，则由综合作用共同决定。有时候，同一物种在不同地区受到的制约作用也不一样。当我们见到河岸上的树木和灌木丛时，常常认为它们的种类和数量的比例是偶然形成的。其实，这种看法是不对的。谁都明白，当把美洲的一片森林砍伐之后，那里会长出其他的植物。现在，想想美国南部的印第安废墟吧！当初，那里的树木肯定被全部消除了，但现在在上面生长着美丽的植物，在物种的多样性和数量比例上与周围原始森林中的植物保持一致。在过去漫长的岁月中，在那些年年播撒无数种子的树木间，昆虫之间存在着强烈的生存斗争；在昆虫、蜗牛、小动物、鸷鸟、猛兽之间，同样存在着激烈的生存斗争！所有的生物都努力繁殖，但它们又彼此相食，有的吃树，有的吃种子，有的吃幼苗，还有的吃刚长出来影响树木生长的其他植物。如果我们用力将一把羽毛抛向空中，羽毛会按照一定法则回到地面上。如果想要弄清楚每一个羽毛落在什么地方，这个问题确实有一定的难度。不过，这个问题与数百年来动植物间的相互作用，让古印第安废墟变成了现有的植物种类和数量比例的问题相比，那就变得容易多了。

在亲缘关系比较远的生物之间，一般会存在某种依存关系，例如，寄生和寄主的关系；但准确地说，远缘生物之间有时也会出现生存竞争，例如，蝗虫和食草动物的关系。不过，同种个体之间的生存斗争往往是最激烈的，因为它们生活在同一个地区，食用相同的食物，遭受相同的威胁。同一物种内不同变种之间的斗争也很激烈，而且短期内就会如此。例如，将小麦的几个变种混合在一起种在同一片土地上，然后将种子再次混合进行播种，那些适应气候的变种或者繁殖力强的变种结的籽最多，几年之后就会取代其他的变种。即使变种非常相似，也会出现这种情况。例如，混合种植的不同颜色的芳香豌豆（sweet peas）一定要分别收获，然后按照一定的比例进行混合并播种，否则弱势变种会越来越少以至灭绝。绵羊变种也会出现类似的情况，据说某一种山地绵羊会排挤另一种山地绵羊，最终让其饿死，所以它们不能在一起喂养。在合养不同变种的医用蚁蟥（Medicinal leech）时，也会遇到这种情况。如果让家养动植物自由发展，每年也不按比例挑选种子或者幼体，那么，六年后这个混合群体中的动植物，是不是依然能够保持原来的体力、体质、习性、数量比例呢？答案恐怕是否定的。

同种个体之间和变种之间的生存斗争最激烈

在构造上，同属的物种是相似的，而且（并不绝对如此）在习性和体质上也相似，所以它们之间的生存斗争非常激烈。例如，近来在美国的某些地方，一种燕子的迅速增加导致另一种燕子大量减少；近来在苏格兰的某些地方，食用槲寄生果实的槲鸫（missel-thrush）数量快速增加，结果造成歌鸫（song-thrush）数量的锐减。我们常常听说，在气候的影响下，一种鼠会取代另一种鼠。当亚洲小蟑螂（cockroach）进入俄罗斯之后，迅速占领了同属大蟑螂的地盘；当欧洲引进蜜蜂之后，当地原有的无刺小蜂很快就灭绝了；一种野荠菜（charlock）能够取代另一种荠菜等。由此可以隐约地猜测出，在自然状态中，地位相近的近缘物种之间竞争非常激烈的原因，但我们还无法明确地阐释，为什么在竞争过程中一个物种能够取代另一个物种。

通过上述内容可以得出一个重要推论，那就是每一种生物的构造都与其他生物的构造有着密切的联系，但人们常常忽略这种联系。借助于这种联系，它才能够与其他生物争斗食物，或者躲避它们的捕食，或者捕食它们。虎牙、虎爪的构造，还有依附在虎毛上的寄生虫的足和爪的构造，能够很好地解释这个问题。乍看之下，蒲公英带有茸毛的种子和水生甲虫带有缨毛的足仅仅与空气、水有关系，实际上，带有茸毛的种子可以在长满植物的陆地上传播到更远的地方，落到植物稀少之处进行繁殖。水生甲虫的足有利于潜水，提高了它的竞争力，让它能够捕捉食物并躲避其他动物的侵害。

乍看之下，许多植物种子含有的养料与其他植物无关。不过，像豌豆、蚕豆这类种子，即使种在茂密的草丛中，也能够长出苗壮的幼苗。这让人联想到种子中养料的作用是帮助幼苗成长，让幼苗能够和周围的植物竞争。

仔细观察一下中间地带生长的植物，为什么它的数量不能增加两倍甚至是四倍呢？根据我们了解，这些植物完全可以在稍冷、稍热、稍潮湿、稍干燥的地方生存，因为它能够适应这样的环境。在这种情况下，我们很容易明白，如果想让这种植物的数量增加，必须让它形成优势，让它可以压倒对手，或者能够对抗食用它的动物。如果在植物生长的边缘地区，气候的变化让其体质发生了变化，这对它数量的增加会有帮助。不过，我们相信，分布范围很广的植物仅仅是少数，因为大部分都会受到气候的影响。可能还未到达生存范围的极限，在北极地区或者荒漠边缘，生存斗争依然存在。即使在极冷或者极干旱的地区，少数物种之间或者同种个体之间，为了争夺温暖、潮湿的环境也会发生竞争。

由此可知，如果一种植物或者动物来到一个新环境，进入新的竞争中，即使气候不会发生变化，生活条件也会发生变化。如果要让一种植物的总体数量增加，就要使用新的方法，而不能用原来使用过的方法。一定要设法让这种植物具有优势，促使其能够对抗新的竞争和敌害。

幻想创造出适应的条件，以便促使一种生物超越其他生物的优势，尽管这是一个好方法，但我们难以找到具体的操作模式。这让我们明白，我们对生物间的相互关系了解得太少了。我们拥有想要弄清楚生物间关系的信念，但是很难实行。我们能够做的仅仅是牢记：每种生物都在努力增加自己的数目；每个生物每时每刻都在为了生存而斗争，而且可能随时会遭遇灭顶之灾。在生存斗争这个问题上，我们能够自慰的信念是：自然界的斗争不是无间断的，我们不必忧心忡忡，死亡的来临常常是迅速的，而强壮、幸运的生物不仅能够存活下去，而且能够繁衍后代。

第四章 自然选择即适者生存

自然选择的作用

我们在上一章讲述过的生存斗争，对物种的变异会产生什么影响呢？人类手中有着巨大作用的选择原理能够应用于自然界吗？当然可以。我们将会发现，在自然状态下，选择原理有着重要的作用。我们需要注意，自然状态下的生物也会产生无数微小的变异和个体差异，就像家养生物一样，只是程度比较小罢了。此外，还要明白遗传倾向的力量。在家养状态下，整个身体构造具有了一定的可塑性。不过，胡克和阿沙·格雷说，对于家养动物来说，我们见到的变异并不是人类作用直接造成的；人类既不能创造变异，也不能阻止变异，只是能够将变异积累起来而已。当人类将生物放在新环境中时，变异就产生了；但类似的生活条件的变化，自然界中可能也会发生。我们应该谨记，所有的生物之间及其与自然环境之间有着多么复杂的关系；因而，构造上的各种变异，对于需要面对变化的环境的生物来说，也许是有益的。虽然家养生物会发生对人类有利的变异，但面对复杂的生存斗争，在世代相传的过程中变异不会发生变化吗？由于繁殖的个体数量要远远多于生存下来的个体数量，如果真的出现上述情况，那具有一定优势的个体将会获得比其他个体更多的生存和繁殖的机会。另外，我相信有害的变异终将会灭亡。我将有利于生物个体生存的变异的保存和有害变异的毁灭叫做"自然选择"或者"适者生存"。既无益也无害的变异不会受到自然选择的影响，它们也许会成为不固定性状，或者受到生物本身和外界环境的影响，最终发展成生物的固定性状。

关于使用"自然选择"这个术语，有些人反对，有些人误解，甚至有些人认为自然选择会导致变异。其实，自然选择的作用仅仅是将对生物有利的变异保存下来。任何人都不会反对农学家所说的人工选择的巨大作用。不过，即使是人工选择，也必须具备自然条件下的个体差异，人们才能够根据某种目的进行选择。有人认为，"选择"一次体现了动物的自主选择之意，既然植物没有自主意识，那"自然选择"就不能用在它们身上。从字面上来说，"自然选择"是不符合实际的语言；然而，谁能说化学家用"选择的亲和力"这个术语描述元素化合作用不正确呢？尽管某种酸进行化合作用时不是特意选择某种盐基。有人认为，我将自然选择神化了；可是，有哪一位学者反对万有引力控制行星运行的说法呢？大家都明白这种比喻的含义，使用这种名词的目的是为了简单明了。此外，无法避免"自然"一词的拟人化用法，但这里所说的"自然"指的是许多自然法则结合在一起的综合作用，以及产生的结果，而法则指的是各种事物所形成的因果关系。只要了解了我的论点，人们就会放弃如此肤浅的反对意见了。

　　为了彻底了解自然选择的过程，我们需要研究一下自然条件发生微小变化时，这个地区会出现怎样的变化。例如，当气候发生变化时，当地各族生物的比例也会产生变化，甚至有些物种会灭绝。我们知道，任何一个地区的生物都是由复杂的关系联系起来的，即使不是气候的影响，仅仅是生物比例的变化也会对其他生物产生影响。如果一个地区是开放型的，新的物种一定会进入，这样会影响原来的物种。我们曾经说过，从外地引进一种植物或者动物会产生多大的影响。如果是在一个岛上，或者是某一部分边界被圈起来的地方，新的物种难以自由出入这里，当原来的生态出现空隙时，当地容易产生变异的物种会去填充这个空隙。如果外界生物能够随意迁入，这些位置早就被外来生物占领了。在这种情况下，只要是有利于生物个体的微小变异，都能使其很好地适应环境，而这些变异会被保存下来，自然选择就会发挥作用对生物进行改良。

　　第一章的内容让我们明白，自然条件的变化会让变异性增加。当外界环境发生变化时，有利变异的机会便增多，这显然有利于自然选择。如果不会出现有利变异，自然选择就无法发挥作用。在讨论"变异"时，不要忘记变异中的个体差异。既然人类能够将个体差异积累起来，而且在家养生物中有着显著效果，那么，自然选择也可以轻易做到这一点，因为它发挥作用的时间比人工选择长得多。我认为即使没有巨大的自然变化，例如气候的改变，高度隔绝限制生物迁徙等，自然生态系统中也会出现空白位置，通过自然选择改变某些生物性状，促使它们填补这些空白。因为各个地区的生物是在均衡力量的基础上进行竞争，当某种生物的构造或者习性发生微小变异时，就会具有某种优势，如果这种生物继续在原有环境下生存，通过相同的方式获得利益，则变异会一直发展，该种生物的优势也会逐渐增强。任何一个地方的生物与生物之间，生物与自然环境之间，都没有达到适应的完美程度，所以任何生物都需要继续变异，以便拥有更好的适应性。因此，在许多地方能够见到这种现象，外地迁入的生物迅速战胜了本地生物，并在当地取得了立足之地。通过外来生物战胜本地生物的事实可知，本地生物也曾产生过有利变异来抵抗侵略者。

借助于有计划的选择方式，人类能够获得巨大的成果，但自然选择为什么不能产生这么大的作用呢？人类仅仅对生物的外表或者可见性状进行改造，但"自然"（我将"自然保存"或者"适者生存"拟人化了）并不关心外表，除非是有着重要作用的外表。"自然"能够作用于每个内部器官、每一体质的微小差异，甚至是整个生命机体。人类为了满足自己的利益进行选择，而"自然"是为了保护生物的利益进行选择。通过选择的事实能够明白，每个选择的性状都受到了"自然"的影响；而人类将来自于不同地区的生物圈养在同一个地方，很少使用特殊的方式增强选择出来的性状。人类用同一种饲料喂养长喙鸽和短喙鸽，也不会使用特殊方式训练长背或者长脚的哺乳动物，人类在相同的气候下饲养长毛羊和短毛羊，也不让强壮的雄性生物通过竞争方式获得雌性配偶。人类不会淘汰所有的劣等动物，而是在不同的季节中保护一切生物。人类往往根据半畸形生物或者显著变异，或者对他有利的性状进行选择。在自然状态下，任何生物发生的微小差异都会改变竞争中的平衡关系，并且将差异保存下来。与自然选择对地质时期的影响相比，人类的努力仅仅是一瞬间的事情，人类的生命多么短暂，所获得的结果多么贫乏啊！"自然"产物的性状比人工产物的性状更加实用，它们能够适应复杂多变的环境，能够明显地体现出选择优良性状的能力，所以我们不必感到惊讶。

在世界范围内，自然选择时时刻刻都在对变异产生作用，消灭次的，保留好的。无论何时何地，它只要有机会就会默默工作，改善生物和生存条件的关系。除非能够标记时间变迁和岁月流逝，否则人们无法发现这种缓慢的变化，而人们不清楚远古地质时期的事情，所以我们现在仅仅看到现存生物与以前生物的区别。

物种的形成需要大量的变异，所以当变种形成之后，也许要经过很长一段时间，还要经历一次变异，或者出现以前出现过的有利于个体的差异，而这些差异要被保存下来，这样慢慢地发展下去才行。由于常常出现相同的个体差异，我们便会认为上面的设想是有根据的。不过，这个设想是不是正确，还要看它是否能够合理地解释自然界中的普遍现象。此外，有些人认为可能出现的变异量非常有限，这也是一种推论。

　　由于自然选择的作用是为了给生物谋取利益，所以即使我们认为不重要的性状和结构，作为自然选择的结果，对生物也很重要。当我们发现，食用叶子的昆虫是绿色，食用树皮的昆虫是灰斑色，冬季高山上的松鸡是白色时，我们相信这些颜色是为了保护这些生物，使其避免不必要的危害。如果松鸡不会死亡，它们的数量会一直增加，但大家都清楚，大部分松鸡被食肉鸟捕杀而死。鹰依靠视力捕捉猎物，它的视力非常强，所以欧洲大陆某些地区的人们不养白鸽，因为鹰很容易将白鸽捕捉住。因此，自然选择赋予各种松鸡不同的颜色，而这些颜色会一成不变地保持下去。不要以为杀害一只颜色特殊的动物没有关系，要清楚白色羊群中的黑色羊羔有着重要的作用。我们在前面已经说过，弗吉尼亚有一种食用"色根"（paintroot）的猪，猪的颜色决定其食用之后是死是活。对于植物来说，植物学家认为果实的茸毛和果肉的颜色不重要，但园艺学家唐宁（Downing）说，美国无毛的果实要比有毛的果实容易受到象鼻虫（Curculio）的侵害，紫色的李子比黄色的李子容易感染某种疾病，黄色果肉的桃子比其他颜色果肉的桃子更容易得某种疾病。如果以人工选择的方法来培育这些变种，小的变异会慢慢积累成大的变异；但在自然状态下，这些树木需要与其他树木及大量敌害进行抗争，那么，各种差异将会决定哪一个变种具有优势，有毛果实的还是无毛果实的，或者黄色果肉的还是紫色果肉的。

　　根据我们有限的知识推断，物种之间的微小差异好像不是很重要，但需要明白，气候、食物等因素会对这些变异产生重要影响。根据器官法则可知，一个部分发生变异之后，并且通过自然选择进行积累时，其他的变异也会慢慢地出现。

　　在家养状态下，生命中的某个阶段出现的变异可能会出现于后代的同一个阶段，例如，食用或者农用种子的性状、大小、味道，蚕在幼虫期和蛹期的变种，鸡卵的颜色，牛羊在成熟之前出现的角等。同理，在自然状态下，通过积累有利的变异和遗传，自然选择也会对生物产生一定的作用。如果植物的种子被风吹得越远对植物越有利，那么，自然选择一定会发挥作用。自然选择能够让昆虫的幼虫产生变异，以便应对可能出现的各种事故，但这些事故与成虫遭遇的事故完全不同。在某些法则的影响下，幼虫期的这种变异会影响成虫的构造，而成虫期的变异也会影响幼虫期的构造。不过，在任何情况下，自然选择都能确定这些变异是无害的，否则可能会造成物种的灭绝。

自然选择依据的是亲体可以让子体的构造产生变异，反之亦然。对于群居动物来说，如果出现的变异有利于群体，自然选择将会改变个体的构造。当自然选择改变某个物种的构造时，一定是为了让这个物种更好地发展。自然选择可以让生物不常常使用的构造产生重大变异，例如，某些昆虫用来破茧的大颚，雏鸟用来破壳的坚硬喙尖。有人说，优良的短喙翻飞鸽的大部分会死在蛋壳中，所以养鸽者要帮助它们破壳。为了鸽子本身的利益，自然选择让这种鸽具有短喙肯定是一个漫长的变异过程，而在这个过程中，那些在蛋壳中具有强有力喙嘴的雏鸟将会被选择出来，因为弱喙的雏鸟在蛋壳内就会死亡，或者选择蛋壳比较脆弱易碎的，因为类似于其他的构造，蛋壳也会产生变异。

虽然所有的生物都会面临意外死亡，但这不会影响或者很少影响自然选择发挥作用。例如，每年有大量的种子和卵被吃掉，如果它们产生了某种能够抵抗侵害的变异，它们就可以借助于自然选择改变这种情况。如果免于被吞食，这些种子或者卵长成的个体，也许要比其他存活下来的个体具有更强的适应力。同理，每年也有大量的动植物由于偶然原因死亡，而这些死亡是无法避免的。不过，无论遭受多么大的损伤，只要一个地区的动物没有灭绝，只要卵有百分之一或者千分之一的机会成长发育，这些幸存者会通过有利的变异繁育出更多后代。如果一种生物由于上述原因而灭绝（其实，常常出现这种情况），那自然选择就会失去作用。不过，这一点不会让我们怀疑自然选择在其他时期、通过其他方式产生作用，因为我们不会认为许多生物会在相同的时间、相同的地点产生变异。

性选择

在家养状态下，有些特征往往出现在某个性别上，而且由这个性别遗传；在自然状态下，也会出现这种情况。因此，自然选择作用可以让雌雄两性个体在不同生活习性方面产生变异，尤其是某一性别对另一性别的变异。这时，我一定要讨论一下"性选择"这个问题。性选择指的是同一物种的同一性别的个体之间，一般是雄性之间，为了争斗配偶而发生的斗争。斗争的结果不是消灭失败的一方，而是让它少留或者不留后代，所以性选择要比自然选择温和一些。一般来说，最强壮的雄性是最适应自然界的个体，它们留下的后代也会最多。不过，胜利往往不是由体格决定的，而是由雄性独有的武器决定的。例如，无角雄鹿和无距（spur）（雄鸡爪后面类似于脚趾的突起部分）公鸡的后代非常少。由于性选择可以为获胜者带来更多的繁殖机会，所以它能够赋予公鸡不屈不挠的斗争精神、增加距的长度及在斗争中拍击翅膀增加距的攻击力量。对于动物来说，性选择有着重要的作用。有人说，雄性鳄鱼（alligator）在争夺雌性伴侣时，常常会大吼大叫并旋转身体；雄鲑鱼（salmon）整天都在斗争；雄性锹形虫（stag-beetle）的大颚总是成为其他雄虫的攻击目标。著名的观察家法布尔发现，有一种膜翅目昆虫（bymenopterousinsect）常常为了争夺雌性进行斗争，而雌虫就在旁边观战，最后属于胜利的一方。对于"多妻"的雄性动物来说，这种斗争更加激烈，而且雄性一般拥有独特的武器。食肉动物本来就有不错的战斗武器，性选择又让它们具备了更高的防御手段，例如雄狮的鬃毛，雄鲑鱼的钩形上颚等。大家要明白，为了在战斗中获得胜利，盾的作用也是非常重要的。

　　对于鸟类而言，这种斗争要温和一些。只要是研究过这个问题的人就会明白，许多雄性鸟类之间的激烈斗争主要是通过歌声吸引雌鸟的注意力。圭亚那（Guiana）的岩鸫（rook-thrush）、极乐鸟（birds of paradise）等鸟类常常聚在一起，雄鸟通过各种动作吸引雌鸟的注意力，而雌鸟站在一旁静静观赏，最后选择最有吸引力的雄性作为自己的配偶。研究过笼养鸟的人都知道，鸟有自己的爱憎。曾经，赫龙爵士（Sir R.Heron）详细地描述了他养的斑纹孔雀怎样吸引雌孔雀的注意力。虽然不能描述详情，但人们在很短的时间内根据自己的审美标准，赋予了矮脚鸡美丽、优雅的姿态。显然，在几千年的发展中，雌鸟会根据自己的审美标准选择声音动听、羽毛美丽的雄鸟作为伴侣，并产生性选择效果。在不同时期出现的变异，雌性后代或者雌雄两性后代会在相应的时期表现出来，性选择在这些变异上有着重要作用；在一定程度上，可以用性选择来解释雄鸟和雌鸟的羽毛与雏鸟羽毛的区别，在此不再详细讨论这个问题。

　　因此，如果任何动物的雌雄两体的生活习性相同，但构造或者颜色不同，可以认为这些差异主要是由性选择引起的，即在世代遗传中，雄性个体将具有优势的攻击武器、防御手段、健壮体格等特点，遗传给自己的雄性后代。不过，我们不能将所有的性别差异都归因于性选择，因为对于家养动物来说，某些雄性的独有特征不能由人工选择延续。野生雄火鸡（turkey-cock）胸间的丛毛，没有任何作用，而雌火鸡也不会将其当作装饰；而且，如果这种丛毛出现在家养动物身上，肯定会被看成畸形。

自然选择的实例

我通过一两个例子来说明，自然选择是怎样发挥作用的。以狼为例，当它捕食猎物时，有时候用技巧，有时候用力量，还有时候用速度。假设某个地区发生了某种变化，从而导致狼捕食的动物中奔跑速度最快的鹿的数量增加，而其他动物的数量减少，这将是狼捕食的困难时期。在这种情况下，只有动作敏捷、体型灵巧的狼获得的生存机会才多，从而被选择出来并保存下来，当然它们还要保存足够的力量征服其他动物。人类为了保存长嘴猎狗的优良个体（不是为了改变品种），在进行有计划的选择时，可以提高它的敏捷性。显然，自然选择也能够产生这种效果。皮尔斯先生（Mr. Pierce）说，美国的卡茨基尔山脉（Catskil Mountains）生活着两种狼的变种，一种形状很像长嘴猎狗，主要捕食鹿；另一种躯干粗壮而腿比较短，主要捕食牧人的羊。

需要注意的是，在上述例子中，我说动作敏捷、体型灵巧的狼能够被保存下来，而不是个体的显著变异能够保存下来。在本书的前几版中，我有时会说个体的显著变异常常被保存下来。因为以前我认为个体差异很重要，并仔细论述了人类无意识选择的结果，这种选择指的是保存所有有价值的个体而除去发育不良的个体。以前，我发现在自然状态下，偶然出现的构造差异很难被保存下来。例如，一个又大又丑的畸形，即使开始时被保存下来，此后不停地与正常个体交配，性状会慢慢消失。不过，直到我读了《北英评论》（North British Review, 1867）中一篇很有价值的文章后才明白，单独的变异很难被长久保存。这位作者以一对动物为例进行说明，虽然这对动物一生能够产200个仔，但平均只有两个仔能够存活下来并进行繁殖。对于大多数高等动物来说，这是极端情况的讨论，但对于许多低等动物而言绝对不是这样。这位作者说，如果一个新生个体由于某方面的变异要比其他个体的存活机会高两倍，但由于死亡率太高，想要存活下去也很困难。文章指出，如果它能够生存并进行繁殖，并且这种变异可以遗传给一半的后代，其后代仅仅是多了一些生存和繁殖的机会而已，而这种机会在以后会慢慢减少。显然，这种观点是正确的。如果一种鸟中的某一只鸟生来就有长且弯钩的喙，能够轻易地捕获食物，并因此避免灭绝而进行繁殖。虽然如此，这只鸟想要永远繁殖下去的机会依然微乎其微。根据在家养动物中观察到的情况可知，如果把大量的、略微有点弯钩喙的个体一代代繁殖并保存，而把直喙的个体剔除，一定可以实现这个目的。

需要注意的是，由于相似的组织结构受到的作用相同，从而使某些显著变异一直出现，不应该将这些变异仅仅看作个体差异，家养动物中有许多这样的证据。在这种情况下，即使变异的个体开始时没有把新得到的性状遗传给后代，但只要生存条件不会发生变化，它将会把以相同方式获得的更强变异遗传给后代。显然，这种依据相同方式产生的变异倾向非常强烈，可以让同一物种的所有个体不经任何选择作用便产生相似的变异；或者是一个物种的1/3、1/5、1/10产生这样的变异。关于这种情况，可以列举许多例子。例如，在法罗群岛（Faroe Islands），大约有1/5的海鸠（quillemot）属于一个显著变种，这个变种以前被列为物种，名字是Uria Lacrymans。在这种情况下，如果变异是有利的，根据适者生存法则，变异的新类型很快就能够取代原来的类型。

以后，我会谈论杂交具有消灭变异的作用。在此需要说明的是，大部分动植物会固守本土，一般不做没有必要的流动。即使是迁徙的鸟类，也会常常回到它们的原住地。因此，一般来说，每一个新形成的变种都会生活在原产地，这好像是自然状态下变种需要遵守的规律。这样一来，许多发生相似变异的个体很快就会聚集成一个小群，共同生活并进行繁殖。如果新变种在斗争中取胜，它们便会慢慢向外扩散，与原有的个体进行斗争并战胜它们。

我们用一个复杂的例子仔细解释自然选择的作用。有些植物分泌甜汁，这是为了将体液内的有毒物质排除。例如，某些豆科植物（Leguminosase）从托叶基部的腺体排除分泌物，普通月桂树（laurel）从叶背分泌液体等。虽然甜汁量很少，却引来大量的昆虫，但这种昆虫的拜访对植物没有任何好处。如果甜汁是从植物的某些植株的花中分泌出来的，昆虫食用甜汁时会沾上花粉，并把花粉带到另一朵花上，帮助同种植物的两个个体进行杂交，从而形成强大的幼苗，并且让幼苗得到更多的生存机会和繁殖机会。这些情况常常见到。花蜜腺体越大的植株，分泌的花蜜也越多，常常招来许多昆虫，因此得到的杂交机会比较多。长此以往，它们就会获得很大的优势，而且逐渐发展成一个地方变种。有些花的雄蕊和雌蕊的位置非常符合采蜜昆虫的大小和习性，这有助于昆虫传授花粉，这样的花也会受益颇多。如果一只昆虫不采蜜仅仅采集花粉，这种行为显然会对植物造成伤害，因为花粉是用来受精的。不过，如果昆虫将少量的花粉带到另一朵花上，这就促进了植物的杂交，即使浪费了9/10的花粉，但对于失去花粉的植物来说，依然是有利的。因此，那些花粉较多、粉囊较大的个体会被选择出来。

　　如果上述过程一直持续下去，植物将会越来越吸引昆虫，而昆虫在不知不觉间传播花粉。在这个方面，我能列举许多例子。现在，我们来看下面这个例子，而且解释了植物雌雄分株的步骤。某些冬青树（holly-tree）只开雄花，每朵花里面有四枚含有少量花粉的雄蕊和一枚不能发育的雌蕊；而另外一些冬青树只开雌花，每朵花有一枚发育完全的雌蕊和四枚粉囊萎缩的雄蕊，而且雄蕊不含花粉。我在距离一株雄冬青树60码的地方发现了一株雌冬青树，并从上面采集了20朵花，当我用显微镜观察雌花柱头时，发现每个柱头上都沾着几粒花粉，甚至有的相当多。那几天，风从雌树的方向吹往雄树，所以这些花粉不是依靠风力传播的；虽然天气寒冷并伴随着暴风雨（这对蜂类有害），但我观察的所有雌花都由采集花蜜的蜂完成了受精。现在，我们返回去讨论想象的情况：一旦植物很容易吸引昆虫，促使昆虫在花间来回传递花粉，另一个步骤或许将要开始。博物学家都承认"生理分工"的好处，所以我们相信，一棵树只有雌蕊而另一棵树只有雄蕊对植物非常有利。栽培植物或者被移植到新环境中的植物的雄性器官，它的功能会相应减弱。在自然状态下，也会出现这种情况，只是程度比较轻微。既然花粉可以在花间进行传递，而"生理分工"的原则表明性别分离有利于植物的发展，那么，雌雄分离倾向比较明显的个体将会被选出来，直到雌雄两体彻底分离。显然，许多植物的雌雄分离正处于过渡阶段。如果想要解释清楚植物是怎样一步步实现雌雄分离的，需要花费大量的笔墨。在这里，我只想说明一点，根据阿沙·格雷的研究，在北美有几种冬青树确实处于中间阶段，正是他所说的"异株杂性"。

　　现在，我们讨论一下食用花蜜的昆虫。如果一种普通植物经过连续选择作用促使花蜜越来越多，而某种昆虫的食物就是这种花蜜。我能列举许多例子来说明，蜂是如何节省时间采蜜的。例如，有些蜂喜欢咬一下花的基部来吸食花蜜，而它们也可以花费一些时间从花的开口钻到花中去。这些情况让我们相信，那些容易被忽视的微小差异，例如口径的长度、弯曲度等，在一定程度上有利于昆虫采食花蜜。因此，有些个体能够更快地获得食物，它们所属的群体能够快速繁盛，而从它们之中分离出去的许多蜂群也有相同的性状。乍看之下，红三叶草和肉色三叶草的花冠的长度毫无差异，但蜜蜂能够吸食肉色三叶草的花蜜，而无法吸食红三叶草的花蜜。不过，它们肯定喜欢这种花蜜，因为我多次发现，众多蜜蜂在秋季可以通过野蜂咬的红三叶草基部的小孔吸食花蜜。这两种三叶草花冠的长度决定了蜜蜂是否可以采蜜，但差异非常微小，因为有人说过，红三叶草在收割之后的第二季作物开的花小一些，那时蜜蜂就能采蜜了。这个说法的准确性难以确定，也不知另外一篇文章的可信度如何。那篇文章说，意大利种蜜蜂可以采食红三叶草的花蜜，而一般认为这种蜂是普通蜂的变种，而且可以自由地与普通蜂交配。可以这样说，在长满红三叶草的地方，略长或者不同形状的蜂具有一定的优势。从另一方面来说，由于红三叶草完全依靠能够采蜜的蜂受精，如果某个地区野蜂的数量下降，那么，花冠较短或者分裂较深的植株将会受益，而蜜蜂可以采食这种红三叶草的花蜜。现在，我们明白蜂与花是如何通过结构上的微小差异慢慢相互适应的了。

我知道，通过上述想象出来的例子解释自然选择原理，就像莱伊尔爵士曾经用"地球近代的变迁解释地质学"一样，肯定会遭到人们的反对。不过，现在运用地质作用解释深谷或者内陆崖壁的形成时，绝对没有人说那是毫无意义的了。自然选择的作用就是将无数的微小变异积累并保存起来。近代地质学已经否定了一次大洪水就能形成一个山谷的说法，同理，自然选择学说也会否定能够连续创造新生物类型，或者生物构造能够突然发生巨大变异的观点。

个体杂交

关于这个问题，我先从侧面解释一下。除了人们不太清楚的单性生殖之外，只要是雌雄异体的动植物，每次生育都需要交配。不过，对于雌雄同体的生物来说，这种情况不是很明显。但是，有理由相信，雌雄同体的个体会偶然或者习惯性地两两结合，以此来繁殖后代。很久以前，斯普兰格尔、奈特、凯洛依德委婉地表述了这种观点。接下来，我们讨论一下这个观点的重要性。我准备了许多材料来分析这个问题，但还是要简单明了。脊椎动物、昆虫等各类动物，都要通过交配进行生育。近代研究结果大大减少了以前所认为的雌雄同体的生物的数目。即使是雌雄同体的生物，大多数也需要两两结合。换句话说，两个个体要进行交配才能繁殖，这就是我们将要讨论的问题。对于那些偶尔交配的雌雄同体动物和大多数雌雄同体的植物来说，我们为什么认为它们是通过交配进行繁殖的呢？对于这种情况不能详细解释，只能简单描述一下。

首先，我搜集的资料和做过的实验表明，不同变种之间的杂交或者同一变种不同品系之间的杂交，可以让动植物的后代变得强壮并提高生殖力，这符合养殖家们的信念；生物不能依靠自体受精世代永存，需要与其他个体偶尔杂交或者每隔一段时间杂交。如果将这个观点当作自然法则，下面几类事实便很容易理解，否则其他观点都难以解释清楚。只要培育过杂交植物的人就会明白，花暴露在雨中对受精有害。不过，实际上很多花的雄蕊和雌蕊完全暴露出来。在这里，只能用异体杂交的必要性解释这种情况，那就是便于其他花的花粉进入的缘故（虽然花朵内的雌雄蕊距离比较近，便于自花受精）。此外，许多花的结籽器官是紧紧包裹起来的，例如蝶形花即豆科的花，但这些花能够巧妙地应对昆虫的拜访。蝶形花要依靠蜂进行传粉，如果不让蜂来拜访，这些花的结籽能力将会大大降低。昆虫从一朵花来到另一朵花上，肯定要传递一些花粉，这对植物大有裨益。昆虫的作用类似于一把刷子，先刷一下这朵花的雄蕊，再刷一下那朵花的雌蕊，这样就完成了受精。不过，不要认为蜂的传粉作用能够让不同作物形成杂交品种，因为对于一枚雌蕊来说，同种植物的花粉要比异种植物的花粉更有吸引力，而且可以抵消异种植物花粉的作用。

有时花内的雄蕊会突然弯向雌蕊，有时是一枚枚地慢慢弯向雌蕊，这些现象好像是为了保证自花授粉出现的，但雄蕊的颤抖有时需要昆虫的帮忙。凯洛依德曾经说过，刺檗［小蘗、伏牛花（barberry）］就是如此。这个属内的植物好像都有自花传粉的能力。不过，大家都知道，如果将近缘物种或者变种种植在邻近的地方，很难培育出纯种幼苗，因为它们会进行杂交。对于某些情况来说，自花授粉是不利的，某些机制能够阻止雌蕊拒绝自花授粉。斯普林格尔在著作中讨论过这一点，我也观察到过这种情况。例如，亮毛半边莲

（Lobelia）有一种巧妙的机构，能够在雌蕊接受花粉之前将无数的花粉散放出去，昆虫从来不会拜访这种花（至少在我的花园中是这样），所以它无法结籽。但是，当我把花粉放到花的柱头上时，它就可以结籽并长成幼苗。而我的花园中的另一种半边莲，由于常常有蜂拜访，所以很容易结籽。在没有特殊机制阻止雌蕊自花授粉的情况下，我、斯普林格尔、希得伯朗（Hildebrand）等人都认为这些花有的在雌蕊还未授粉时已经破裂，或者雌蕊能够授粉时花粉还未形成，所以这种植物类似于雌雄异体的植物，只能经过杂交进行授粉。我们在前面讨论的二型性或者三型性的植物，全部属于这种情况。这些例子多么奇特啊！在同一朵花中，花粉和柱头相距非常近，好像是为了自花授粉形成的，但实际情况绝非如此。这些现象看起来难以理解，但如果我们用偶然的异体杂交的优越性和必要性来解释，便会变得非常简单！

如果将甘蓝、萝卜、洋葱等植物的变种种在邻近的地方，便会发现孕育出来的幼苗大部分是杂种。例如，将几个甘蓝的变种种在邻近的地方，由它们的种子培育出233株幼苗，其中只有78株保持了原有性状（其中，有几株不太纯）。其实，每一朵甘蓝的雌蕊都被周围的六枚雄蕊包围着，还有同株植物上的其他雄蕊，即使不依靠昆虫花内的花粉也可以落在柱头上（曾经，我见过不用昆虫传粉就能结籽的花）。上文说幼苗中有许多杂种，这个事实表明，不同变种的花粉的受精能力要比同花花粉强得多，再次证明了同种异体杂交具有优势的这个观点。如果用异种进行杂交，情况恰好相反，因为同种花粉的受精能力要比异种花粉强，我在下一章会仔细讨论这个问题。

如果我们认为一棵开满花的大树上的花粉只在这棵树上的花间进行传递，而很少传到另一棵树上的话，那是错误的；在某种特定的前提下，同树的花被看作不同个体的说法也是不对的。在自然界中，同一棵树上的花有雌雄之分，虽然雌花和雄花生长在同一棵树上，但花粉也要从一朵传递到另一朵上；这样一来，花粉肯定能从一棵树传递到另一棵树上。对于属于"目"一级的树来说，雌雄分化的现象要比其他植物多一些，在英国就能观察到这种现象。应我的要求，胡克博士和阿沙·格雷博士分别将新西兰和美国的树木列成表格，显示的结果符合我的推断。不过，胡克博士对我说，澳洲的情况与这个规律不符。但是，我认为，如果澳洲的树木属于雌雄异熟型，将和雌雄分离形成一样的后果。在此，我选择树木进行讨论的目的是，希望人们多多关注这个问题。

现在，我们简单讨论一下动物方面的情况。虽然很多动物是雌雄同体（如软体动物和蚯蚓），但它们受精时都需要交配。目前，还没有发现陆生动物可以自体受精的。这个事实和陆生植物形成了鲜明对比，但用偶然杂交的必要性原理就可以理解这个事实。由于受精体制不同，陆生动物只能进行两体相交，无法像植物一样借助虫媒、风媒等手段进行偶然杂交。对于水生动物来说，有一些雌雄同体者能够进行自体受精，但水流可以为它们提供杂交的机会。我曾经请教权威学者赫胥黎教授（Prof. Huxley），世界上是否存在雌雄同体动物，它的生殖构造完全在体内，不用与外界进行沟通，受精过程也不会受到其他个体的影响；他对我说，就像花类无法找到这样的例子，在动物中也找不到。这个情况让我在很长一段时间内无法解释蔓足类（Cirripedes）的受精过程，一个偶然的机会让我发现，两个自体受精的个体有时能够进行杂交。

有些同科甚至是同属的动植物，虽然在整体构造上很相似，但有些是雌雄同体，而有些是雌雄异体，这让许多博物学家觉得诧异。不过，如果所有的雌雄同体动物都能够偶然进行杂交，那它们与雌雄异体动物在机能方面就没有多大的区别了。

根据我搜集的大量事实，即使不同动植物个体之间的偶然杂交不是绝对的，也是一个极其普遍的自然规律。

通过自然选择产生新类型的有利条件

这是一个非常复杂的问题，大量差异对形成新的生物类型有很大的帮助，其中包括个体差异。在一定时期内，如果个体的数量多，出现有利变异的机会也多，可以弥补个体变异量比较少的缺点，而这一点是促使自然选择成功的重要条件。虽然自然选择可以在长时间内起作用，但这种时间的长度绝对不是无限的，因为所有的生物都希望在自然体系中占有一个地位，如果一种生物不能与其他生物进行竞争的话，肯定会被消灭。如果有利变异无法遗传，自然选择也将无法发挥作用。虽然返祖倾向会抑制甚至阻止自然选择的工作，但既然这种倾向没能阻止人类通过选择培育家养动物，也绝对无法阻止自然选择的作用。

在人工选择中，饲养者根据某种目的进行选择，如果让个体自由杂交，肯定无法实现这个目标。但是，许多人并不是想要改变品种，他们只是追求完美，想要得到最优良的个体进行繁殖。即使选择的个体无法形成新品种，这种无意识的选择过程也会促使它们缓慢改进。在自然状态下，选择也是一样。对于一个有限的区域来说，自然体系中存在着一些空位，那朝着正确方向发生变异的个体，虽然变异程度不同，但都会被保留下来。而在一个很大的区域内，各个小区域的生活条件有着一定的差别，同一物种便会在不同区域产生变异，而新变种会在各个区域的边界进行杂交。我们在第六章会讲到，中间区域的中间型变种会慢慢被邻近地带的变种替代。杂交主要会对流动性大、生育率低、每育必交配的动物产生影响。因此，就像我看到的那样，具有这种特性的动物一般生活在隔离地区，例如鸟类。对于偶然杂交的雌雄同体生物来说，或者流动性差、繁殖率高、每育必交配的动物，新改良变种能够在任何地方迅速产生。首先，它们会聚集起来，然后慢慢地传播出去。这样，新变种的个体才能大量进行交配。根据这个原理，育苗人在大群的植物中保留种子，因为大群中杂交的机会比较低。

对于每育必交、繁殖比较慢的动物来说，自由杂交无法消除自然选择的作用。我有大量的事例可以证明：由于栖息的场所不同，各自繁殖季节的差异、偏爱与同种个体交配等原因，同一地区内同一物种的两个变种能够在很长时间内保持不同的性状。

杂交可以让同一物种或者同一变种的个体保持性状的纯正，这是杂交在自然界的重要作用，尤其是对于每育必交的动物而言。我在前面就说过，所有动植物都会偶然进行杂交，即使是很长时间才会杂交一次；杂交的后代要比自体受精的后代更加强壮，生殖力更强，因此获得的繁殖机会也更多。从长远的角度来说，即使非常罕见的杂交都会产生重要的影响。至于最低等的生物，它们无法进行有性繁殖，没有个体的结合，也不会进行杂交，如果想要在相同的条件下保持性状的一致，只能通过遗传和自然选择的作用，除去不符合原种的个体。如果生活条件发生了变化，个体形式也变了，依靠自然选择保存下来的有利变异能够让产生变异的后代得到相同的性状。

隔离是由自然选择形成物种变异的另外一个重要因素。在一个有限的隔离区域中，有机和无机的生活条件几乎是相同的。在这里，自然选择倾向于通过相同的方式改变同一物种的所有个体，这些生物与邻近地区生物的杂交也会受到影响。最近，华格纳（Moritz Wagner）发表了一篇著名的文章来讨论这个问题，他说隔离在阻止新变种进行杂交方面的作用远远超过他的想象。但是，由于前面所说的原因，我不赞同这位博物学家的观点。当气候、陆地高度等自然条件发生变化之后，隔离的作用就是阻止外界生存能力更强的生物进入这个地区，所以这个地区的自然生态体系中会出现一些空位，以便原来生活在此地的生物变异后进行填充。最后，隔离为缓慢形成的新物种提供了时间。当然，有时隔离是非常重要的。不过，如果隔离区域太小，或者周围有障碍物，或者自然条件很特殊，生物的数量就会非常少，这样会降低产生有利变异的机会，所以通过自然选择产生新种的过程会无限延长。

　　对于自然选择而言，流逝的时间本身没有任何作用，既不会推动自然选择，也不会对其形成阻碍。我进行这样的说明是因为，有人错误地说我认为时间在改变物种方面有着重要的作用，好像所有的生物都会因为内在规律产生变异一样。时间的作用仅仅是：它为有利变异的发生、选择、积累、固定提供了机会。此外，时间能够促进自然环境对物种形成的直接作用。

　　如果我们去自然界验证这些观点的正确性，观察一下隔离的地区（如海洋中的岛屿），就会发现尽管岛上的物种数目比较少（在地理分布那一章会详细讨论这个问题），但这些物种大部分都是本地种，即它们只是生长在这个地方，而不是世界上的任何地方。所以乍看之下，海洋中的岛屿对新物种的产生很有利，但这会让我们自欺，想要确定一个小的隔离区和一个大的开放区，哪个更有利于新物种的形成，我们应该在相等的时间内进行比较，但我们无法做到这一点。

　　虽然隔离对新物种的产生有着重要的作用，但我相信地域宽广对新物种的形成更加重要，尤其是对于生存期长、分布广的动物而言。广大开放的地区可以容纳同一物种的大量个体，这提高了形成有利变异的机会，而且生活在这里的大量物种使生存条件变得更加复杂。如果大量物种中的一部分产生了变异或者改进，其他物种也要在一定程度上进行改进，否则它们就会面临灭绝的危险。新类型极大地改进之后，会向邻近的地区扩散，与其他类型进行竞争。此外，由于地面的升降活动，今天连在一起的地区，过去可能处于断开的状态，因此在一定程度上，隔离对形成新物种的作用出现过。最后，我得出这样的结论：在某些方面，小的隔离区对新物种的产生非常重要，但是在一般情况下，变异过程在广大地区进行得比较快；更重要的是，那些战胜无数的竞争对手而在大地区形成的新类型，一定会分布得更广泛，从而形成更多的变种和物种，占据着生物界发展史上的重要地位。

上述观点可以帮助我们理解某些事实（在地理分布一章中会再次讲述这些事实）。例如，与欧亚大陆相比，生活在地域狭小的澳洲的生物就差远了。又如，可以在各处的岛屿中将大陆生物进行驯化。岛屿上的生存斗争比较缓和，变异也比较少，几乎不会出现灭亡。因此，我们可以理解希尔（Oswald Heer）的说法，在一定程度上，马德拉的植物区系很像早已消亡的欧洲第三纪植物区系。所有的池塘、湖泊等淡水盆地合并在一起也无法跟海洋、陆地进行比较，仅仅是一个小区域，所以淡水生物间的生存斗争远远不如海洋生物间的激烈，新类型的形成和旧类型的灭绝也都非常缓慢。曾经，硬鳞鱼（Ganoid fishes）是一个占据优势的目，现在仅仅在淡水盆地中存在这个目中的七个属。目前，世界上几种性状奇特的动物只存在于淡水中，如鸭嘴兽（Ornithorhynchus）、美洲肺鱼（Lepidosiren）。它们可以像化石一样，在某种程度上将自然分类中相距很远的目联系在一起。这些生物被叫做活化石，它们生活在有限的区域内，那里的生存斗争不是非常激烈，所以不容易发生变异。

现在，我们在纷繁复杂的问题允许的范围内，总结一下自然选择作用对形成新物种的有利条件和不利条件。我认为，对于陆地生物来说，地面多次出现升降变化的宽广地区最有利于新物种的形成，这些生物不仅可以长久生存，还可以广泛分布。如果这个地方是一片大陆，生物的个体数量和种类都会非常多，而且生存斗争比较激烈。如果由于地面下沉，这里变成了分隔的大岛，每个岛上同一物种的个体数量依然会非常多，但边缘地区新物种的杂交受到一定的限制。当自然条件发生变化时，各岛上自然形态体系中出现的空位将由旧物种形成的变异类型来填充，漫长的时间可以让岛上的变种越来越完善。如果地面再次升高，这些岛将会再次连接成大陆，生物的生存斗争会变得激烈，最有优势的变种将会迅速扩散，而不完善的类型会被消灭。在新的大陆上，各种生物的相对比例会发生变化，自然选择有充足的机会改善旧物种、创造新物种。

我承认，自然选择作用通常是非常缓慢的。只有当现存生物的变异更加适应自然体系中的某些位置时，自然选择才会发挥作用，而这些位置的出现在于自然条件的变化，以及阻止更加合适的外界生物的迁入。当旧物种发生变化之后，它们与其他生物之间的关系会被破坏，新的位置会再次出现，更适应的类型将其占领；但是，这个过程的进行速度非常缓慢。虽然同种个体之间存在着微小差异，但要经过很长的时间，它们在身体构造上才会出现显著差异；自由杂交会对这种结果形成阻碍。人们可能会说，这几种因素能够抵消自然选择的作用，但我不赞同这种说法。另外，自然选择是非常缓慢的，在很长一段时间内只能对同一地区的少数个体产生作用。我相信，这些缓慢的选择结果和生物发展的变化速度相一致。

如果人工选择的力量能够大有所为，那么，虽然自然选择非常缓慢，但在漫长的岁月中，适者生存的法则会让所有的生物向着更完美、更复杂的方向发展。

自然选择造成的灭绝

在地质学一章中，将会详细讨论这个问题，但由于它与自然选择有一定的关系，所以在这里简单介绍一下。自然选择的作用是保护某些有利变异，促使这些变异保持下去。由于所有生物都是以几何级数增加的，导致每个地区都布满了生物；随着优质类型个体数目的增加，劣势类型的个体数目将会减少，甚至是稀少。地质学家告诉我们，稀少往往会导致灭绝。我们明白，当季节气候发生巨大变化时，或者敌害数量增加时，任何个体数量少的类型都有灭绝的危险。进一步说，如果我们认为物种类型不会无限增加，那么在新类型产生的同时，必然会有旧类型的消亡。地质学表明，物种类型的数目从来都不会无限增加。现在，我们来解释一下，世界上的物种数目为什么不会无限增加。

我们知道，无论是什么时期，个体数量最多的物种获得的机会最多，以便产生有利变异，对此我们有着充足的证据。第二章的事实表明，正是那些常见的、广泛分布的、占据优势的物种，形成了最多的变种。因此，个体稀少的物种或者改良速度比较慢的物种，它们很容易被改良过的常见物种的后代打败。

根据这些分析得出的结果是：随着时间的推移，通过自然选择作用形成了新物种，而有些物种会变得越来越少，甚至走向灭绝。而且，正是与改良类型有着激烈斗争的类型会先灭绝。我们在生存斗争一章中已经明白，由于近缘类型（同种的各个变种，同属或者近属的各个物种）有着相似的结构、体质、习性，所以它们之间的竞争最激烈。结果是，在一个变种或者物种形成的过程中，近缘种类受到严重的威胁，甚至会走向灭亡。在家养动物中，人类对改良类型的选择也会产生同样的结果。许多例子说明，牛羊等动物的新变种和花草的变种，迅速地取代了旧的低劣品种。约克郡的人们都很清楚，古代的黑牛被长角牛所替代，长角牛又被短角牛所排挤。老农们常常说："像是被残酷的瘟疫一扫而光。"

性状趋异

这个术语包含了重要的原理，它能够解释许多现象。首先，有着物种特征的显著变种与物种相比，它们之间的差异很小，因而有时候很难将它们分类；但我认为，变种是物种形成过程中的一个阶段，我将其称为初期物种。那么，变种之间的细微差异是怎样发展成物种之间的巨大差异的呢？在自然界中，无数的物种之间有着显著差异，而变种是未来可以发展为物种的原型，变种之间有着微小差异，由此我们可以推测，常常出现较小差异向较大差异的转变。可以这样说，偶然变异促使变种出现了不同于亲种的性状，而变种的后代在这个性状上与亲体有了更大的不同。然而，这无法解释同属异种之间的巨大差异。

按照惯例，我在家养动植物中寻求这个问题的答案，因为在它们中能够发现一些类似的情况。人们相信，有着巨大差异的品种，例如短角牛和黑尔福德牛，赛跑马和拖车马，鸽子的各种品种等，绝对不会是积累偶然变异形成的。在实践中，有些养鸽者喜欢短喙鸽，而有些人喜欢长喙鸽。一个公认的事实是，鸽迷都喜欢极端类型，而不是喜欢中间类型。他们饲养喙较长或者较短的鸽子，慢慢地进行培育，就像培育翻飞鸽的亚种一样。此外，我们可以假设，在历史初期，某个国家的人需要快速奔跑的马，而另一个国家的人需要身强体壮的马，随着时间的流逝，一个国家不停地选择快马，而另一个国家一直在选择强壮的马，这样让原来差异比较小的两种马变成了两个差异比较大的亚种，等到几百年之后，两个亚种就会转变成两个不同的品种了。随着两者之间差异的增大，那些既跑不快也不强壮的劣等马就会被淘汰，而且慢慢地走向灭亡。从这些人工选择的产物中得知，趋异原理作用让最初的微小差异慢慢扩大，让品种出现不同于亲体的性状。

那么，这个原理可以运用在自然界吗？我觉得这个原理可以有效地用在自然界中（虽然经过了很长时间我才弄懂要如何运用），因为一个物种的后代越是在结构、体质、习性上差异越大，它们越能占据自然界中的不同位置，数量也会大大增加。

通过习性简单的动物，我们发现了这种情况。以肉食的哺乳动物为例，只要是能够生存的地方，哺乳动物的数量就达到了平均饱和数。如果一个地区的生活条件不会发生变化，那么，只有发生了变异的后代才能占领其他动物占据的一些位置。例如，有的能够得到新猎物，无论是死的还是活的；有的能够生活在不同的地方，能够爬树或者下水；有的减少了肉食习性等。总之，肉食动物的后代在身体构造和生活习性方面的差异越大，它们能够占据的位置就越多。如果这个原理可以用在一种动物身上，那么，它就可以应用于同一时期的所有动物。换句话说，只要它们变异，自然选择就会发挥作用；如果不变异，自然选择就无法产生作用。植物界的情况也是一样。实验证明，如果在一块地上种一种草，而另一块同样大小的地上种几种草，那么，后一块地上得到的植株数量和干草重量比较多。如果将小麦的变种分为单种和多种两组，分别种在大小相同的两块土地上，得到的结果也是一样。因为只要一种草发生变异，即使是非常微小的变异，这些变种也能像不同的物种或者属一样，通过相同的方式被选择出来。于是，这个物种的大量个体及其变种，都会在同一块土地上存活下去。每年草类中的物种及其变种会撒下无数的种子，在追求增加个体数量方面，可以说是竭尽全力；因此，在一代代相传时，只有草类中显著的变种能够增加个体数量，并消灭变异微小的变种。当各个变种有着巨大的区别时，它们就变成物种了。

生物身体构造的多样性使其最大限度的获得生活空间，许多自然环境中的情况都体现了这个原理。对于一个对外开放、能够自由出入的小地区而言，个体之间的生存斗争非常激烈，生物之间的差异也比较大。例如，一块生活条件多年没有发生变化的宽3英尺、长4英尺的草地，这里有20种植物，它们属于8个目中的18个属，由此可知，这些植物有着巨大的差异。在地质构造相同的小岛或者小小的淡水池塘中，植物和昆虫的情况也是一样。农民发现，轮种不同科目的作物收获最好，而自然界遵循的是同时轮种原则。如果在一个比较普通的小地方，这里的大部分植物都能够存活，或者说是为了生活抗争。根据一般规律，我们可以看到在生存斗争激烈的地方，由于构造差异、习性和体质的不同，一定会出现这样的情况，斗争最激烈的是异属和异目的生物。

植物在人工作用下可以实现异地归化，这个事实再次证明了这个原理。有人认为，只要植物能够在土地上归化，那它一定与当地的植物近缘，因为人们认为当地的植物是为了适应这种环境而生长的，而能够归化的植物属于可以适应当地环境的少数几类植物，但实际情况绝对不是这样。康德多尔在自己的著作中说，经过归化之后增加的植物的属的数目要比本地植物的属的数目还多。例如，阿沙·格雷在他的著作《美国北部植物志》中列举了260种归化植物，它们属于162个属。由此可知，归化植物的趋异性非常显著。归化植物和本地植物有着很大的区别，在162个属中，外来有100多种，因此在美国现存的植物中，属的比率增加了很多。

研究一下能够战胜当地生物并归化的动植物，从它们的特性中可以明白当地生物要怎样变异，才能够具有与外来生物相同的优势。至少可以弥补与外来生物的差异，对它们的发展有利。

其实，同一地区生物构造分异形成的优势类似于体内各个器官生理分工的优势，爱德华兹（Milne Edwards）曾经分析过这种情况。生理学家认为，适合素食的胃从素食中得到的营养最多，而适合肉食的胃从肉食中得到的营养最多。因此，对于某个地区的自然体系而言，如果动植物的生活习性分歧越大，该地区能够接纳的生物数量就越多。一个身体构造很少分异的生物群无法与一个身体构造分异完善的生物群相抗争。例如，澳洲的有袋动物分为几类，但各类之间的差异非常小。华特豪斯先生（Mr. Waterhouse）等人认为，即使这些动物能够代表肉食类、反刍类、啮齿类的哺乳动物，但它们无法与相当进步的各目动物竞争并获胜。在澳洲的哺乳动物中，分异进程依然处于早期、不完全的发展阶段。

通过性状趋异和灭绝，自然选择对共同祖先的后裔发挥作用

我们通过上面的简单论述得知，某一物种的后代变异得越多，越能够很好地生存，因为它们的构造越分异，越能够抢占其他生物的位置。现在，我们

来分析一下从性状分异中获益的原理，以及它是如何与自然选择原理、灭绝原理结合在一起产生影响的。

下面的图表有助于我们理解这个问题。图中的A到L代表某地一个大属中的所有物种，它们彼此之间有着不同程度的相似性（自然界中的情况也是一样），所以图中各个字母之间的距离不同。通过第二章得知，大属中变异的物种数目和各个物种的个体数量要多于小属；而且，最常见、分布最广泛的物种比罕见且分布狭小的物种的变异要多。假设图中A代表大属中最常见、分布最广泛、正在变异的物种，从A发出的树状的虚线代表它的后代。假设变异的分异度很高但程度比较轻微，而且变异不是同时发生或者间隔很长时间才发生，发生后能够持续的时间各异，那么，自然选择会将有利变异保存下来。这时体现了性状分异在物种形成上的重要性，因为自然选择只会保存性状分歧最大的变异（由图中外侧的虚线表示）并进行积累。当图中的虚线与标有小写字母和数字的横线相遇时，说明积累的变异能够形成一个显著变种。

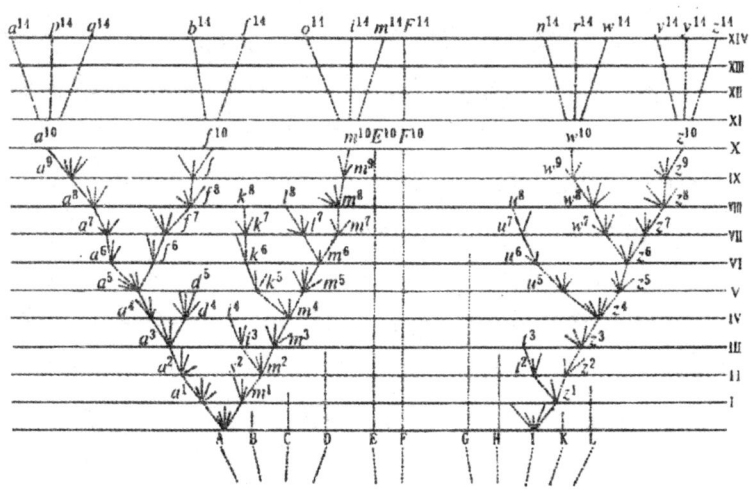

图中两条横线之间的距离代表一千代，甚至更多的世代。假设A物种在一千代之后形成了两个显著变种，即a^1和m^1，这两个变种处于它们亲代变异的环境中，它们由遗传继承了变异倾向，所以它们可能会以亲代的变异方式继续变异。此外，这两个变种还继承了它们亲代的优势，那些优势让它们的亲代（A）产生了多个个体，曾使它们所处的属成为大属，这些条件绝对有利于形成新变种。

假设这两个变种继续产生变异，显著变异将会出现在一千代之后，假如那时产生了a^2，通过趋异原理得知，a^2与A的差异绝对要大于a^1与A的差异；假如m^1产生了m^2和s^2两个变种，而且它们不相同，与它们的祖先A更不同。根据相同的步骤，这个过程可以一直延续下去，每经过一千代之后，有的变种会产生一个新变种，有的变种能够产生两三个新变种，而有的无法产生变种。这样一来，由共同祖先A产生的变种数目不断增加，性状会一直变异，从图中可以得知，只是将这个过程列到第一万代，后面用虚线表示到一万四千代。

不过，需要说明的是，变异过程并不是像图中显示的那样规则，而是一个变种可能很长时间不会发生变化，后来又产生了变化。我也无法断定，最分异的变种一定会被保存下来，有时中间类型也能保留很长时间，并产生多种后代，因为自然选择的作用针对的是自然体系中没有被占领的位置，而且和许多复杂因素有着一定的联系。不过，根据一般规律，任何物种后代的性状越分异，它们能够占据的位置越多，产生的变异后代也越多。图中显示，每隔一定的距离，连续系统就会被小写字母中断，表明此种类型发生了显著变异，可以被称为一个变种了。不过，这种间断是想象出来的，其实，只要间断的时间长度能够促使大量的变异积累起来，这种间断可以出现在任何一个位置上。

大属内最常见、分布最广泛的物种形成的变异后代，大多数继承了亲代的优势，这种优势让它们的亲代在竞争中存活下来，一般也会增加后代的个体数量和性状变异程度。图中由A延伸出来的树形虚线就表示了这种情况。图中A延伸出的几条没有到达顶部的虚线，表示早期出现的变异较小的后代，它们被后来出现的更加先进的后代所替代。在某些情况下，变异仅仅沿着一条支线发展，尽管变异量在不停地扩大，但变异后代的个体数量没有变化。如果将图中a^1到a^{10}的支线留下，去掉由A发出的各条虚线，就可以清楚地呈现出这种情况。英国赛跑马和向导狗就属于这种情况，它们的性状发生了变化，但并没有衍生出新品种。

假设一万年后，物种A产生了三个类型：a^{10}、F^{10}、m^{10}，由于历代性状的分异，它们之间、它们与祖代之间的差异非常大。假设图中相邻两条横线之间的变异量是非常小的，这三个类型仅仅是显著变种，假设它们在变异过程中的步骤很多，而且变异量很大，它们可能会变为可疑物种，进而发展成明确的物种。这样，此图就说明了将变种的较小差异上升为物种之间巨大差异的步骤。如果这个过程像图中所示以同一方式进行的话，那么，更多世代后便会得到图中标出的a^{14}和m^{14}之间的几个物种，它们都是A的后代。我相信，物种就是这样增加的，而属也是这样形成的。

对于大属来说，绝对不止一个物种会发生变异，假设图中的I物种也以相同的步骤，在万代以后出现了两个显著变种，即w^{10}和z^{10}，而一万四千代后形成了n^{14}到z^{14}之间的六个物种。某个属中有着巨大差异的物种，它们产生的变异可能更多，因为它们有大量机会去占据自然体系中的空位。因此，我在图中选择了两个极端的物种（A和I），因为它们发生了大量变异，并且形成了新变种和新物种。而同属中的其他九个物种，也能在长短不同的时间里繁育出它们的无变化的后代，图中用向上不动的虚线来表示这个情况。

此外，图中还显示了变异过程中的另一个原理，那就是灭绝原理的重要作用。在充满生物的地方，被选择保留下来的类型体现了自然选择的作用，它们比其他类型更具有优势，在生存斗争中能够胜出。任何物种的后代经过发展都可能取代它们的前辈或者原始祖先。我们知道，在习性、体质、构造等方面相似的类型，它们之间的生存斗争最激烈。因此，处于早期和后期的中间类型，即改进较少或者改进较多的类型，还有原始亲种都可能会灭亡。不过，如果变异后代迁入另一个地区，并且迅速适应了那里的生存环境，那后代和祖先之间的竞争就不存在了，它们都可以生存下去。

假如图中的变异量很大，那么，物种A及其早期变种都会灭绝，取而代之的是a^{14}到m^{14}之间的八个新物种。

进一步说，假如原来同一属的各个物种的相似程度不同（这是自然界中很明显的事情），物种A和B、C、D之间的关系更近一些，而物种I与G、H、K、L之间的关系密切。假如A和I是两个常见且分布广泛的物种，它们本身就具有很大的优势，那么，它们的变异后代很可能会继承它们的优势，并在发展的过程中进行分异和改进，逐渐适应了这个地区的自然体系中的多个环境，因此很可能会取代它们的祖先A和I，并将其消灭，而且导致与它们祖先近缘的原始种的灭绝。因此，只有少数物种能够向下传一万四千代。在原始物种中，E和F跟其他九个物种最疏远，假设只有F可以一直产生后代并延续最后阶段。

在图表中，原来的11个物种传下来形成了15个物种。由于自然选择具有分异倾向，导致新物种中的两个极端物种a^{14}与z^{14}之间的差异远远大于原始两个极端物种之间的差异。对于新物种来说，亲缘关系的远近程度也发生了变化。在物种A的八个后代中，a^{14}、q^{14}、p^{14}之间的关系比较密切。因为它们是由较近的a^{10}产生的，而b^{14}和F^{14}则是由早期的a^5分化成的，所以它们与前面的三个物种有着一定的差别；最后的三个物种o^{14}、i^{14}、m^{14}之间的亲缘关系比较近，由于它们开始变异时便被分化出来，所以它们与上述的五个物种有着巨大的差异，它们可能会形成一个亚属，甚至是有着显著特征的属。

从I传下来的六个后代，也许会形成两个亚属，甚至是两个属，因为原始物种I和A有着很大的区别。在原属中，I几乎是一个极端物种，由于遗传的作用，I的六个后代与A的八个后代有着很大的区别；此外，我们可以假定两组生物变异的方向不同。还有一个重要的因素，假设连接原始种A和I的中间种，除了F之外，其他的全部灭绝了，而且没有留下后代。这样，I的六个新物种和A的八个新物种，肯定会被列为不同的属，甚至不同的亚科。

由此我认为，两个或者更多的属是通过同属的两个或者更多的物种发生变异的后代形成的，而这两个或者更多的亲种可以假定是较早的属里的某个物种产生的。图中大写字母的虚线就体现了这种情况。这些虚线是几个支群，往下会连接为一点。如果这个点代表一个物种，那么，它很可能是上述所说的新亚属或者新属的祖先。

新物种F^{14}的特性需要介绍一下。假设这个物种保有F的形态（即使改变也非常轻微），性状没有大的分异，这样它与其他14个物种之间有了间接的亲缘关系。假设这个物种的祖先是已灭绝且不为人知的早期物种A和I的一个中间类型，那么，这个物种的性状属于A和I两组后代的中间类型。由于它们与亲种的性状有着很大的差异，所以新物种F^{14}不是介于各个新物种之间，而是介于两个大组的中间类型，博物学家应该考虑到这种情况。

在这个图中，每一条横线代表着一千代，当然也可以假设每条横线代表着一百万代，甚至是更多的世代。或者代表着灭绝生物遗体的连续地层中的一段。在地质学一章中，我们会详细讨论这个问题，那时我们会明白这个图表所表示的灭绝物种之间的亲缘关系。从中可以看出，尽管它们与现有物种同目、同科或者同属，但在性状上它们表现出来的是现存物种的中间类型。这一点很容易解释，因为那些已经灭绝的物种曾经生活在遥远的各个时代，那时生物系统的分异还不明显。

我觉得上述变异的演化过程不能仅仅限制在解释属的形成这个问题上。如果图中虚线表示的各个连续变异组的变异量很大，a^{14}到p^{14}、b^{14}到F^{14}、o^{14}到m^{14}这三个群类型将会形成三个有着显著区别的属。假如物种I也形成了两个有着很大差别的属，它们与A的后代有着很大的差别，可以按照图中标示的变异量的大小，将这两个属划分成不同的目或者不同的科。于是，我们说，这两个新科或者新目来自于同属的两个物种；而这两个物种来自于更遥远的、不为人知的类型。

我们知道，无论在任何地方，大属内的物种容易形成变种（即初期物种），因为只有一个类型在与其他类型竞争取得优势时，自然选择才会发挥作用，尤其是对有着明显优势的物种起作用；某个生物圈之所以能够越来越庞大，那是因为它们从祖先那里继承了优点。因此，在形成新的变异后代上，大的生物群之间的竞争比较激烈，因为它们都在为了增加自己的个体数量而努力。一个大的生物群战胜另一个生物群的方法是减少它的后代数量，以此降低其变异改良的机会。在一个大群中，后起的比较完善的亚群会不断分异，不断占据自然体系中的新位置，还不断地排挤早期改良较小的亚群，最终使虚弱的群或者亚群灭绝。展望未来可以断言，现在具有优势的大生物群，由于不易受到损伤而极少面临灭绝的危险，将在很长的时间内继续增加数量；不过，难以预测的是，究竟哪一个物种能够在未来占据上风，因为据我们了解，过去许多发达的生物群已经灭绝了。继续展望更加遥远的未来，可以预言，由于大生物群的数量持续稳定地增加，必然会使许多小生物群灭绝，而且不会留下变异后代。因此，对于任何时期的物种来说，能够将后代一直延续下去的，确实没有多少。在《分析》一章中会继续讨论这个问题，这里只是简单说一下，只有极少数的原始物种能够延续到现在。这样我们就能够明白，为什么在自然界中由同一物种的后代形成的纲寥寥无几。虽然远古时期的物种流传下来的变异后代非常少，但我们可以想象得出，地球上的远古地质时期和今天一样，存在着许许多多的属、科、目、纲的生物。

生物体制进化能够达到的程度

自然选择积累的是生物在生命各个时期出现的有利变异，无论是有机条件还是无机条件。最终会形成这样的结果，每个生物与生活条件的关系越来越完善，而这种完善会促进世界上许多生物体制的进步。这样，问题就出现了：体制的进步指的是什么呢？关于这个问题，博物学家没有给出一个让大家满意的答复。对于脊椎动物来说，智慧程度和身体构造逐渐靠近人类，这就是进步。也许，人们会这样想，从胚胎到成体的发育过程，身体各个部分和各个器官的变化量可以作为比对标准。不过，有些成熟的动物还不如幼体高级，例如一些寄生的甲壳动物，它们成年之后身体的某些部分变得不再完善。冯贝尔（Von Baer）先生提出的标准，也许是最好且广泛使用的标准，他把同一生物各个器官的分异量和功能的专门化程度作为标准，即爱德华兹提出的生理分工的彻底性程度。不过，只要观察一下鱼类，我们就会发现这个问题不是想象的那么简单。因为有的博物学家将接近两栖类的类型（如鲨鱼）定义为最高等的鱼，而另外一些人将硬骨鱼（teleostean fishes）定义为最高等的鱼，因为它们拥有最佳的鱼的形状，与脊椎动物最不相同。在植物界中，这个问题也很棘手，这里显然无法使用智力的标准。有的植物学家将花的器官（花萼、花瓣、雄蕊、雌蕊等）发育完全的植物列为最高等；而另一些植物学家将花的器官变异增大而数目减少的植物列为最高等，我觉得后者更准确一些。

如果将成年生物器官的分化和专门化（包含促进智力发展的脑进化）作为高级体制的标准，自然选择肯定会朝着这个标准前进：生理学家都认为，器官的专门化有利于器官更好地发挥功能，这对生物有着重要的作用，因此向着专门化方向积累变异体现了自然选择的作用。不过，我们还要注意，所有的生物都在努力增加个体数量，并且想要占领自然体系中的空位；自然选择的作用是让某种生物逐渐适应某种环境。对于这个环境来说，有些器官是多余的、无用的，这样就会出现退化现象。总体来说，生物体制是从地质时期向着现代化发展吗？在《地质时期古生物的演替》一章中讨论这个问题更加合适。

对于这个问题持否定态度的人可能会说，如果生物的发展倾向是等级上的不断提高，那么，自然界为什么还有无数类型的低等生物呢？在一个大的纲内，为什么一些生物类型要比另外一些发达很多呢？为什么在任何一个地方高度发达的类型都没有将低等类型消灭掉呢？拉马克先生认为，所有生物都有趋向身体构造完善的必然性，但这使他在回答上述问题时遇到了很多困难，于是他只好假设新的简单类型是不断产生的。不过，截止到目前，这个说法并没有得到证实，将来是否能够证明还是一个未知数。根据我们的理论，低等生物的持续存在并不是很难理解，因为自然选择或者适者生存的原理没有持续发展的意思，它仅仅是保存并积累出现在复杂关系中的有利变异。设想一下，高级构造对浸液小虫（infusorian animalcule）、肠寄生虫、某种蚯蚓有什么好处呢？如果改进没有好处，这些类型就会不改变或者很少改变地被保留下来，以低等状态存活下去。地质学让我们明白，类似于浸液虫和肉足虫（rhizopods）的低等类型，在很长时间里一直保持现有状态。不过，如果断定现存的低等动物一直没有进步就太武断了。只要是解剖过低等动物的博物学家，一定对它们美妙的结构有着深刻的印象。

我们可以用类似的观点解释一大类群中的不同等级的生物。例如，对于脊椎动物来说，哺乳动物与鱼类并存；对于哺乳动物来说，人与鸭嘴兽并存；对于鱼类来说，鲨鱼与文昌鱼（Amphioxus）并存（现在将文昌鱼分类为头索动物），头索动物非常简单，类似于无脊椎动物中的某些类型。但是，哺乳类与鱼类之间没有竞争，即使整个哺乳纲进化到最高等级也不会替代鱼类。生理学者认为，热血经过大脑才会使其活跃，而这要求呼吸，所以生活在水中的温血哺乳动物要常常到水面上呼吸，但这对它们有害。至于鱼类，鲨鱼科不会与文昌鱼竞争。米勒对我说，在巴西南部荒芜的沙岸边，文昌鱼唯一的竞争对手是一种奇特的环节动物（annelid）。在哺乳类中最低等的三个目中，有袋类、贫齿类、啮齿类的动物，在南美洲与许多猴子共存，彼此之间似乎没有冲突。总之，世界上的生物体制也许有过进化，而且一直在进化，但在结构等级上会呈现出不同程度的完善，因为某些纲内的动物的高度进步，无需排挤跟它们没有竞争关系的生物群。我们发现，在某些区域生活的低等动物，由于生存竞争不激烈，而且个体数量比较少，所以产生有利变异的机会也少，它们一直延续到今天。

总而言之，低等动物能够在地球上存活，这里面有各种因素在起作用。有时是由于没有出现有利变异或者个体差异，导致自然选择无法发挥作用。这样，在任何情况下，它们都无法实现最大的发展。在少数情况下，甚至会出现退化。但最主要的原因是，对于简单的生活条件来说，高级结构是没有用的，甚至是有害的，因为越是精巧的结构越容易出毛病，越容易受到损伤。

我们来讨论一下生命初期的状况，那时生物的结构非常简单。那么，各个器官的分化或者进步的第一步是怎么出现的呢？斯宾塞先生的观点是这样的。当简单的单细胞生物分裂成比较复杂的多细胞生物时，或者附着在任何一个支撑面上时，根据斯宾塞的法则将会出现这种情况：任何等级的相似单元都会根据它们与自然力的关系，按照一定的比例发生变化。另一种观点认为，没有众多类型就不会有生存竞争，也就不会有自然选择，但这种说法是不对的。因为生活在隔离区的单一物种，也会出现有利变异，促使整个群体发生变化，甚至是形成不同的类型。正像我在这本书的前言将要结束时所说，如果我们承认自己对现存生物之间的关系了解的很少，对过去的情况更是知之甚微，那么，在物种起源方面存在着许多没有解决的问题，这是非常自然的事情。

性状趋同

尽管华生先生认同我所说的性状趋异的作用，但他认为我对其重要性的评价太高了，他认为性状趋同也有一定的作用。如果两个近缘属的不同类型各自产生了一些分异的新类型，假设它们彼此相似，所以能够划分为一个属。这样，异属的后代就可以合并为一个属了。不过，在大多数情况下，仅仅由于构造上的近似就把不同类型的后代看作是性状趋同，未免太轻率了。分子的结合力决定了晶体的形状,.所以不同物质有时会出现相同的形状，绝对不是一件奇怪的事情。但是，在生物中，每个类型都有着复杂的关系，不仅包括已经出现的变异（变异的原因难以解释清楚），还包括被保留下来的变异性质（与周围的自然条件有关，主要是与同它进行斗争的周围生物有关），甚至还要对无数代祖先的遗传（遗传本身也是一种变动因素）进行归纳，而每一代祖先的类型都是通过同样复杂的关系确定的。因此很难相信，两种有着很大差别的生物的后代在整体构造上能够相似，甚至是相同。如果真有这样的事情，那么在相隔遥远的地层中应该能够找到不是遗传因素造成的相同类型。但根据考察得出的证明可知，得出的结论与此观点相反。

华生先生不赞同我的学说的原因是，自然选择的作用和性状趋异会使物种一直处于增加状态。因为根据无机条件可知，许多物种不久就可以适应不同的温度、湿度等条件。我觉得，生物之间的作用要远远大于无机条件的作用。随着物种数量的增长，有机条件会变得越来越复杂。乍看之下，生物构造出现的有利变异好像是无限的，所以物种的产生也是无限的。我们不清楚，对于生物最繁盛的地区来说，是不是已经被物种占满了；虽然好望角和澳洲已经有许多物种，但欧洲的许多植物依然能够在那里归化。不过，地质学家说，从第三纪早期开始，贝类物种没有显著增长，而哺乳动物增加缓慢甚至是没有增加。为什么物种的数量没有无限增加呢？一个地区能够承载的生物个体数量是一定的，这和当地的自然条件有着密切的关系。因此，如果一个地区生活着多个物种，那表示每一物种的个体数量有限。当气候改变或者敌害严重时，这样的物种很容易灭绝。对于这种情况来说，灭绝的速度很快，而产生新物种的时间非常缓慢。我们来假设一种极端的情况：如果英格兰的物种数目等于生物个体数量，当面临严寒或者酷暑时，无数的物种将会灭绝。在任何一个地区，如果物种一直在增加，每个物种都会成为稀少物种。根据上面的描述，稀少物种出现的变异少，形成新物种的机会也少。如果某个物种变成了稀少物种，近亲交配会加快其灭绝的速度。许多学者认为，这个观点能够解释立陶宛的野牛（Aurochs）、苏格兰的赤鹿、挪威的熊等物种的衰亡现象。最后，我认为最关键的因素是优势种。一个在本土打败无数个竞争对手的优势种，一定会不断扩展自己，并且排挤其他物种。德康多尔曾经证明，广泛分布的物种会积极地扩展地盘，它们会排挤一些物种，甚至使其灭绝，这就阻止了物种的大量增加。胡克博士说，世界上的许多物种从澳洲东南端侵入澳洲本土，这给本土物种造成了巨大威胁，导致其数量大大降低。在此，我不想讨论这些观点的价值，但可以发现，无论在任何地区，这些因素都会抑制物种的大量增加。

摘要

当生活条件发生变化时，生物构造的每个部分都会出现一些差异；由于生物以几何级数增加，所以在生命的某个阶段、某一年、某一季节都会出现激烈的竞争，这是很明显的事实。各种生物之间、生物与生活条件之间，复杂关系会引发构造、体质、习性上的有利变异；因此，如果有人认为，有利生物的变异从来没有像有利人类的变异那么多，未免有些奇怪。如果曾经出现过对生物有利的变异，那么具有此性状的生物个体会在竞争中得到优势，以便保存自己；根据遗传原理可知，它们能够产生具有类似特征的后代。我将这种保存有利变异的原理，或者适者生存的原理叫做自然选择。自然选择不断改善生物与有机条件和无机条件的关系。在许多情况下，它能够让生物体制不断进步。如果低等动物能够很好地适应环境，它们也可以一直存在下去。

根据生物的特性在适当年龄段遗传的原理，自然选择可以像改变成体一样来改变卵、种子、幼体。对于许多动物来说，性选择有利于普通选择，它能够保证最强壮、适应力最强的雄体多产生一些后代。性选择还可以让雄体产生与其他雄体竞争的有效性状。根据遗传规则可知，这些性状能够遗传给同性别的后代，或者是雌雄两性后代。

下一章的内容和例子能够帮助我们判断，自然选择是否可以帮助生物适应它们的生活环境。目前，我们已经知道自然选择是如何导致动物灭绝的。地质学表明，对于世界历史来说，灭绝有着重要的作用。自然选择促使性状分异，因为生物的构造、习性、体质越是分异，一个地区能够承载的物种数量就越多；仔细观察生活在小区域的生物或者实现归化的生物，完全可以证明这一点。因此，对于物种后代的变异过程和为了增加个体数量进行的斗争而言，后代性状越分异，它们能够得到的生存机会就越多。于是，同种内变种间的小差异会逐渐发展成同属内物种间的大差异，甚至是区别属的巨大差异。

每纲的大属中，最常见、分布最广泛的物种最容易变异，而且能把它们的优势遗传给后代。如上所述，自然选择能够导致性状趋异，促使改良比较小的中间类型灭绝。世界上各纲内生物之间的亲缘关系和它们之间的差异都能用上述原理进行解释。让人惊讶的是，所有时间、空间中的动植物都可以归纳到不同的类群中，而且在群内建立联系。换句话说，同一物种内的变种之间的关系最密切，同一属内物种之间的关系比较疏远，而且有着不同的关联度，它们组成了生物的组（section）和亚属；异属物种之间的关系更加疏远；各属之间的关系亲疏不等，它们组成了亚科、科、目、亚纲、纲。上述情况随处可见，看多了就不会感到奇怪了。任何纲内都有若干个附属类群，无法形成独立的行列，它们围绕着某些点，而这些点围绕着另一些点，一直进行下去，无穷无尽。如果物种都是独立存在的，上述情况难以解释；这种情况只能用遗传和造成灭绝及性状分异的自然选择来解释。

  一株大树可以用来表示同一纲内生物之间的关系，我觉得这个比喻非常恰当。绿色生芽的树枝表示现有物种，过去年代的枝条表示长期的、先后继承的灭绝物种。在每个生长时期，发育的枝条向各个方向伸展，努力遮盖周围的枝条并使其枯萎。这类似于生物的生存斗争，一种生物或者生物群征服其他物种的情况。当大树还是幼苗时，现在的主枝就是那时的小枝；后来主枝分出大枝，而大枝又分出小枝。这种由分枝将旧枝和新枝连接起来的关系，可以表示灭绝物种和现存物种在所属的群类中的分类关系。当大树非常矮小时，它就长出了许多小枝条，只有两三个枝条能够长成主枝，它们支撑着其他的枝条，一起存活到今天。物种的情况也是一样，那些生活在遥远的地质时期的物种，能够流传至今的变异后代寥寥无几。对于大树来说，无数的主枝、大枝枯萎脱落了，这些脱落的树枝就像是没有流传下来的物种，如今只能依靠化石去猜测当时的目、科、属。有时，我们会发现一些凌乱的小枝条，它们是从大树根部生长出来的，由于某种有利条件，至今依然在生长着，这些枝条就像是我们偶尔见到的鸭嘴兽或者肺鱼那样的动物，它们可以通过亲缘关系连接两条分类的大枝，尽管程度非常微弱。显然，这些低等生物由于生活在得到保护的场所，所以能够从激烈的生存斗争中存活下来。这棵大树一直在生长，旧芽上长出新芽，新芽能够长出枝条向四周扩展，将许多柔弱的枝条遮盖住。我想，代代相传的生命之树也是一样，它用枯枝落叶填充地壳，用美丽的枝条遮盖大地。

第五章 变异的法则

环境改变的影响

我在前面已经说过,家养状态下生物的变异很常见,而且多种多样,但自然状态下的变异程度要差一些。我在讲述这些变异时,人们觉得好像是偶然发生的,但这些想法是不对的。然而,我们的确不知道促使变异发生的原因。有些学者认为,个体差异或者构造上的微小差异就像是父母与子女之间的细微不同,由生殖系统的机能所致。不过,事实让我们明白,家养状态下的变异和畸形要比自然状态下的频繁,而且分布广泛的物种要比分布狭窄的物种容易变异。由此可知,变异常常与生物的生存环境有关。我在第一章就想要解释,环境的变化会对生物造成直接影响,或者间接影响它们的生殖系统。在生物界中,有两种引发生物变异的因素,一种是生物本身,另一种是外界环境,前者的作用比较大。环境变化的作用是促使生物产生定向或者不定向的变异。对于不定变异来说,生物体处于可塑状态,变异性很不稳定;在定向变异中,生物能够适应一定的环境,并促使所有个体或者大多数个体通过相同的方式进行变异。

环境变化因素(如气候、食物等)对生物变异作用的大小难以确定。不过,我们相信,随着时间的前进,我们会发现环境的作用要比我们观察到的更大。另外,我们可以断言,自然界中体现出来的生物之间复杂的关系,绝对不能简单地归纳为外界环境的作用。下面的例子让我们明白,环境条件导致了轻微的变异。福布斯(E. Forbes)说,南方浅水中贝类的颜色要比北方深水中贝类的颜色鲜艳一些,当然不是所有的情况都是如此。古尔德(Gould)认为,陆地上的鸟类的颜色要比海岸或者海岛上鸟类的颜色更加鲜艳。沃拉斯顿确信,海滨环境会影响昆虫的颜色。穆根·唐顿(Moquin-Tandon)举例说,生长在海岸边的植物的叶片肉质肥厚,而其他地方的薄一些。这些现象体现了生物的定向性，那就是生活在同样环境下的同一物种的不同个体，常常出现相似的特征。

如果变异对生物的作用很小，我们就难以确定变异的原因是自然选择的作用还是生活环境的影响。同种生物越靠近北方，身上的皮毛越厚。不过，我们难以确定，皮毛差异是自然选择引起的，还是严寒气候所致。显然，气候对家养四足兽类的皮毛有着直接作用。

许多例子显示，不同环境下的物种能够产生近似的变种；而有些生活在相同环境下的物种，却不会产生相似的变种。此外，虽然有些物种生活在恶劣的环境下，但能够保持纯种，甚至是不会产生变异。这些事实使我们明白环境对变异的直接影响远远不如我们不了解的生物本身的变异趋势。

从某种意义上来说，生活环境不仅能够引发变异，还可以对生物进行自然选择，因为生活环境能够决定哪个变种可以生存下去。不过，当人类来选择时，我们就会看出上述两种变异因素的差距，那就是先出现某种变异，然后人们根据自己的需要让变异朝着某个方向积累。后者的作用类似于自然状态下的适者生存的作用。

用进废退与自然选择，飞翔器官和视觉器官

根据第一章的事例，我相信家养动物的某些器官由于经常使用而变得强大，由于不使用而变得退化，并且这些变化是可以遗传的。不过，在自然状态下，由于我们不清楚祖先的体形，所以失去了比较器官使用或者不使用的标准。然而，许多动物的构造能够用不常使用而退化进行解释。正像欧文教授所说，自然界中最奇怪的现象就是鸟不能飞翔了。不过，确实有几种这样的鸟。南美洲大头鸭的翅膀类似于家养的爱尔斯柏利鸭（Aylesbury duck）的翅膀，只能在水面上拍动而已。克宁汉先生（Mr. Cunningham）说，这种鸭在小时候会飞，长大后才失去飞翔能力的。因为在地上寻找食物的鸟类，除了躲避危险之外，几乎不会用到翅膀。因此，现在生活在海岛上的几种鸟类，它们的翅膀都不发达，也许因为岛上没有它们的天敌，所以由于不使用导致翅膀退化了。鸵鸟是陆地生物，它不能依靠飞翔躲避危险，所以用爪子来防御敌害。我们相信，鸵鸟祖先的习性类似于鸨类，但随着鸵鸟体积和体重的增加，爪子使用得比

较多，而翅膀使用得比较少，所以无法飞翔了。

克尔比（Kirby）说（我也观察到过这样的事实），许多雄性食粪蜣螂的前足跗节很容易断掉。他采集了17个标本，所有的个体都没有前足跗节。由于某些蜣螂（Onites apelles）的前足跗节常常断掉，所以被描述为没有跗节了。虽然其他属的一些个体有跗节，但发育不完全。即使是埃及人奉为神圣的甲虫蜣螂，它的跗节也是发育不良的。目前，还没有证据表明肢体不会遗传。不过，我们不能否定布朗西卡（Brown Sequard）观察到的事实：豚鼠的手术特征能够遗传。因此，蜣螂前足跗节的缺失或者发育不良，并不是遗传造成的，而是长期不用退化的结果，这种解释更加合理。由于许多食粪类的蜣螂在早期阶段就失去了跗节，所以这类昆虫的跗节应该是不常使用的器官。

在某些情况下，我们常常将自然选择引起的构造变化当作不使用的缘故。沃拉斯顿先生发现，马德拉群岛上生活的550种甲虫（现在知道的更多了），有200种没有翅膀而无法飞翔。在本地独有的29个属中，23个属也是一样。世界上许多地方的甲虫，常常被大风吹到海中而丧命。沃拉斯顿观察的马德拉甲虫，遇到风暴会隐藏起来，直到风暴消失了才会出来；在毫无遮蔽的德赛塔什岛（Desertas）上，无翅甲虫甚至更多。此外，沃拉斯顿非常重视某些能够飞翔的大群甲虫，虽然在马德拉很难见到，但其他的地方数量很多。上述事实让我相信，马德拉的许多甲虫不能飞翔的原因是自然选择的作用，以及退化作用。由于翅膀退化而失去了飞翔能力，从而使甲虫躲避了被大风吹入海中的危险，而那些能够飞翔的甲虫恰好相反。

在马德拉，有些昆虫不在地面上寻找食物，例如食用花朵的鞘翅目昆虫和鳞翅目昆虫，它们一定要使用翅膀。沃拉斯顿猜测，这些昆虫的翅膀变得更加发达了，这是自然选择的作用。当新昆虫来到海岛之后，自然选择作用能够让昆虫的翅膀退化或者变得更加发达，而翅膀的发育程度决定了这种昆虫的后代是没有飞行能力，还是必须要与风进行斗争。

鼹鼠和某些穴居啮齿类动物的眼睛很不发达，有些甚至被皮毛完全遮盖住，这可能是退化造成的，自然选择也有一定的作用。南美洲有一种穴居啮齿类动物叫做吐科（tuco-tuco），它的穴居性比鼹鼠还要强。一个经常猎捕这种动物的西班牙人对我说，它们的眼睛通常是瞎的。我曾经解剖过这类动物，发现它们的眼睛是由瞬膜发炎导致的。如果眼睛常常发炎，对任何动物都是不利的。然而，在地下生活的动物无需使用眼睛。因此，这类动物的眼睛会变得越来越小，眼睑皮合上，上面长着丛毛。显然，自然选择对常常不用的器官产生了作用。

大家知道，卡尼俄拉（Carniola）和肯塔基（Kentuky）的几种洞穴动物，虽然属于不同的纲，但它们的眼睛都是瞎的。虽然有些蟹类丧失了双眼，但眼柄还存在，就像望远镜失去了玻璃片，但镜架还在一样。对于在黑暗中生活的动物来说，虽然眼睛没有好处，但也没有坏处。因此，眼睛丧失的原因可以看作是不使用退化的结果。西利曼教授（Prof. Silliman）在距离洞口半英尺的地方（并不是洞的深处）抓到两只盲目动物——洞鼠（Neotama），并发现它们的眼睛很大，很有光泽。他对我说，如果让它们在光线慢慢变强的环境中生活，不久之后，它们就可以朦朦胧胧地看见周围的东西了。

难以想象，还会出现类似于石灰岩深洞的生活环境。根据以前的观点，瞎眼动物来自于欧美的各个山洞，所以这些动物的构造相似、亲缘关系很近。如果我们比较两个洞穴中的动物群，将会发现实际情况并不是这样。喜华德（Schidte）曾经这样描述过昆虫："我们不能用地方性观点解释所有的现象，虽然马摩斯洞和卡尼俄拉各洞中的很多动物相似，这只是说明欧洲动物与北美动物之间有着一定程度的相似而已。"我觉得，我们要假设美洲动物的视力是正常的，后来由于若干世代慢慢迁入肯塔基洞穴之后，生活环境改变了它们的习性，就像欧洲动物进入欧洲洞穴一样。我们有一些证明体现了这种习性的改变。喜华德说："我们将生活在地下的动物看作是受到地理限制的动物群的一个小分支。它们在黑暗的地下生活，慢慢地适应了黑暗的环境。然而，最早迁入地下生活的动物与原动物群的差异很小。首先，它们要适应环境从明亮到暗淡的转变，然后再适应微光，最后适应黑暗环境，它们的构造也发生了相应的变化。"我们要明白，喜华德的话是针对不同动物而言的，而不是同一种动物。一种动物迁入地下生活，经过若干世代之后，它们的眼睛会有一定的退化，而自然选择常常引起其他结构的进化，从而弥补了失去视觉器官的缺憾，例如触角或者触须的增长等。尽管有这些变化，但我们依然能够发现美洲穴居动物与美洲大陆动物，欧洲穴居动物与欧洲大陆动物之间有着密切的亲缘关系。达那教授（Prof. Dana）说，美洲某些穴居动物的情况也是一样。欧洲洞穴的昆虫与周围物种有着密切的关系。根据它们是独立动物的观点，我们无法解释两大陆上的穴居动物与本地其他动物之间的亲缘关系。根据欧美陆地上的生物之间的关系推测，两大洲洞穴动物之间的关系也是很亲密的。有一种生物叫做盲目埋葬虫，它们大部分生活在远离洞穴的阴暗岩石上。因此，该属内穴居动物视觉的消失，好像和黑暗环境没有关系。因为它们的视觉器官早就退化了，比较容易适应穴居生活。墨雷先生说，盲目的盲步行属（Anophthalmus）也有这种特点。除了穴居之外，没有在其他地方见到过该属昆虫。现在，欧美两洲的洞穴中生活着不同种类的动物，也许是这些动物的祖先曾经广泛分布在两大陆上。不过，大多数早就灭绝了，仅仅剩下洞穴类动物。虽然有些穴居动物很奇特，但没有什么奇怪的，例如阿加西斯说的盲鱼，以及欧洲的爬行动物盲螈（Proteus）（现代生物学将其归为两栖类）。我觉得奇怪的是，古代生物的残骸保留下来的很少，也许是因为生活在黑暗环境中的动物比较少，彼此之间没有激烈的竞争的原因。

适应性变异

植物的习性能够遗传，例如开花时间、休眠时期、种子发芽需要的雨量等。在这里，我要简单讨论一下适应性变异。同属内的植物有些生长在热带，而有些生长在寒带。如果某个属中的所有物种都是来自于同一个亲种，那么，适应性变异会在传衍过程中发挥一定的作用。大家都知道，每个物种都可以适应本地气候，但温带或者寒带的物种无法适应热带气候。相反，同样如此。同理，许多肉质植物无法适应潮湿气候。以下事实显示，人们常常高估某种生物对气候的适应能力。我们事先并不知道，新引进的植物能否适应这里的气候，以及它们是否能够健康成长。我们相信，在自然状态下，物种之间的生存斗争限制了它们的分布范围，这种斗争类似于物种对气候的适应性，或者前者的作用比较大。虽然生物只能适应一定的气候，但我们发现某些植物能够适应不同的气候，也就是适应性变异或者气候驯化。胡克博士曾经从喜马拉雅山的不同高度采集了同种松树、杜鹃的种子，在英国种植后发现它们的抗寒能力不同。色魏兹先生（Mr. Thwaites）说，他在锡兰岛见过类似的事情。华生先生曾将亚速尔岛的欧洲植物在英国进行研究，结果也是一样。此外，还有许多其他的例子。关于动物，我们也有许多事实能够说明：在一定的历史时期，有些分布广泛的动物从温暖的地区迁移到寒冷的地区。当然，也有反向迁移的例子。不过，我们不清楚这些动物是否非常适应它们的本土环境，它们在迁移之后是否能够适应新环境。

我们之所以判断家养动物最初是未开化人饲养的，不仅因为它们对人类有用，还因为它们能够在家养状态下繁殖后代，而不是因为它们被运送到遥远的地方去。因此，家养动物可以在不同的气候环境中生存、繁殖。不过，我们不要把上面的讨论扯得太远，因为家养动物可能来自于不同的野生动物。例如，家犬也许含有热带和寒带狼的血统。虽然鼠和鼹鼠不是家养动物，但它们能够适应各种环境，分布范围比其他啮齿类动物都要广泛。它们能够在寒冷的法罗群岛生存，还可以在炎热的岛屿上生活。多数动物对特殊环境的适应能力可以看作是天生的。因此，人类和家养动物能够适应各种不同的环境。古代的大象和犀牛能够适应冰川气候，而现有的种类能够适应热带和亚热带的环境。这是在特殊情况下生物本身表现出来的适应性。

物种对特殊气候的适应程度是由生活习性决定的，还是由不同构造的变种决定的，或者是两者的共同作用，这是一个难以回答的问题。根据类推法和古代书籍的忠告得知，将动物从一个地区移动到另一个地区时，一定要非常小心。因此，我相信习性对生物有着一定的作用。由于习性的关系，人们很难选择最适应环境的品种或者亚品种。另外，自然选择能够保存生来就对环境有着很强的适应能力的个体。许多关于栽培植物的论文记载，某些变种比其他变种更能适应某种环境。美国出版的关于果树的著作证实了这个说法，还推荐哪些变种适宜种植在南方，哪些变种适宜种植在北方。由于许多变种都是近代培育出来的，所以不能用习性不同来解释它们之间的差异。菊芋（Jerusalem artichoke）的例子曾经作为物种不会对气候产生适应性变异的证据。因为菊芋在英国无法用种子繁殖，因此不能产生新变种，它的植株总是柔柔弱弱的。同样，人们还常常引用菜豆的例子，而且有着很强的说服力。显然，我们可以进行这样的实验：提早播种菜豆，让寒霜消灭大部分植株，然后从存活的植株中收集种子，再次种植。每次都要注意，不要出现杂交情况，经过二十代之后，这个实验才算完成。我们不能说菜豆的幼苗毫无差异，因为有些幼苗要比其他幼苗抗寒能力强。我就见过这样的例子。

我们通过上面的论述得出结论：生物的习性和器官的用进废退，对生物的构造变异有着重要的作用。有时自然选择会控制这些作用，而有时一起发挥作用。

相关变异

相关变异指的是生物的各个部分在生长过程中有着密切的联系，如果一个部分产生了变异，并由自然选择作用进行积累，必然会引起其他部分的变异。相关变异是一个重要的问题，但由于对它的了解非常少，所以常常和其他问题混淆。下面将要讨论的遗传常常出现相关变异的假象。如果动物的幼体发生变异，常常会影响到成体的构造，这是相关变异的体现。动物身上的某些同源构造，由于胚胎早期的构造相同，生活的环境相似，所以很容易出现相同的变异。我们发现，身体的左侧和右侧的变异方式常常相同，前足和后足也是一样，甚至颚和四肢都会发生相同的变异，因为某些解剖家认为颚和四肢是同源构造。我相信，自然选择会影响变异方向。例如，曾经有一群雄鹿，仅仅在一侧长角，如果这对雄鹿的生活很有帮助，自然选择就会将它长久地保存下来。

有些学者说，同源构造具有结合的倾向。关于这一点，畸形植物有所体现。在正常构造中，同源部分结合的常见例子是花瓣形成管状结构。生物体中的硬体结构好像能够影响相邻的软体结构。某些学者认为，鸟类盆骨的不同形状能够引发肾脏形状的变化。还有的学者认为，当受到压力时，产妇盆骨的形状会影响婴儿头部的形状。斯雷格尔（Schlegel）说，蛇类的形状和吞食方式能够决定重要器官的位置和形状。

我们并不了解这种相关变异的性质。小圣提雷尔曾说，我们不明白为什么有些畸形构造常常共存，而有些却不会。我们来看几个相关变异的独特例子：对猫来说，白色蓝眼的与耳聋有关，鬼壳色的与雌性有关；对于鸽子来说，足长羽的与外趾间蹼皮有关，幼鸽绒毛的多少与将来羽毛的颜色有关；土耳其裸犬的毛与牙齿有关等。在上述这些关系中，一定有同源结构的影响。从毛和齿相关的角度来说，哺乳动物中皮肤独特的鲸目和贫齿目的牙齿异常，绝对不是偶然现象。不过，就像瓦特先生（Mivart）所言，这个规律有许多例外情况。因此，它的适用范围有限。

据我所知，菊科和伞形科植物在花序上内外花的差异更体现了相关变异的重要性，而与用进废退、自然选择没有关系。众所周知，雏菊的边花和中央花的差异会随着生殖器官退化。有些种子的形态和纹饰有一定的差别，也许是由于总苞对边花的压力，或者它们彼此之间的压力造成的。某些菊科边花种子的形状能够说明这一点。胡克博士说，对于伞形植物来说，花序茂密的种内外花的差异也大。我们想象一下，边花依靠生殖器官运送养料来发展，这样可能会导致生殖器官发育不良。不过，这不是唯一原因。对于某些菊科植物来说，虽然它们的花冠相同，但内外花的种子有差异。这些差异可能与得到的养料的多少有关。我们发现，在不整齐的花簇中，距离花轴近的花变得整齐了。我用一个相关变异的实例来解释这一点：在许多天竺葵属（Pelargomum）植物中，如果花序的中央花边上的两片花瓣失去了浓色的斑点，所附着的蜜腺会完全退化；如果只有一瓣失去了斑点，蜜腺会缩得很短，但不会完全退化。

  关于花冠的发育问题，斯普兰格尔先生的说法可信度很高。他觉得边花的主要作用是引诱昆虫，这有利于植物的受精。如果真是如此，自然选择可能产生了一定的作用。对于种子来说，它们在形状上的差异不是完全由花冠决定的，所以不存在什么益处。但是对于伞形科植物来说，上述差异有着重要的作用。该科植物的种子，有些是外花直生而内花弯生的，老德康多尔常常将这些特征作为该科植物的分类标准。因此，分类学家认为，某些极有价值的构造变化可能完全是由变异和相关法则决定的。不过，根据我们的判断，这对植物本身毫无益处。

  人们常常将物种共有的、遗传下来的构造当作相关变异引起的。因为它们的祖先经过自然选择得到了某种构造上的变异，经过几千代之后，又得到了其他不相关变异。如果这两种变异能够同时遗传给具有不同习性的后代，我们会猜想它们之间有某种内在联系。此外，其他相关变异的例子也体现了自然选择的作用。例如，德康多尔发现，不开裂的果实里面没有具翼的种子。我这样理解这个现象：只有果实开裂之后，种子才会在自然选择的作用下长翼。只有果实开裂时，能够被风吹起的种子才有更多的生存机会。

生长的补偿和节约

  老圣提雷尔和歌德在相同的时间，提出了生长补偿法则或者生长平衡法则。歌德的说法是："为了在某个方面消费，自然一定要在其他方面节约。"我觉得某些家养动物符合这个说法。如果将大部分的养料输送给某个构造或者某个器官，那么，其他构造或者器官得到的养料一定会减少。因此，想要养出一头产奶多、身体肥胖的奶牛非常困难。对于一个甘蓝变种来说，它不可能同时具有富含营养的叶子和大量含油的种子。种子发生萎缩的果实的体积会增大，品质也会得到改善。如果家鸡头上有大丛毛冠，它的肉冠往往比较瘦小；而颚须比较多的家鸡，肉垂常常很小。尽管补偿法则无法用于自然状态下的所有物种，但优秀的观察家依然相信该法则的正确性，尤其是植物学家。在此，我不想列举事例，因为我无法确定哪个构造是受到自然选择作用而发达的，哪个构造是由于自然选择作用或者不使用而退化的；很难确定某个部分的瘦小是否由于养料被邻近发达的构造所剥夺造成的。

我觉得可以用一个普遍规律来概括前人所说的补偿实例，那就是自然选择常常使生物体的各个部分趋于节约。随着生活环境的变化，当生物体原本有用的构造变得用途不大时，这个结构就会萎缩，这种变化对生物体有利，因为这样可以让养料用在更有用的构造上。据此，我理解了观察蔓足类时令我惊讶的事实：当一种蔓足类寄生在另一种蔓足类的体内时，它的背甲几乎会消失不见。类似的例子还有很多。例如，四甲石砌属（Ibla）的雄性个体和寄生石砌属（Proteolepas）的个体都是这样。其他蔓足类的背甲发育的很好，由头部前端的三个重要体节构成，还有大的神经和肌肉。寄生的石砌属由于寄生的缘故，头部的前端都退化了，只在触角的基部有一些痕迹。对于物种的后代而言，大型复杂构造的节省非常有利。因为每种动物都会面临生存环境的竞争，它们可以用节省的养料供应自己，以此获得更大的生存机会。

任何构造变得多余时，自然选择作用就会让它退化，但不会造成其他构造的发育。反之，自然选择促使某个器官特别发达时，不会造成邻近结构的退化。

多重构造、退化构造、低级构造容易变异

小圣提雷尔发现，对于物种和变种来说，如果同一个体的构造或者器官（如蛇的脊椎骨、多雄蕊花中的雄蕊等）重复使用，它就容易产生变异；反之，同样的构造或者器官使用的次数比较少，就会保持原状。小圣提雷尔

等植物学家说，多重构造也很容易发生变异，欧文教授将其叫做"生长的重复"，并认为是低等生物的显著特征。因此，在自然界中，低级生物更容易发生变异。在这一点上，我和博物学家的看法相同。这里的低级指的是生物的一些构造很少由于特殊功能而专用。如果同一构造或者器官具有多种功能，那么，它们很容易发生变异。因为自然选择对这种器官的要求比较宽松，这就类似于用途广泛的刀子可以有多种形状，而用途单一的刀子只能是特殊的形状。只有对生物有利时，自然选择才会发挥作用。

一般认为，退化构造有利于高度变异，我们以后会仔细分析这个问题。在这里，我要补充一点，由于不使用的原因造成退化结构的变异，而自然选择无法对这些变异发挥作用。

发育异常的构造很容易变异

几年前，华特豪斯提出的发育异常的构造很容易变异的说法引起了我的关注。欧文教授也得到了相似的结论。如果想让人们相信上述结论的正确性，需要列举一些事实，但我无法一一列举，只能说这个结论是一个普遍规律。我研究了可能引起错误的各种原因，但已经设法避免。需要注意的是，这个规律不能用于任何生物构造，只有与近缘生物的相同构造比较时，才能用这个规律解释异常发育的构造。例如，在哺乳动物中，蝙蝠的翅膀是最异常的构造。不过，在这里不能使用这个规律，因为所有的蝙蝠都有翅膀。如果某个物种与同属的其他物种相比，具有明显发育的翅膀时，才能使用这个规律。此外，只要是出现副性征，就可以运用这个规律。亨特（Hunter）所说的副性征指的是雌雄性状与生殖作用没有直接联系。这个规律可以用在雌雄两性上，但对雌性的应用比较少，因为它们的副性征不显著。无论副性征以什么方式出现，它们都很容易发生变异，我非常认同这一点。不过，除了副性征之外，这个规律还可以用在其他地方，雌雄同体的蔓足类就证明了这一点。我在分析该类动物时，重点关注华特豪斯的结论，并发现这个规律完全适用。在另一部作品中，我会列举许多事例来证明。在这里，我用一个例子说明这个规律的广泛应用性。无柄蔓足类的厣甲是很重要的构造，在不同的属中，它们的区别很小。不过，对于四甲藤壶属（Pyrgoma）中的几个品种来说，同源厣甲有着很大的差异，它们的形状完全不同，甚至在同种的不同个体之间也有巨大的差别。所以，我们可以说，同种内的变种之间的重要器官表现出来的差异，要比异属物种之间的差异更加显著。

我曾认真观察过某个地区同种个体的鸟类，它们的变异非常小。上述规律可以用在鸟纲中，但在植物中没有得到验证。由于植物的变异性比较小，所以很难比较植物的变异程度。如果真是如此的话，我会动摇对这个规律的信心。

当我们发现某个物种的构造或者器官发育显著时，便会认为它对这个物种非常重要，而这正是这种构造容易变异的原因。这是为什么呢？如果根据物种是独立创造出来的神创论观点，所有物种的构造和我们现在看到的一样，那么，我们将难以解释。不过，根据各个物种是其他物种流传下来，并且通过自然选择发生了变异的观点，我们能够得到许多启示。首先，我来解释几点。如果我们不注意家养动物的构造，不对个体加以选择的话，这部分构造（如金鸡的冠）或者整个品种就不会出现一致的性状，而这个品种已经趋于退化。在退化器官或者多型性生物群中，我们能够发现相似的情况。对于这种情况来说，自然选择没有发挥任何作用。因此，生物体保持着原有状态。我们要关注家养动物的构造，由于人工选择已经发生了很大变化，而这些构造很容易发生变异。在研究同品种鸽子的个体时发现，翻飞鸽的喙、信鸽的喙和肉垂、扇尾鸽的姿态和尾羽等，有着很大的差异，而这些正是养鸽者最关注的部分。假如想要培育一只短面翻飞纯种鸽是一件非常困难的事情，因为许多个体无法满足纯种鸽的要求。我们明白，有两种力量一直在抗争，一种是驱使物种回到非完善状态，致使物种出现的变异；另一种是想要保持物种的纯洁性。虽然后者占据了主要地位，但优良的短面翻飞鸽中依然有可能出现普通的粗劣翻飞鸽。总之，物种在保持纯洁性时，依然会出现各种变异。

现在，我们来观察一下自然界中的情况。如果某种物种的构造要比同属其他物种的构造发育的更加显著的话，我们可以认为这个构造发生了巨大变异，而且经历的时间比较短，因为一个物种的生存很难超过一个地质纪。异常变异指的是由自然选择积累起来的，对物种有利、异常且持久的变异。发育异常的构造或者器官很容易变异，而这些变异可以保存很长的时间。根据一般规律可知，与那些长期不会发生变异的器官相比，这些器官有更大的变异性。我相信，事实就是如此，一边是自然选择，另一边是趋向返祖和变异，经过一段时间之后，两者之间的斗争会停止，发育异常的器官也会稳定下来，我深信这一点。因此，无论一种器官怎样异常，总会以相同的方式遗传给变异后代。例如蝙蝠的翅膀，它必须在长期内保持原有的状态，这样才不容易发生变异。只有变异是近期出现的，而且比较显著时，我们才会发现高度"发生着的变异性"。因为此时还没有按照一定方式对生物个体进行选择，还没有对出现返祖倾向的个体进行取舍，所以变异性无法稳定下来。

种级特征比属级特征更容易变异

上述讨论的规律可以用于这个问题。大家都知道，种级特征要比属级特征更容易发生变异。现在，我们来看一个简单的例子。一个大属的植物中，有的开蓝色花，有的开红色花，而花的颜色体现了物种的特征。当蓝花种开出红色的花，或者红花种开出蓝色的花时，人们并不会觉得奇怪。不过，如果属内的所有物种都开蓝色的花，颜色便会成为属的特征。属的特征发生变异是一件怪异的事情。我选择这个例子的原因是，许多博物学家的解释在这里是错误的。他们认为，由于在生理上种征不如属征重要，所以种征的变异比较多。不过，我认为这种解释不全面，只有部分是合理的。因此，我在分类一章中会讨论这一点。至于用例子来证明种征比属征更容易变异，显然没有必要。不过，我在自然史著作中多次讨论了重要特征。有些人惊讶地发现，某些重要器官或者构造在大群物种中非常稳定，但在亲缘关系密切的物种中有着巨大的差异，甚至在同一物种的个体之间也会出现变异。这个事实说明，虽然属征降低为种征时生理重要性没有发生变化，但它变得容易发生变异了。同理，这种情况可以用在畸形上。小圣提雷尔相信，对于同群的不同物种来说，一种器官表现出来的差异越大，个体中越容易出现畸形。

根据物种是上帝分别创造出来的观点，显然无法解释为什么同属间构造不同的部分比相同的部分更容易发生变异。但是，根据物种是特征显著、固定变种的观点，我们可以预测近期发生了变异，彼此之间出现差异的那部分还会继续变异。换句话说，同属内的物种在构造上相似，与近缘属在构造上的差异的特征，叫做属的特征。这种特征应该来自于同一个祖先，因为自然选择的作用很难让不同的物种产生相同的变异，以此适应不同的生存条件。属的特征指的是各物种在由共同祖先分出之前已经具有的特征，经过了数代之后，这些特征没有变异，或者很少出现变异，现在它们也许不会产生变异了。相反，同属内各物种之间的不同之处叫做种的特征。这些特征从各物种的祖先分出之后，很容易出现变异，促使各物种之间出现差异；现在，依然在产生变异，至少比那些长期不变的生物构造容易变异。

博物学家都承认，副性征容易引发变异，关于这一点，我不再详细解释。对于一群生物来说，各物种表现出来的副性征差异要比其他构造的差异大，这是人们公认的事实，还用雄鸡和雌鸡之间的副性征的差异量来证明。我们并不清楚副性征容易发生变异的原因。不过，我们非常清楚，副性征无法像其他性征一样稳定是由性选择积累造成的。一般来说，性选择要比自然选择宽松很多，而且它不会引发死亡，只是让劣势的雄性留下的后代少一些而已。无论是什么原因导致副性征变异的，因为它们很容易产生变异，性选择的作用范围变得非常广阔，并促使同群内各物种的差异量在这方面比其他方面更多。

同种两性之间的副性征差异，常常体现在同属各种之间的相同构造差异。我想用开头的两个例子来解释。甲虫足部跗节的数目体现了大部分甲虫的特征，但对于木吸虫科来说，跗节数目的变异很大，甚至是同种的两性之间也有区别；土栖蜂类的显著特征是翅膀，这个特征在大多数土栖蜂类中没有差别，但某些属内的各种之间，以及同种的两性之间有着巨大的差异。上述两个事例中的差异性有些特殊，它们的关系绝对不是偶然情况。卢布克爵士（Sir J. Lubbock）说，有些小型甲虫的例子能够很好地解释这个规则。他说："在角镖水蚤属（Pontella）中，主要用前触角和第五对附肢表现性征，而这些器官的差异还体现了种间的差异。"这种联系对我将要说的观点有着一定的影响。我认为，同属内的所有物种都来自于同一个祖先。如果这个祖先或者早期后代产生了变异，自然选择和性选择很可能会利用这些变异，以便它们能够适应环境，并让同属的雌雄两性更加和谐，或者让雄性个体与其他个体进行竞争时胜出。

通过上述内容可知，与属的特征（属内所有物种共有的特征）相比，物种特征（区别各个物种的特征）更容易产生变异；一群物种共有的特征（不管构造发育得如何异常）不容易变异；副性征很容易变异，并且在近缘物种中的差异比较大，副性征的差异和普通物种之间的差异可以由生物的相同构造来体现。上述各种规则有着密切的联系，这是因为同一群物种来自于共同的祖先，

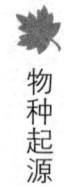

并且由遗传得到了许多相同的特征；与长期不发生变异的构造相比，近期发生变异的构造更容易产生变异；随着时间的推移，自然选择已经对返祖倾向或者进一步的变异产生了抑制作用；性选择远远不如其他选择严格；自然选择和性选择能够将同一构造的变异积累起来，所以它不仅可以看作副性征，还可以看作一般特征。

不同物种会出现相似的变异，因此，一个变种常常表现出近缘物种的特征，或者祖先的某些特征。我们观察家养动物的特征会了解这些说法。在隔离的地域中，鸽子的特殊品种能够分化出亚品种，有的头上有倒生毛，有的脚上长着长羽毛，原始岩鸽绝对没有这些特征。因此，这些特征是几个品种表现出来的相似变异。球胸鸽常常有14根或者16根尾羽，这也是一种变异，这种特征是扇尾鸽的正常结构。我相信，上述类似变异是由于几个鸽品种从共同的祖先那里遗传了相同构造和变异趋势，并且受到相似未知因素的影响造成的。植物界也有类似的变异例子，例如瑞典芜菁（turnip）和芜菁甘蓝（Ruta baga）的膨大茎部（俗称的根）。植物学家都认为，这两类植物拥有相同的祖先，经过培育之后形成了两个变种。不过，如果这种观点是错误的，这就是两个不同物种表现出来的相似变异了。此外，普通芜菁也能作为相似变异的例子。如果按照每个物种都是上帝单独创造出来的观点，人们一定会将这三种植物具有的粗大茎的相似点归因于独立的创造，而不是来自于共同的祖先，或者以相同方式的变异形成的。在葫芦科中，劳丁先生观察到许多类似变异的实例，许多学者在谷类中也观察到相似情况。最近，华尔什先生研究了昆虫类似变异现象，并在他的"均等变异法则"中进行了总结。

不过，鸽子中还存在另一种情况，各个品种中不时会出现石板蓝色的品种，它们的翅膀上有两条黑色的带子，白色的腰，尾端有个黑条，外尾的基部是白色的。这些都体现了岩鸽远祖的特征。因此，我认为这是返祖现象，并不是近期出现的变异。由此，我们得出结论：在两个颜色不同的品种的杂交后代中，总是出现岩鸽远祖的颜色特征，说明它们只是受到遗传的影响，外界条件没有发挥任何作用。

有些特征在消失了几百世代之后能够再现，确实是一件奇特的事情。不过，当一个品种一直与另一个品种杂交时，它的后代在以后的许多世代（有人说12代，也有人说20代）中偶尔会表现出外来品种的特征。一般来说，来自于同一个祖先的血在经过12代之后，比例为2048:1。人们相信，返祖现象是在保留外来血缘的残留部分。对一个没有经过杂交的品种来说，虽然它的双亲丧失了祖先的某些特征，但这些特征会或多或少地遗传给无数的后代，尽管我们看到的事实不是如此。在许多世代之后重新一个品种失去的特征，可以这样解释：失去了数百代的特征并不是一下子出现在某个个体上，而是这种特征在每一代都潜伏着，遇到有利条件就会表现出来。例如，对于巴巴鸽来说，很难出现蓝色品种，但每一代都有产生蓝色品种的潜在能力，并且一代代遗传下去，与无用器官或者退化器官的遗传相比，这种遗传的可能性更高。不过，有时退化器官的再现确实是这种遗传的原因。

假设同属内的所有物种都来自于共同祖先，那这些物种可能会以相同的方式进行变异，并促使两个或者两个以上的变种具有相似的特征，或者某个物种的变种与另一个物种的某些特征相似。根据我们的观点，另一个物种仅仅是有着显著特征的永久变种。此类变异形成的特征不是非常重要。因为功能重要的特征的保存，需要根据物种的生活习性，由自然选择的作用完成，而且同属的物种偶然也会表现出返祖现象。不过，由于我们不清楚任何生物群的祖先的情况，所以无法知道重现特征和类型变异特征的不同。例如，如果我们不知道亲种岩鸽没有毛腿和倒冠毛，我们就无法判断家养品种中表现出来的这些特征是返祖现象，还是类似变异。不过，我们从色带的数目能够推断出蓝色羽毛的出现是返祖现象。因为鸽子的色带与这种颜色相关，而它们无法在一次变异中同时出现。尤其是不同颜色的品种杂交时，常常出现蓝色和几种色带的品种，这使我更加相信上述说法。在自然状态下，虽然我们无法判断哪些是祖先特征，哪些是新出现的类似变异，但根据我们的理论发现，某个物种的变异后代与同群其他物种有着类似特征。

变种与同属的其他物种有着相似的特征，这增加了识别变异物种的困难度。此外，两个可疑物种之间有许多中间类型，这表明在变异时它们就得到了其他物种的某些特征。当然，我们绝对不会把这些相似生物当作独立的物种。不过，稳定的结构或者器官偶然会出现变异，并在一定程度上变得与近缘物种的构造或者器官相似，这是类似变异的最好证据，我找到许多这样的事例，但篇幅有限无法一一列举。我只是想要强调，的确存在这样的情况，而且值得关注。

现在，我要说一个奇特而复杂的例子，这个例子出现在家养或者自然中的同属内的几个物种间，这个例子表明生物的重要特征不会受到返祖现象的影响。驴的腿上偶尔会出现显著的横纹，类似于斑马腿上的条纹。有些人觉得幼驴腿上的横纹最显著，我的观察证明了这个说法是对的。驴的肩上的条纹有时是一对，在长度和轮廓上产生了一定的变异。据记载，有一头没有得白肤症的白驴，它的脊背上和肩上都没有条纹，而这种条纹在深色驴的身上不太明显，甚至消失不见。据说，赛驴肩上有一对条纹。曾经，布里斯先生见到一块有着显著肩纹的野驴标本，虽然它不应该有这种肩纹。普勒上校（Col. Poole）说，这种野驴幼驹的腿上有着显著的条纹，但肩纹模糊不清。斑驴（quagga）的上体常常有显著的斑马状条纹，但腿上没有。不过，阿沙·格雷博士绘制的图片，斑驴的后足踝关节处有着显著的条纹。

我在英国收集了各种品种和颜色的马，还有肩上出现条纹的例子；腿上长有暗褐色或者鼠褐色条纹的马也很多，栗色马就是一个例子。有时，暗褐色马的肩上会有条纹，赤褐色马的肩上也有类似的条纹。我儿子仔细观察了比利时拖车马，并画了一张草图，这匹马的肩上有两条并列条纹，腿上也有条纹。我见过一匹灰褐色德文郡小马的双肩上有三条平行条纹，人们也曾经说威尔士小马（welsh pong）的肩上有三条平行条纹。

印度西北部的凯替华马（Kattywar breed）一般都有条纹，但普勒上校说，他曾经检查过这个品种的马，马的背上、腿上、肩上都有条纹，肩上有时也会出现条纹，甚至是面部的两侧都有。如果马的身上有条纹，那就被看作纯种马。不过，这种条纹在幼驴身上比较明显，而老马的身上有时会消失。普勒上校曾经发现，幼时的灰色和赤褐色的凯替华马的身上有条纹。根据爱德华的研究，我觉得英国赛跑马备机上的条纹在幼时比较常见。最近，我饲养了一匹小马，它的双亲是赤褐色雌马（土耳其雌马和法来密斯雄马的后代）和赤褐色英国赛跑马。这匹小马出生一周后，身体后部的1/4处和前额处有着无数条暗色斑马条纹，而腿部的条纹比较模糊。后来，这些条纹慢慢地消失了。在此，我不想仔细分析这个问题。不过，我在许多国家（如英国、中国、挪威、马来半岛等）搜集了各种马的腿纹和肩纹的事例。在世界各地，暗褐色和鼠褐色的马常常出现这种条纹。暗褐色的颜色范围比较广，从黑褐色一直到乳酪色，应有尽有。

史密斯上校（Col. H. Smith）曾写论文来分析这个问题，他觉得马的这些特征来自于若干个祖先，其中一个祖先的颜色是暗褐色，而且带有条纹。他相信，马的外表特征是由于暗褐色马与其他马杂交导致的。不过，我们可以反驳这个说法，因为比利时拖车马、威尔士矮种马、挪威的短腿马、凯替华的瘦长马等生活在世界各地，如果让它们都与假想的祖先进行杂交，显然难以实现。

现在，我们来讨论一下马属中几个物种的杂交问题。波林（Pollin）觉得，驴和马交配产下的骡子，腿部常常有显著的条纹。戈斯先生（Mr. Gosse）说，美国许多地方的骡子的腿部有条纹。我曾见过一匹骡子，腿上的条纹很多，许多人认为它是斑马的杂种。马丁先生（Mr. Martin）在关于马的作品中也有一幅类似的骡子图。我还见过驴和斑马产下的杂种的图片，它们腿上的条纹比较明显，而且还有两条并列的肩纹。莫登爵士（Lord Morton）所说的杂种，来自于栗色雌马和雄斑驴，它腿上的条纹要比纯种斑驴明显得多。此外，还有一个值得关注的例子。曾经，格雷博士画了一幅杂种图，图上是驴与塞驴的后代（他对我说，他还知道另外一个类似的例子）。图中显示的杂种的四条腿上都有条纹，肩部还有三条短纹，甚至面部两侧也有斑马状条纹。我们知道，驴的腿上偶尔会出现条纹，而赛驴的腿上没有条纹，肩上也没有。关于面部条纹，我相信杂种面部条纹的出现绝对不是偶然情况。我曾经问过普勒上校，凯替华马的面部有没有条纹，他回答有。

我们应该如何解释下面的事实呢？我们发现，马属中的不同品种经过简单变异之后，在腿上出现斑马条纹或者在肩上出现条纹。在马属中，这种条纹在暗褐色品种中出现的几率最高。条纹的出现没有伴随生态上的其他特征。我们发现，在不同物种产生的杂种中，这种条纹出现的趋势比较强烈。现在，看看几个品种鸽子的情况。这几个品种的祖先是同一个祖种（包括两三个亚种或者地理种），该祖体的颜色是蓝色，并且有一定的条纹或者其他标志。如果任何鸽种变异之后是蓝色的，上述条纹及其他标志就会表现出来，但形态及其他特征没有变化。如果让不同颜色的原始纯种鸽进行杂交，后代很容易出现颜色或者条纹。我曾经说过，可以这样解释重现的祖先特征：每一代都有重现失去已久的特征的趋势，由于未知原因，有时这种趋势会表现出优势。我们在前面说过，对于马属的若干物种来说，幼马身上的条纹比较明显，也比较常见。如果我们把家鸽当作物种，那么，马属内的物种具有类似的特征。我大胆猜测，千万代之前存在着一种具有斑马条纹的动物（也许其他方面的构造不同），它是家养马

（无论来自一个或者多个野种）、驴、赛马、斑驴、斑马的共同祖先。

如果有人认为马属内的各个物种都是上帝单独创造出来的，那么，每种动物都会有一种趋势，即在自然界或者家养状态下，按照一定的方式变异，以便让物种具有条纹；而且，每种动物在被创造时就要一种强烈趋势，那就是这些物种与其他物种杂交之后，后代不会继承父母的特征，而是类似于同属中的其他动物，表现出条纹。假如认为这种说法是正确的，等于抛弃了事实，而去解释虚假的东西，这种观点夸大了上帝的作用。如果接受这种观点，我只好和无知的神论者们一样，相信贝类化石来自于石头，从来没有真实的存在过。

摘要

我觉得，我们对变异法则了解得太少了，我们能够解释的变异原因仅仅是千分之几。不过，我们通过比较可以发现，无论是变种之间的小差异，还是物种之间的大差异，好像都受到相同法则的支配。环境变化常常动摇变异的稳定性，有时会出现定向变异，随着时间的流逝，这些变异越来越明显。不过，我们没有足够的证据证明这一点。生活习性能够形成特殊构造，常常使用的器官会变强，不用的器官会退化，这些结论可以用在许多场合。同源构造往往会出现相同的变异，并且出现结合的趋势。有时候，硬体构造的改变会影响邻近的软体构造。发育显著的构造可以把邻近构造的营养吸收过来，而多余的构造会慢慢退化。个体生命早期的构造变化可能会影响后来的发育状况。虽然我们还不清楚引发相关变异的原因，但它们常常出现。重复构造很容易发生变异，也许因为它们很少由于特殊功能而专用。因此，自然选择无法影响它们的变化。也许受到相同因素的影响，低级生物更容易发生变异。退化构造容易变异，自然选择也无法发挥作用。种征比属征更容易变异。种征指的是区别同一属内的各个物种的性状特征，各个物种从共同祖先分出之后，这些性征常常发生变化。属征指的是遗传很久但没有发生变异的性状特征。通过观察推测，近期发生变异的部分构造，还会继续变异。我在第二章中说过，这个推论能够用于整个群体。我们发现，某些地方有许多同属的物种，说明这里以前发生过许多变异和分化，并且形成了新物种。因此，我们在这里会发现许多物种的变种。副性征很容易发生变异。同属内的各个物种表现出来的副性征差异要比其他差异大得多。同种两性之间的副性征差异常常是同属内的各个物种之间相同构造的差异。发育异常的器官构造要比近缘物种的相同构造更容易变异,因为这个属出现之后,它们就出现了巨大变异,而且这种变异是缓慢且长期的,自然选择无法抑制变异进程,更无法阻止变异的出现。如果某个物种具有显著发育的器官,并且是许多变异后代的祖先(对于我们来说,这个过程非常缓慢,需要很长时间),那么,自然选择一定会让这个器官的性征保持不变,无论这个器官的发育多么异常。如果许多物种从相同的祖先那里继承了几乎相同的构造,并且生活在类似的环境中,它们便会出现相似的变异,或者出现返祖现象。虽然返祖现象和类似变异无法造成重要变化,但它们可以让自然界变得更加美丽、更加协调。

后代与亲代之间有着细微不同,而任何不同都有一定的起因。我们相信:所有构造上的重要变异,都是有利变异一点点积累起来的。

第六章　本学说之难点以及解释

遗传变异学说的疑难问题

在此之前，读者就遇到了各种疑难问题，其中有些问题是非常难的，现在还难以解释清楚。不过，在我看来，大部分难点仅仅是表面现象，而那些真正的难点不会对这个学说产生重要影响。

我将难点进行了归类，主要是以下几个方面：

第一，如果物种是由其他物种慢慢演化而来，为什么不会见到大量过渡类型呢？为什么自然界中的物种有着明显的区别，而不是模糊不清呢？

第二，一种有着特殊构造和习性的动物（如蝙蝠），是由不同习性和构造的其他动物演变来的吗？自然选择是否不仅可以产生不重要的器官（如长颈鹿用来驱赶蚊蝇的尾巴），而且能够产生奇妙又重要的器官（如动物的眼睛）呢？

第三，通过自然选择能够获得本能并改良吗？我们如何解释蜜蜂筑巢的本能呢？

第四，如何理解种间杂交不育或者后代不育，而种内变种杂交可育的特点呢？

我们首先分析前面两个问题，下一章讨论杂交问题，最后用两章的内容论述本能和杂种的性质。

过渡变种的缺乏

由于自然选择仅仅保存对生物有利的变异，所以在生物比较密集的地方，新类型具有消灭变异较小的祖先类型或者其他竞争力比较弱的类型的趋势。因此，灭绝和自然选择是同时发生的。所以，如果我们认为物种是由未知类型演变而来的话，那么，在新物种形成的过程中，亲种和过渡类型便灭绝了。

根据这种说法，一定存在过许多过渡类型。不过，为什么我们在地壳中没有发现它们大量存在的证据呢？在"论地质记录之不完整"这一章中，我们会详细讨论这个问题。我在这里主要是说，地质记录的不完整要超过人们的想象。地壳像是一个巨大的博物馆，但自然收集是不完整的，而且在时间上具有很大的空缺。

　　如果某些亲缘比较近的物种生活在同一个地方，我们应该能够发现大量的过渡类型，但事实不是这样。我们列举一个简单的例子，当我们从北往南走时，在各个地段将会发现，近缘物种或者具有代表性的物种在自然条件中占据的位置几乎相同。这些代表性物种常常混合在一起，并且当某个物种的数量减少时，其他物种的数量会增加，最终将其取代并消灭掉。不过，如果我们比较一下混合地带的物种便会发现，好像取自各个物种栖息地带的标本，它们在构造细节上有着区别。根据我的学说，这些近缘种来自于一个共同的亲缘种；在演化过程中，每个物种都能适应各个地区的环境，并且取代了它的亲种，消灭了连接着现在和过去的过渡变种。因此，虽然过渡变种曾经存在过，也能以化石的形式埋藏在地下，但我们不能希望今天在各地都能见到它们。不过，在种间交接区，我们为什么没有发现有着密切联系的中间变种呢？这个问题在很长时间内困扰着我，但我觉得这是可以解释的。

　　如果认为一个区域现在是连续的，过去也是连续的，一定要慎重地做出这种推论。地质学告诉我们，即使是第三纪末期，许多陆地还是一个个岛屿。在这样的岛屿上，也许形成了有着明显差别的物种，所以不会出现中间变种。随着气候和地貌的改变，现在连续的海域在很久之前不一定是连续的。不过，我不愿意以此逃避这个难点，因为我认为许多不同的物种是在连续的陆地上形成的。但我相信，现在连续而以前分隔的地域，在新物种的形成过程中有着重要作用，尤其在形成自由交配或者漫游动物的新物种的时候。

　　我们在研究现今广泛分布的物种时常常发现，它们在某个大范围内的数量分布广泛，而在边缘地区则变得越来越少，甚至是绝迹。因此，两个代表种的共有地带要比它们各自的区域小得多。在登山时，我们看到的景象与德·康多尔的观察一致：有时一种普通的高山类型会突然灭绝。福布斯在用拖网观察深海时，曾经发现了同样的情况。那些将气候和自然条件当作决定生物的分布因素的人肯定会非常困惑，因为气候、深度、高度的变化都在以难以察觉的速度变化着。不过，我们要知道，每个物种在它的生活地区，如果没有与其竞争的对手，它的数量会越来越多。我们还要清楚，每个物种不是猎捕其他动物，就是被其他动物捕食。总之，每种生物都通过重要方式与其他物种建立联系。于是，我们了解到，生物的分布范围不是由逐渐变化的自然条件决定的，而是由其他物种决定的。这些物种或许是它生活不可缺少的，或许是它的敌害，或许是它的竞争对手。由于这些物种的界限清晰，不会混合在一起，那么，任何一个物种的分布范围都是由其他物种的分布范围决定的，而且有着分明的界限。每个物种在边缘的分布数量越来越少，再加上天敌和它所捕食的动物数量的变化，很容易让生活在边缘地带的生物灭绝，所以种的地理分布界限越来越明显。

生活在连续区域的近缘物种或者代表性物种，一般各自有一个比较大的区域，而这些区域中间存在着狭窄的中间地带。在中间地带，这些物种的个体数量越来越少。由于变种和物种在本质上没有区别，所以这个规律可以应用于两者。如果我们用一个栖息地域广阔且正在变化的物种为例，一定会存在两个变种适合两个比较大的区域，而第三个变种适应比较狭窄的中间地带。由于这个中间变种的栖息地比较狭小，所以它的数量也会比较少。其实，根据我的了解，这个规律几乎能够适用于自然状态下的所有变种。对于藤壶属来说，容易分辨的变种和中间类型的分布，便是这个规律的最好例证。沃森（Watson）先生、阿沙·格雷博士、沃拉斯顿先生的研究说明，如果存在两个变种之间的中间变种，一般它的数量要远远小于它所连接的两个变种的数量。如果我们觉得这些事实和推论是正确的，并承认中间变种要比相邻的变种的数量少，那么，我们就能明白为什么中间变种不能长期存在，即为什么它们要比其所连接的类型消失得早。

如上所述，数量较少的类型要比数量较多的类型更容易灭绝，在这种情况下，中间类型很容易受到两边近缘类型的侵害。但是，还有更加重要的原因：经过再次演变之后，两个变种可能会变成有着明显区别的物种。在演变的过程中，个体较多、栖息地较大的物种肯定要比生活在狭小的中间地带、数量较少的中间变种的生存机会多。无论任何时期，个体多的类型要比个体少的类型更容易出现有利于生物的变异。所以，在生存竞争中，数量多的普通类型会压倒数量少的稀有类型，因为后者的进化是非常缓慢的。我觉得，可以用这个原理解释第二章的内容，即与稀有种相比，优势种更容易出现具有显著特征的变种。我们用下面的例子详细解释一下：假设某种绵羊有三个变种，一个适应广阔的山区，另一个适应狭小的丘陵，最后一个适应广大的平原；假设这些地区的人们用同样的技术和方法，以人工选择来改良这些变种。在这种情况下，生活在广阔的山区和平原的人们拥有的羊群更多，他们选择的机会也多，他们羊群的改良速度要远远快于丘陵地区人们羊群的改良速度。结果，改良之后的山区或者平原的羊群品种将会消灭改良较少的丘陵地区的羊群；于是，两个数量较多的品种会连接在一起，而中间丘陵地带的变种便会消失。

总之，我认为物种是有着明显界限的实体，而且任何时候都不会和各种变异的中间环节混淆在一起，主要有以下几个原因：

第一，因为变异是一个非常缓慢的过程，所以新物种的形成也很缓慢。当有利变异出现之后，并且在该地区的自然结构中占据一个或者多个有利位置时，自然选择才会发挥应有的作用。这种位置的出现是由气候的改变或者新个体的迁入决定的。也许是原有生物的个体演化形成了新类型，而新旧类型的作用和反作用是形成新位置的重要因素。所以，在任何一个地区或者任意一个时间，我们只会发现少数几个物种在结构上的轻微变异，并且我们见到了这种情况。

第二，现在连续的区域，在以前常常是分隔的。在那些分隔的地区，许多需要交配繁殖的物种变得很不同，甚至成为了具有代表性的物种。在这种情况下，代表性物种与它们的祖先之间一定出现过中间变种，而且在各个分隔区生存过，但经过自然选择的作用，这些中间变种已经灭绝，所以无法见到它们。

第三，如果在一个连续区域形成了两个或者多个变种，那么，也许以前在中间地区形成过中间变种，只是它们不久后就消失了。由于前面所说到的原因（近缘物种、代表物种、公认变种的实际分布情况），这些位于中间地带的变种要比它们连接的变种的数量少得多。由于这个原因，中间变种很容易灭绝；而且，在自然引发的变异过程中，它们可能会被其所连接的类型打败，并且消灭掉。由于后者的数量大、变异多，通过自然选择得到更大的改善，获得更大的优势。

第四，假如我的学说是对的，从全部时期来看，将同类的所有物种连接在一起的中间变种肯定存在过。不过，自然选择具有消灭亲种类型和中间类型的趋势。因此，只能从化石中寻找它们存在过的证据。然而，我们在后面的章节中会讲到，地壳保存下来的化石是非常不完整的，而且是断断续续的。

具有特殊习性和构造的生物的起源和过渡

不赞同我的观点的人曾经说：一种陆栖性的食肉动物怎样才能变成一种水栖性的食肉动物呢？过渡阶段要怎样生活呢？然而，想要证明现在依然存在着从陆栖向水栖转变的中间类型的食肉动物绝对不是一件困难的事情。由于中间类型的动物需要在竞争中求生存，所以它对自己的生存环境适应良好。例如，北美洲的水貂（Mustela, vison）的脚上有蹼，它的短腿和尾巴有点像水獭。夏天，它会在水中捕食鱼类；冬天，它会离开水面，捕食鼠类等陆地动物。假如人们再问另一个问题，一种食虫的四足兽如何才能转化成飞翔的蝙蝠，这个问题就很难回答了。

这对我非常不利，因为我只能从搜集的实例中选择一两个关于近缘物种过渡习性和结构的例子；而且在关于同一物种的多样性的习性上，只能列举暂时习性或者永久习性的例子。我觉得，对于蝙蝠这样特殊的类型来说，需要列举一长串的过渡类型，解释才能够合理。

我们来研究一下松鼠科的情况。从只有扁平尾巴的松鼠，到理查逊（J. Richardson）爵士说的身体后部比较宽且双侧皮肤比较松弛的松鼠，再到飞鼠之间有着细微差别的中间等级的例子。飞鼠的四肢和尾巴基部都与宽松的皮肤连接起来，像降落伞一样，让飞鼠在树木之间进行空中滑翔，而滑翔距离的遥远让人们难以相信。我相信，各种松鼠的结构对于它们都是有利的，可以让它们逃避天敌的追捕，还可以快速地找到食物，甚至降低偶然摔落时造成的伤害。不过，无法根据这个事实得出这样的结论，在任何情况下，每种松鼠的结构都是最完美的结构。如果气候或者植被有所改变，如果竞争者或者新的捕食它的兽类迁入，或者原有的兽类发生了变异，假如它们的结构无法让它们适应这些变化，那么，某些类型的松鼠数量会减少，甚至灭绝。尤其是生存环境发生变化时，那些腹侧膜变得比较大的个体会被保存下来，每一次的变换都是有利的，而且能够传衍。通过自然选择的积累作用，终于形成了完整的飞鼠。

接下来，看看猫猴（Galeopithecus）的情况，也就是所谓的飞狐猴，以前被当作蝙蝠类，现在认为是食虫类。它宽大的腹侧膜从颚角一直到尾巴，包含了有着长长爪子的四肢，膜内还有伸张肌。尽管现在没有连接猫猴和食虫类的过渡类型，而且能够在空中滑翔，但可以想象，以前肯定存在过这种中间类型，而且连接体出现的方式类似于不完全滑翔的松鼠。对于这些动物来说，曾经各种中间结构都是有用的。现在，我们相信，连接着猫猴的趾和前臂的膜，在自然选择的作用下逐渐伸长。同理，对于飞翔器官来说，这个过程也许会把食虫类动物变成蝙蝠。某些蝙蝠的翼膜从肩膀一直到尾部，并且包含后肢。从它们身上能够发现，适合于空中滑翔而不是飞翔的器官的踪影。

如果已经有12个属的鸟类灭亡了，谁会贸然断言，下述鸟类一定不会消失呢？例如呆鸭，翅膀的功能仅仅是拍击；如企鹅，翅膀在水中当鳍使用而在陆地上当前腿使用；如鸵鸟，翅膀像风篷一样；如无翼鸟，翅膀没有任何功能。不过，上述所列举的各种鸟的结构，对它们的生存都是有利的，因为每一种鸟都要在斗争中生存。不过，这样的结构无法适应所有的环境，更不能由此认定，这里所说的翅膀构造的每个等级代表了鸟类获得飞翔能力过程中所经历的各个阶段的构造。其实，它们也许是因为不使用形成的。然而，它们表明有多种过渡方式。

我们发现，在甲壳动物（Crustacea）和软体动物（Mollusca）中，有许多类型能够在陆地生活；我们看到飞禽、飞兽、飞虫及古代飞行的爬行类动物便会想到，借助于鳍上升到空中并进行滑翔的飞鱼，也许会逐渐演变成有着完善翅膀的飞行动物。如果真是这样，谁能想象它们的过渡阶段曾经是海洋中的动物呢？谁能想象得到，它们的飞行器官开始时是为了躲避鱼类的捕食呢？

当我们发现一个适用于特殊习性的高度完善的构造时，例如鸟用来飞行的翅膀，我们一定要明白，具有早期过渡结构的动物很少能够流传到现在，因为更加完善的继承者替代了它们。进一步说，适应于不同生活习性的构造之间的过渡类型很少大量出现，也不会出现多种次级类型。返回我们刚才所说的想象中飞鱼的例子。真正能够飞翔的鱼，应该是它们的飞翔器官达到相当完善的程度，让它们在生存斗争中具有战胜其他动物的优势，才会从次级类型中脱颖而出，才具有在陆地和水中捕食猎物的能力。因此，在化石中发现过渡类型的机会非常渺茫，因为它们曾经存在时的数量就远远少于结构相当完善的类型的数量。

现在，我们再列举两三个例子说明同一物种的不同个体的习性的变化趋势。无论是习性的改变还是趋异，自然选择都会让动物构造去适应改变之后的习性，或者适应几种习性中的某一种。不过，我们无法确定，究竟是习性的变化引起了构造的变化,还是构造的变化引起了习性的变化呢。不过,这是一个无关紧要的问题。也许,两者是同时发生的。关于习性改变的例子,仅仅解释英国昆虫习性的改变就可以了。现在,许多英国昆虫食用外来植物,或者依靠人工食物生存。关于习性趋异,可以列举许多例子。在南美洲时,我仔细观察一种霸鹟(Saurophagus sulphuratus),它在高空盘旋一阵之后,然后飞到另一个地方的高空。在其他时间,它类似于食鱼貂,安静地站在水边,然后突然钻到水中,向着鱼儿游去。英国有一种大山雀(Parus major),有时像旋木鸟一样在树枝上攀爬,有时像伯劳一样啄小鸟的头部,以此来杀死小鸟。我好几次看见它击打紫衫枝上的种子,直到把种子打开。在南美洲,赫尔恩(Hearne)看见黑熊在水中游泳好几个小时,甚至张大嘴巴捕捉水中的鱼类。

有时我们会发现,有些个体的习性与同种其他个体的习性有着巨大差异。于是,我们猜测,这样的个体也许会形成新种;这个新种有着异常习性,结构也会发生一定的变化。在自然界中,确实存在这样的例子。啄木鸟能够攀爬树木并将树中的虫子捉出来,这是一件奇妙的事情,还有比这个更奇妙的事情吗?在北美洲,有些啄木鸟食用果实,而另外一些长翅的啄木鸟在飞行中捕捉昆虫。拉普拉塔(Laplata)的平原上几乎没有树木,那里有一种独特的啄木鸟(Colaptes campestris),两趾超前,两趾朝后,舌头长且尖。它的尾羽又细又硬,尽管不如典型的啄木鸟的尾羽坚硬,但能够让它在树干上直立起来。它有一个挺直而有力的嘴,尽管不像典型的啄木鸟的嘴那样有力,但能够在树木上凿洞。因此,这种鸟的结构依然是啄木鸟,甚至在不重要的特征上也与英国啄木鸟有着近缘关系,例如颜色、音调、飞翔等。不过,根据我在阿萨拉的仔细观察发现:在某些开阔的地区,它不会爬树,而且在洞穴中筑巢。不过,在其他的地方,根据哈德逊(Hudson)先生的说法,这种鸟常常出没于树林间,并且在树上凿洞筑巢。我还可以列举一个例子,说明这一属鸟的习性改变了,德沙苏尔(De Saussure)所说的墨西哥啄木鸟,它在坚硬的树木上凿洞,然后将橡子果藏在里面。

海燕是一种鸟类,它的身上充分体现了空栖性和海洋性。不过,在火地岛(Tierra, del Fuego)美丽的海峡中,生活着一种叫倍拉矍(Puffinuria berardi)的鸟,它有着惊人的潜水能力,完美的游泳和飞翔的方式,人们总是误以为它是海雀或者鹏鹉。但是,它是海燕的一种。然而,与新的生活习性有

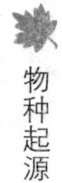

关的许多机体部分,已经出现了明显变化。但拉普拉塔的啄木鸟,构造只是有了细微变化。河鸟,即使是最敏锐的观察家通过它的尸体一定会判断它是半水栖性的鸟类。不过,这种鸟的来源类似于鸫科,依靠潜水生存。用爪子将水下的石头抓住,并拍打双翅。昆虫中的一个大目是膜翅类(Hymenopterous),卢布克爵士发现,只有细蜂属(Proctotrupes)是水栖的,其余都是陆栖。细蜂属的昆虫常常在水中嬉戏,它们潜水用的是翅膀而不是脚,在水中能够待四个多小时。不过,它的构造并没有由于这种特殊习性而发生变化。

如果人们相信生物一直是现在这个样子,当它们发现某种动物的构造与习性不一致时,就会觉得非常奇怪。鸭和鹅为了游泳而形成的蹼足就是一个显著的例子,但生活在高原地区具有蹼足的鹅很少出现在水边。只有奥杜邦(Audubon)见过,军舰鸟降落在海面上,它的四趾上都有蹼。相反,鹲鹛和大鹬只是在趾的边缘上有膜,但它们是水栖鸟。涉禽目(Grallatores)的鸟类为了进入沼泽,常常在水面上的植物中行走,从而形成了无膜的足趾。不过,这个目中的苦恶鸟和秧鸡的习性有着很大的区别,前者是水栖性鸟类,而后者是陆栖鸟类。我们还能列举许多类似的例子,全是习性发生了变化而构造依然保持原来的样子。尽管高原鹅的蹼足在结构上没有变化,但它可以称之为残留器官。军舰鸟足趾间的膜表明,结构在逐渐发生变化。

如果某些人认为生物是上帝分多次创造出来的,他们会说这种情况是造物主让一种生物逐渐替代另一种生物。不过,对我而言,仅仅是把他们的观点讲述了一遍而已。只要是承认生存斗争和自然选择学说的人都会认为,各种生物都在努力地增加自己的数量,并承认一种生物在习性或者构造上发生变化之后,便会具备其他生物所没有的优势;它便有能力占领其他生物的领地,无论这个领地与它原来的领地是否有联系。因此,下面的事实便不奇怪了:长有蹼足的高原鹅在干燥的陆地上生活,长有蹼足的军舰鸟几乎不会接触水面,长有长趾的秧鸡在草地中生活,某些啄木鸟生活在树木很少的地方,鸫和膜翅目的一些昆虫具有潜水本领,海燕具有海雀的习性,等等。

完美而复杂的器官

像眼睛一样奇妙的器官能够对不同距离进行聚焦,接收各种强度的光线，还可以对球面和色彩的偏差进行校正，这样精巧的结构难以模仿。如果它是由自然选择形成的，我觉得这个说法听起来有些荒谬。最初，当人们听到太阳是静止的，而地球绕着太阳运行时，大家都认为这个学说是错误的。每个哲学家都非常熟悉的古谚"民声即天声"，也是没有科学根据的。我通过理智的思考明白，从简单且不完善的眼睛到复杂且完善的眼睛之间存在着无数的中间等级，而且每个等级对动物都有帮助（实际上，确实如此）；假设眼睛能够出现变异，而且变异能够遗传（事实也是这样）；假如这样的变异有利于生活在不断变化着的环境中的生物，尽管我们无法用自然选择学说解释眼睛的形成过程，但绝对不能否定我的学说。一根神经经过怎样的变化之后对光敏感，这个问题类似于生命的起源问题，与我们所讨论的问题没有太大关系。不过，我相信，虽然低等生物体内难以发现神经，但它们具有感光能力。所以，它们原生质中的某些感觉物质会慢慢聚集在一起，逐渐发展为神经，为这种特殊感觉赋予能力，这也许是可能的。

在寻找任何动物的某个器官不断完善的过渡类型时，我们应该研究它的直系祖先，但这很难做到。于是，我们只好观察同类群中的其他种或者属的动物，也就是同祖旁系后裔，以此探索过渡情况，可能会发现传衍下来的没有发生变化或者变化很小的中间类型。不过，不同纲内动物的相同器官的发展过程，有时也能作为该器官的演化过程。

最简单的眼睛器官是由一根神经组成的，它的周围是色素细胞，上面覆盖着一层半透明皮肤，但是没有晶状体结构或者其他折光体结构。然而，根据乔登（M. Jourdain）的研究可知，还有更加低级的视觉器官，它是生长在肉胶质组织上的一团色素细胞构成的聚集体，尽管没有任何神经，但具有视觉器官的功能。这种非常简单的眼睛，只能分辨出明亮和黑暗，没有清晰的视觉。乔登说，对于某些海星而言，神经周围的色素层中有着小小的凹陷，里面填充着透明的胶状物质，表面凸起，像是高等动物的角膜，他认为这种结构仅仅能够聚集光线，而且容易感光，但是无法成像。光线的聚集是眼睛能够成像的一步，而且是非常重要的一步。因为只有裸露的感光神经末梢与聚光机构的距离适中时，才能够在它上面形成影像。在低等的动物中，感光神经末梢在身体的深部；而在某些动物中，它非常接近表面。

对于关节动物（Ariculata）这个大纲来说，人们所知道的最简单的视觉器官是一根感觉神经，它的周围是色素细胞。有时，这种色素会形成瞳孔，但没有晶状体结构或者其他光学结构。对于昆虫来说，复眼膜上的许多小眼变成了晶状体结构，而且这种视椎体中含有无比奇妙的神经纤维。不过，在关节动物中，这些视觉器官有着很大的区别，穆勒将它们分成了三个大类和七个亚类，除此之外，还有第四大类中的聚生单眼。

我们回忆一下上述介绍的内容，低等动物眼睛构造的变化之多、差异之大，还有繁多的中间类型；我们应该记得，现有生物与灭绝生物相比，数量是多么少，那么，一定会相信自然选择能够让一根简单的神经（即色素和透明膜覆盖的简单装置）逐步变化成关节动物具有的完善的视觉器官。

读者在阅读完这本书后会发现：只有用自然选择学说来说明变异，大量的事实才有圆满的解释。于是，我们只能相信，即使是像鹰的眼睛一样完美的构造，也是这样逐渐形成的，虽然我们不清楚具体的演化过程。曾经，有人反对这种说法，不仅要改进眼睛，还要将其保存下来，同时还要产生各种变化，他们认为自然选择无法做到这些。不过，就像我在描述家养动物时所说的，如果变异是逐渐的微小变化，无需认为它们是同时出现的。华莱士（Wallace）先生说，"假如晶状体的焦距过长或者过短，能够通过改善曲度或者密度来改进。假如曲度有偏差，光线无法汇聚在一点，只有加强曲度的整齐性，就能改善这种情况。因此，对于视觉来说，虹膜的收缩和眼肌的运动不是最重要的，它们仅仅属于完善眼睛演变过程中的某个阶段而已。"在动物界中，最高级的动物是脊椎动物，其中最简单的眼睛是文昌鱼的眼睛，仅仅包含一个透明皮肤小囊和一根带有色素的神经，此外就没有其他结构了。对于鱼类和爬行类来说，就像欧文所言，"屈光构造的变化范围是非常大的。"权威人士微尔和（Wirchow）认为，人类的晶状体结构也是在胚胎时期由表皮细胞聚集成的，处于囊状皮褶里面；玻璃体是由胚胎的皮下组织构成的；这是一个非常重要的情况。不过，如果想要正确地论述如此奇妙的眼睛的形成过程，一定要凭借理性，而不是想象。但是，我觉得这是十分困难的。因此，将自然选择的原理进行延伸时，我非常清楚为什么别人难以接受这个理论。

人们总是会将眼睛与望远镜进行比较。望远镜是人类智慧的结晶，经过长期的研究变得越来越完善。所以我们猜测，眼睛的形成也有一个相似的过程。这种推理是不是有些武断呢？我们能够认为"造物主"也是像人类一样用智力工作吗？假如我们一定要把眼睛和光学仪器进行比较，必须想象眼睛中有一层厚厚的透明组织，里面填充着液体，下面某些神经对光非常敏感。还要假设这层组织的各个部分的密度都在慢慢变化，结果导致各层的密度和厚度有所差异，各层之间的距离不同，各层的表面形状也在慢慢变化。我们还要假设，自然选择作用一直注意着这些透明层中的微小变化，并将不同条件下以任何方式产生的变异积累起来。我们还必须假设，这些被保留下来的变异动物能够大量增殖，直到新物种取代旧物种为止。对于现存的生物来说，变异会导致微小变化，繁殖能够使数量增加，而自然选择会挑选有利的变异。自然选择过程会持续千百万年，每年会对千百万个不同类型的个体产生作用，难道我们还会怀疑，这样逐渐形成的活的光学仪器会比不上玻璃仪器吗？"造物主"的作品会次于人类的作品吗？

过渡的方式

如果能够证明，任何复杂的器官不是由大量的、连续的、微小的变异积累来的，那么，我的学说就是错误的。不过，我无法找到这样的例子。显然，对于现有的许多器官来说，我们并不清楚它们的过渡类型。尤其对于那些孤立的物种而言，根据我的学说，它们曾经有过的过渡类型早就灭绝了。我们用纲内所有动物的共有器官为例，它们的形成时期一定在遥远的过去，此后，这个纲内的所有动物才慢慢变得完善。因此，如果想要探索该器官的形成过程，必须研究早已灭绝的古老原始类型。

如果我们想说，一种器官的形成无需经过过渡类型时，一定要非常慎重。在低等动物中，我们能够发现许多同一器官有着不同功能的实例。例如，对于蜻蜓的幼虫和泥鳅（Cobites）来说，消化道还具有呼吸功能和排泄功能；水螅（Hydra）能够将身体的内侧翻到外面来，用它的外表进行消化，用它的胃进行呼吸。原来具有两种功能的器官，如果某种功能有了优势，自然选择就会对该器官进行优化，从而将其原有的功能改变。我们知道，许多植物常常开出各种形态的花。如果只开一种性状的花，那么，该物种花的形状可能会突然发生变化。不过，同一个植株上开出的两种形状的花，可能是许多微小变化积累而成。在某些情况下，这些微小的变化依然在继续变化着。

此外，两种不同的器官，或者两种形态不同但具有同一功能的器官，能够在同一个体上发挥同一个功能，这是一个非常重要的过渡阶段。例如，鱼类用鳃呼吸水中的空气，而用鳔呼吸游离的空气。鳔被充满血管的许多隔膜分成好几个部分，由一个鳔管提供空气。我们再看植物界中的一个例子，植物有三种攀缘方式，螺旋状的缠绕、用龙须卷住支持物、形成气根。这三种方式常常出现在各种植物群中，但某些植物的个体同时具备两三种攀缘方式。在这些情形中，两种器官中的一种更容易改变，并逐渐变得完善。在这个过程中，由于另一器官的辅助，促使这个器官能够执行这个功能的全部任务，而另一个器官可能去执行不同的任务，否则会消失不见。

鱼类的鳔就是一个例子，因为它告诉我们一个重要的事实：原来用作漂浮的器官能够转化成有着不同功能的呼吸器官。对于某些鱼类来说，鱼鳔具有辅助听觉的功能。生理学家认为，鱼鳔与脊椎动物的肺是同源结构，或者非常相似。因此，鱼鳔已经逐渐转变成肺，也就是专门呼吸的器官。

根据这个观点推测，具有肺的脊椎动物来自于未知的原型动物，而这种原型动物有漂浮器官，也就是鳔。根据我借助于欧文对这些器官的描述得出的推论，我们便可以理解这个现象，为什么我们咽下的食物和饮料都会经过气管上的小孔，虽然那里有一种装置能够让声门关闭，但仍然存在掉进声门的危险。比较高级的脊椎动物的鳃早就消失了，然而通过它们的胚胎观察到，颈旁的裂痕和弧形的动脉显示了鳃的位置。也许，在自然选择的作用下，消失不见的鳃转化成了具有其他用途的器官。例如，兰度伊斯说过，昆虫的翅膀是由鳃气管逐渐演化而来。所以，对于这个大纲来说，曾经用来呼吸的器官可能慢慢转化成了飞翔的器官。

在研究器官的过渡问题时，一定要明白，器官的功能可能会发生变化。因此，我们来看这样一个例子，有一种蔓足类具有两块很小的皮褶，我把它命名为"保卵系带"，它可以分泌一种黏液，将卵牢牢地粘在带子上，一直到孵化。尽管蔓足类动物没有鳃，但它们的身体、卵袋表面、系带都具有呼吸的功能。藤壶科或者无柄蔓足类却不是这样，它们没有保卵系带，卵松弛地垂在袋的底部，用壳紧紧地包裹着。不过，在相当于保卵系带的部分有着宽大多皱的膜，连接着身体内的循环腔隙，所以博物学家觉得这样的膜有着鳃的功能。现在，我觉得没有人会质疑这一科中的保卵系带等同于那一科中的鳃的说法。其实，它们之间是慢慢转化形成的。因此，原来以保卵系带存在并具有轻微呼吸功能的两块小皮褶，自然选择促使它们的体积增大，并让黏液膜消失，把它们逐渐转化成了鳃。与无柄蔓足类相比较，有柄蔓足类更容易灭绝，假如所有的有柄蔓足类都灭绝了，谁会想到无柄蔓足类的鳃最初是用来保护卵不被冲出袋外的一种器官呢？

我们来看另一种过渡方式，它的实现依靠的是生殖器的提前或者延迟，这种过渡方式是美国的科普教授等人提出的。我们知道，有些生物在早期就能够生殖，也就是它们的特征完全发育成熟之前。如果某个物种中普遍存在过早的生殖能力，那么，该物种发育的成年阶段也许会消失。这时，如果幼体和成体的形态有着很大的区别，该物种的特征便会出现很大的变化。此外，许多动物进入成熟期之后，几乎还在不停地改变它们的特征。例如，随着年龄的增大，哺乳动物脑壳的形状有着很大的变化。在这一点上，穆利（Murie）博士曾经以海豹为例，讲述了许多显著特征。大家都知道，随着年龄的增加，鹿角分枝的数量一直在增多，而有些鸟类羽毛的颜色变得越来越鲜艳。科普（Cope）教授说，某些蜥蜴的牙齿形状随着年龄的增加有着巨大的变化。穆勒发现，甲壳类动物成熟之后，某些重要部分会出现新的变化。除此之外，我们还能列举许多例证，假如生殖年龄延迟了，该物种的性征便会发生变化，至少成年期的性征会改变。在某些情况下，发育前期和早期阶段会快速消失，这是绝对有可能的。不过，我无法断言，物种是否以这种突然的过渡方式发生过改进。然而，假如曾经出现过这种情况，那么，幼体与成体之间的不同，成体与老年体之间的不同，最初可能是慢慢形成的。

自然选择学说的特殊难点

尽管我们在判断任何器官无法由细微的、连续的过渡类型演化而来时，一定会非常慎重。不过，我们依然会遇到一些难点。

中性昆虫就是一个最严重的难点，与正常雄体和可育雌体相比，它们的构造有着巨大的区别。在下一章中，我们会详细讨论这个问题。鱼类的发电器官是另一个无法解释的难点，我们想象不出这些器官是怎样一步步形成的。其实，这一点都不奇怪，因为我们还不清楚它们的功能。电鳗（Gymnotus）和电鳐（Torpedo）的发电器官，主要作为防御工具，也许还可以用来捕食。不过，马泰西（Matteuci）发现，鳐鱼（Ray）的尾部具有相似的器官，只是产生的电量很少。当它被激怒时，这么少的电量几乎没有任何作用。麦克唐纳（Mc Donnell）博士观察到，鳐鱼头部的某个器官不会发电，但它与发电器官好像是同源器官。从它的内部构造、神经分布、对刺激的反应方式来说，这些器官类似于普通肌肉。需要强调的是，肌肉收缩时伴随着放电过程。拉德克利夫（Radcliffe）博士说："在静止时，电鳗发电器官的发电类似于肌肉和神经的充电过程，而电鳐的放电过程没有特别之处，仅仅是肌肉和神经放电时的一种方式罢了。"除此之外，我们无法给出其他的解释。现在，由于我们不清楚这些器官的功能，而且丝毫不知发电鱼类始祖的情况，在这种情况下断言，这些器官不是经过过渡类型慢慢形成的，未免太过草率。

乍看之下，这些发电器官好像给我们出了另一道难题，因为我们在12种鱼中发现了这些器官，有好几种鱼之间的亲缘关系非常遥远。对于同一个纲来说，具有相同器官但生活习性不同的生物，常常认为它们来自于同一个祖先。在同一个纲中，没有这一器官的生物被认为是长期不使用而丧失了，这是自然选择的作用。因此，如果这些发电器官是由原始祖先遗传而来，我们便会认为所有的发电鱼类之间都具有亲缘关系。不过，事实并不是这样，地质史料没有显示，大部分鱼类原来有发电器官，但变异之后失去了这种器官。不过，当我们深入研究这个问题时会发现：对于拥有发电器官的鱼类来说，发电器官在身体上的位置和构造有着很大的差异，就像是电板的排列组合一样，千变万化。根据佩西尼的说法，这些发电器官有着完全不同的发电过程和发电方法。最后，还有最重要的一点，这些发电器官的神经来源各异。因此，对于具有发电器官的鱼类而言，我们不能将它们的发电器官看作是同源的，只能说它们有着同样的功能。所以，我们不能认为它们来自于同一个祖先。果真如此的话，它们的各个方面都应该非常相似才对。于是，这个难题就解决了，因为虽然它们的表面相同，但它们来自于若干个亲缘关系很远的物种。剩下的是次要但也是难以解决的问题，那就是这些不同类群的鱼的器官是怎样一步步形成的呢？

对于属于不同科的几种昆虫来说，它们的亲缘关系非常遥远，它们身上的发光器官处于不同部位，在我们还不是非常了解它们时，就给了我们一个类似于鱼类发电器官的大难题。此外，我们还能列举一些相似的例子。例如，在植物中，有一个装置可以让一团花粉粒待在具有黏液的足柄上，在红门兰属

（Orchis）和马利筋属（Asclepias）中，它们的构造完全相同。不过，对于显花植物来说，这两属的亲缘关系非常遥远，类似的装置并不是同源的。在分类中亲缘关系比较远，但具有类似器官的结构中，虽然这些器官的形态和功能一样，但它们之间还是有根本不同。例如，头足类的眼睛类似于脊椎动物的眼睛，在系统发育上有着巨大区别的两类动物，不能认为它们的相似部分来自于同一个祖先。米瓦特（Mivart）先生说，这也是一个难点。不过，我没看出来这有什么困难。一个视觉器官是由透明组织构成的，还要有某种晶状体，将物体的影像投射到暗室后面。除了表面上的相似，乌贼和脊椎动物的眼睛之间没有其他的相似之处了。关于这一点，只要看过亨森（Hensen）先生关于头足类眼睛的研究报告就会明白。在这里，我不想详细解释，只是指明其中的不同之处。高级乌贼的晶状体是由两部分组成的，像是前后排列的两个透镜，与脊椎动物相比，这两部分的构造和位置有着很大区别。它们的视网膜也与脊椎动物的不同，主要部件的位置是颠倒的，眼膜内有一个巨大的神经节。肌肉之间的关系及其他特点也有很大的差别。于是，当描述乌贼和脊椎动物的眼睛构造时，难以把握术语的使用程度。当然，对于这两个例子而言，任何一个人都可以否认，完善的眼睛是自然选择对连续微小变异进行积累而形成的说法。不过，只要认为一种眼睛是由自然选择作用形成的，那么，另一种眼睛也是一样。根据这个说法可以预测，在结构上，这两类的视觉器官会体现出巨大的差别。在上述的事例中，自然选择保留下对生物有利的变异，还可以让不同的生物产生具有相同功能的器官，而这些器官不是来自于同一个祖先的遗传。

穆勒在验证这个结论的正确性时给出了非常相似的论据。虽然甲壳纲是由好几个科组成的，但仅仅含有几个物种，它们用来呼吸空气的装置能够适应水中的生活。其中，穆勒详细研究了两个科。这两个科有着很近的亲缘关系，各个物种的重要特征几乎相同。它们的感觉器官、循环系统、胃中毛丛的位置、呼吸的鳃、洗刷鳃的微钩等结构几乎一样。由此可知，两个科中的几个营陆生物种，它们的呼吸器官应该也是相同的。因为其他的重要器官都是相似的，难道呼吸器官的构造会有差别吗？

根据我的说法，穆勒认为构造上的相似是由遗传造成的。不过，上述两科中的一些物种，还有大部分甲壳动物都是水栖性的，所以它们的共同祖先不应该是呼吸空气的。于是，穆勒仔细检查了呼吸空气的物种的呼吸器官，发现在许多重要点上有着不同，例如呼吸孔的位置，开闭方式，附属结构，等等。如果这些动物是渐渐能够适应水外的空气生活的，那么，那些差异是可以接受的，甚至在预料之内。因为这些物种是不同的科，肯定有着一定的差异，而变异的性质与生物本身和生活环境有着密切关系，所以它们的变异有所不同。因此，如果自然选择想要让不同物种的呼吸器官具有相同的功能，必须对不同材料进行处理，由此产生的结构肯定不会完全相同。如果认为物种是分别被创造出来的，那么，所有的事实都难以得到解释。这个论证过程让穆勒接受了我的说法，有着很强的说服力。

著名的已故动物学家克拉帕雷德（Claparède）教授，运用相同的方式得到了相同的结果。他说，属于不同亚科或者科的寄生螨（Acaridae），身上都有毛钩。这些毛钩一定是分别发展来的，因为它们不会来自于同一个祖先的遗传；在不同的类群中，有着不同的来源，有的来自于前腿，有的来自于后腿，还有的来自于身体的附肢。

通过前面的事例得知，对于没有亲缘关系或者有着遥远的亲缘关系的动物来说，虽然外观相似的器官的起源不同，但它们的功能是相同的。另外，通过多种方式能够实现同一个目的，甚至是密切相关的动物也是一样，这个规律适用于整个自然界。鸟的羽翼和蝙蝠的膜翼，在构造上有着巨大差别；蝴蝶的四翅、蝇类的双翅及昆虫的鞘翅，在构造上更是千差万别。双壳类（Bivalve）的壳可以开开合合，但铰合的结构是各式各样的，从贻贝（Mussel）的简单的韧带一直到胡桃蛤（Nucula）的交错的齿。植物种子的构造非常奇妙，有的依靠荚转变成气球状进行传播；有的包裹在果肉中，凭借果肉的营养和鲜艳的颜色吸引鸟类吞食并传播；有的长有钩状物或者锚状物，或者是锯齿状，依附在兽类的皮毛上进行传播；有的长有性状各异的翅或者精妙结构的毛，随着微风飘荡，落到哪里就在哪里扎根。我要列举一个例子，说明不同的方法可以实现同一个结果。性别分离的植物或者两性植物，花粉无法直接落在柱头上，需要借助外力实现授精过程。这种外力有若干种，如果植物的花粉又轻又松散，可以依靠风力降落在柱头上，这是最简单的情况。另一种方法被许多植物采用，它们的花可以分泌一些花蜜，以此来吸引昆虫，让昆虫把花粉传递到柱头上。

这时，我们会发现，不同的植物为了实现同一个目的，以相似的方法形成了各种装置，导致花的各个部分都有了一定的变化。花蜜存在于花托中，雌蕊和雄蕊的形态有着很大变化，有时是陷阱状，有时能随着刺激发生巧妙变化。最近，克鲁格（Crüger）博士发现盔兰属（Corganthes）中的异常状况。这种兰花下唇的一部分向内凹陷成大水桶的样子，两个角状结构悬挂在它的上方，不断地分泌水滴，一滴滴地滴到水桶中；当桶内的水达到半桶时，便会从一边的出口流出来。唇瓣的基部位于水桶上方，凹陷成一个小窝，两侧分布着出入孔道，小窝内是肉质稜。即使是最聪明的人，如果他没有见过上述情况，他也想象不出这些构造的作用。曾经，克鲁格博士发现无数的大土蜂拜访这些兰花，但它们不是为了采蜜，而是为了食用小窝中的肉质稜；因此，常常会掉进水桶中。由于它们的翅膀被水浸湿，无法飞翔，所以只能从出水口或者孔道中爬出来。克鲁格博士见过许多次这样的情景：许多大土蜂洗完澡后，排着队慢慢爬出来。由于孔道非常狭小，上面是雌雄合蕊的柱状体，所以土蜂努力向外爬时，它会先遇到有着胶粘的雌雄柱头，然后遇到花粉块的粘腺。这样，当土蜂从孔道爬出时，花粉块便会粘在它的背上被带走。克鲁格送给我一朵浸泡在酒精中的兰花，上面有一只将要爬出孔道的土蜂，它的背上还粘着花粉块。当粘有花粉块的土蜂落到另一朵兰花上时，如果再次掉到水桶中，经过孔道往外爬时，背上的花粉块会与胶粘的柱头相遇，并把花粉留在柱头上，这样便完成了受精。现在，我们了解了兰花每个构造的作用，例如分泌水的角状体和盛着水的水桶，它们是为了阻止土蜂飞走，迫使它们只能从孔道离开，并让它们碰到黏性柱头和黏性花粉块，帮助花朵受精。

　　近缘的龙须兰属（Catasetum）的兰花，虽然花朵的作用相同，但构造有着一定的差异，也是非常奇妙的。蜂拜访它的花朵时，为的是食用花瓣；当它们采取行动时，便会遇到一根又细又长的感觉敏感的突出物，我将其命名为触角。触角被碰到之后，立刻将感觉（也就是振动）传输到一种膜上，该膜会破裂并释放出一种弹力，将黏性花粉块射出去，让其粘在蜂的背上。这种兰花属于雌雄异株，雄株的花粉块被蜂带到雌株的柱头上，柱头上的粘力将弹性丝扯断，让花粉留在柱头上实现受精。

　　有人可能会产生这样的疑问，通过上述事例，我们怎样看待为了实现同一个目的出现的分级步骤和各种方法呢？这个问题的答案就像前面所说：有着细微差异的两个类型在出现变异时，变异属性有着一定的区别，所以在自然选择的作用下，为了达到同一个目的所表现出来的结果也不同。我们需要注意，

113

高度发达的生物不一定是经过多种变化而来；而且变化之后的构造具有被保留的趋势，所以每个变异只会慢慢地变化，而不会轻易消失。因此，无论每个物种的各部分构造的功能怎样，都是许多遗传叠加在一起的结果。在这个过程中，该物种一直在适应不断变化的生活习性和生存环境。

最后，需要说明的是，在许多情况下，想要知道器官经过哪些过渡阶段变成了现在的样子，那是非常困难的。不过，由于现有的已知类型要比灭亡的未知类型少得多，因此人们很难确定某个器官没有经过过渡阶段。如同为了某种目的而出现的新器官，很少出现或者从来没有出现过。这是事实，正如自然史中那句古老的格言："自然界没有飞跃。"几乎所有的博物学者都认同这个说法，米尔恩·爱德华兹（Edwards）说："虽然自然界中的变异是慷慨的，但变革非常吝啬。"如果特创论是正确的，为什么会出现那么多变异，而真正的创新少之又少呢？既然许多生物是被独立创造出来的，以便它们能够适应不同的环境，为什么它们的许多器官被逐渐分化的步骤联系起来呢？为什么自然界不用飞跃的方式实现一种构造到另一种构造的变化呢？根据自然选择理论，我们能够明白为什么自然界中不会出现飞跃，因为自然选择的作用针对的是微小且连续的变异，从来不会使用跳跃方式，而是以稳定且缓慢的步伐前行。

自然选择对次要器官的作用

自然选择是一个适者生存，不适者淘汰的过程。这让我在分析次要器官的起源或者形成时，觉得非常困难；这个难度能够与解释最完美、最复杂的器官的起源问题相提并论，尽管这是不一样的困难。

第一，由于我们对各种生物的构造了解有限，无法判断什么变异是重要的或者不重要的。在上一章中，我曾列举了一些次要性状，如果实上的茸毛，果肉的颜色、兽类皮毛的颜色等。它们有的与体质差异相连，有的与是否受到昆虫的侵害相关，一定会受到自然选择的影响。例如，长颈鹿的尾巴看起来像是人造蝇拂，它的现有功能也是由细微变异积累而成，越来越便于驱赶苍蝇。不过，我们在下结论之前要认真思考，因为在南美洲，家畜等动物防御昆虫侵害的能力决定了它们的分布状况和生存环境。无论使用何种方法，只要能够抵抗这些昆虫的侵害，这样的个体就能慢慢扩大，并且取得一定的优势。实际上，蝇类无法将体型庞大的四足兽消灭（只有极少数的例外情况），只是不断地骚扰它们，让它们的体力下降，变得容易生病，或者在饥饿时无法快速找到食物，甚至难以躲避猛兽的袭击。

对于现有动物不重要的器官，也许早期对祖先非常重要。这些器官在变得完善之后，虽然现在的用途比较小，而且是以相同的状态进行遗传的；不过，它们出现趋向有害方向的变异，自然选择一定会产生抑制作用。当我们了解了尾巴对水生动物的重要性之后，便能理解为什么许多陆栖动物（陆生动物的肺和发生变化的鳔表明，它们来自于水栖动物）都有尾巴，而且有着不同的作用。水生动物的尾巴慢慢变得具有各种作用，如拂蝇器，执握器等；不过，在帮助野兔转身这一点上，尾巴没有什么作用，因为野兔的尾巴很短，但它能够迅速转身。

第二，我们有时会误以为某些性状非常重要，并且相信这些性状是由自然选择而来。我们一定要注意：生活条件变化引起的显著作用效果；与环境没有太大关系的自发变异的效果；重现早已消失性状倾向而出现的效果；复杂的生长规律（如相关作用、补偿作用、一部分对另一部分的压迫等）所产生的效果；最后是性选择带来的效果，这个选择能够让某个性别得到一些有利性状，并或多或少地传递给另一性别，尽管这些性状对它们毫无作用。不过，虽然这些间接性状起初对一个物种没有好处，但变异之后的后代可能会用到这些性状。

如果我们只知道绿色啄木鸟，而不知道黑色或者杂色的啄木鸟，我们会认为绿色是一种最好的适应，它隐藏起在树林间出没的鸟类，帮助它们躲避敌害；因此，我们会觉得绿色是一种重要性状，由自然选择作用获得；其实，这种颜色也许是由性别选择决定的。马来群岛有一种植物叫做藤棕榈（frailing palm），它的枝端生长着一种巧妙的刺钩，能够攀缘高耸的树木。对于这种植物来说，这个构造有着重要作用。不过，我们在许多非攀缘的树上也见到类似的刺钩，并且对于非洲和南美洲的生刺物种的分布情况来说，我们相信这些刺钩的主要作用是防御食草类动物。因此，藤棕榈的刺最初的作用是防御，后来该植物变异得具有攀缘性时，刺钩经过了改良而具有了其他作用。兀鹫（Vulture）头上的秃皮常常被认为是为了适应取食腐尸，这种说法可能是正确的，也可能是腐败物质造成的。不过，当我们进行任何推论时，一定要非常慎重，因为食用干净食物的雄火鸡（Turkey）的头部也有这样的秃皮。幼小哺乳动物头骨上的裂缝被认为是为了适应生产，显然这能够促使生产变得容易，也许是为了生产而来。不过，幼小的鸟类和爬行类来自于蛋壳，但它们的头骨上也有裂缝，所以我们推测这种构造来自于生长法则，后来才使用在高等动物的分娩中。

我们还不清楚微小变异或者个体差异出现的原因，我们只要思考一下家养动物之间的差异（尤其是文化落后的地区，那里很少出现有计划的选择）就会意识到这一点。未开化人所养的动物，常常为了生存进行斗争，而且在某种程度上受到自然选择的作用，那些构造上有差异的个体，在不同的气候下会获得很多的机会。牛对蝇类侵害的敏感性类似于对植物侵害的敏感性，与体色密切相关，所以颜色也会受到自然选择的影响。某些观察者发现，潮湿气候会对毛的生长产生影响，而角与毛密切相关。山区品种和低地品种有着很大的差异。山区动物常常使用后肢，所以对后肢的影响比较大，甚至会影响盆骨的形状。根据同源变异法则得知，也许会影响到前肢和头部。盆骨形状的改变会对子宫产生压力，这样可能会影响到胎儿的形状。我们知道，高地呼吸比较困难，这样会使胸部具有扩大的趋势；而胸部的增大会引起其他器官的变化。如果运动量少且食物充裕，对整个体制会产生重要影响；最近，那修西亚斯（H. Von Nathusius）在他著名的论文中说，这是导致猪的品种产生变异的重要因素。不过，由于我们对已知和未知的变异原因的重要性认识有限，所以无法详细论述。我这样说只是在表明，虽然认为家养品种来自于一个或者几个祖先，但如果我们无法弄清楚它们性状出现差异的原因，我们就不应该过分强调根本不清楚的真正物种之间的微小差异的成因。

功利说具有多少真实性：美是如何得到的

最近，某些学者对功利说提出了异议，对此我要解释几句。他们反对功利说所主张的构造上的每个细节都是为了生物本身的利益。他们相信，许多构造的形成是为了美，为了取悦人类或者"造物主"（"造物主"已经不在科学讨论的范畴之内），或者仅仅是为了表现新花样。在上文，我们已经讨论过这一点。如果这些理论是正确的，我的学说就无法成立。我相信，许多构造对现有生物已经没有什么作用，甚至对它们的祖先也没有产生过作用，但这并不能说明它们的出现是为了表现美观或者新花样。显然，环境变化产生的作用，还有前文所说的多种变异原因，无论能够得到什么利益，都会产生巨大的效果。不过，最重要的是，需要思考生物的主要部分来自于遗传。因此，虽然每种生物在自然界中都有自己的位置，但许多构造与现在的生活习性有着密切关系。所以，我们无法想象高原鹅和军舰鸟的蹼足有什么作用；猴子的手臂、马的前肢、蝙蝠的翅膀、海豹的鳍足具有相似的骨骼结构，我们不知道它们有什么特殊作用。我们相信，这些结构来自于遗传。不过，对于高原鹅和军舰鸟的祖先来说，蹼足有着重要作用，就像蹼足对现存水禽的作用一样。因此，我们推测海豹的祖先没有鳍足，而有五趾，利于行走或者抓握。我相信，猴子、马、蝙蝠的几根肢骨，最初在功利原则的作用下，可能是由该纲内的某种古代鱼型祖先的鳍内众多骨头演化而成。在外界环境的作用下，还无法确定自发变异和生长法则等引起变化的原因所占的比例。不过，除了这些重要例外，我们能够断言，无论是过去还是现在，每种生物的构造对于拥有者来说都有直接用途或者间接用途。

生物是为了取悦人类才被创造得非常美观的说法，曾经被断言可以推翻我的全部学说。我想说明的是，美的感觉是由心理因素决定的，与被鉴赏物的实质没有多大关系；而且，美的观念不是天生的，更不是一成不变的。例如，对于不同种族的男子来说，对女子的审美标准各不相同。如果说美的生物是为了取悦人才出现的，那么，在人类出现之前，地球上的生物远远没有人类出现之后美丽。这样说来，始新世美丽的螺旋形和圆锥形贝壳，第二纪（即中生代）出现的带有精美纹路的菊石，难道是为了让许多年后出现的人类观赏而提前出现的吗？硅藻的微小硅质壳非常美丽，难道它们也是早就出现了，以便供人们在显微镜下观赏吗？实际上，硅藻等许多生物的美丽，显然是因为它们是对称生长的。花是自然界中最美丽的东西，在绿叶的衬托下显得更加鲜艳，因此容易招惹昆虫。我是由于看到一个不变的规律才得出这样的结论，那就是风媒花从来都没有美丽的花冠。有多种植物常常开两种花，一种是张开且带有颜色，用来吸引昆虫；另一种是闭合且没有颜色，不会分泌花蜜，而且没有昆虫拜访。因此，我断言，如果地球上没有昆虫，植物就不会有美丽的花朵，仅仅剩下不美丽的花朵，就像枞树、栎树、胡桃树、榛树、茅草、菠菜、酸模、荨麻等开的花，它们都是依靠风媒授精。这种论点也适用于果实。成熟的草莓或者樱桃，既漂亮又爽口，卫矛的果实和枸骨叶冬青树的浆果都非常美丽，这是无法否认的事实。但是，这种美丽是为了吸引鸟兽吞食果实，以便将种子传播出去。只要是被果实包裹着的种子（即生长在肉质柔软的瓤囊中），假如果实是鲜艳美丽或者黑色夺目，都是以此传播种子的，这是我发现的规律，从未遇到例外情况。

从另一方面来说，我承认许多雄性动物为了美观变得越来越漂亮，例如美丽的鸟类、鱼类、爬行类、哺乳类，还有各种各样的蝴蝶等；但是，这是通过性选择得到的。也就是说，那是因为雌性喜欢选择漂亮的雄性个体，而不是为了取悦人类。同理，鸟类的鸣叫声也是一样。因此，我们得出结论：在动物界中，大多数动物都喜欢美丽的色彩和动听的声音。在鸟类和蝴蝶中，雌性和雄性都长得非常美丽，显然，这是性选择将色彩遗传给两性的原因。最简单的美感指的是，对于某种色彩、声音或者性状所具有的特殊快感，在人类和低等动物的心中，最初是怎样发展的呢？这个问题很难回答。如果我们再问，为什么某些香气和味道能够引发快感，而其他东西不会呢？这个问题同样难以回答。在这种情况下，习惯似乎发挥着某些作用；但是，在每个物种的神经系统的构造上，一定存在着某种原因。

在自然界中，虽然一个物种总是利用其他物种的构造来获得利益，但自然选择作用不可能让一个物种得到另一个物种的全部变异。不过，自然选择常常产生对其他物种有害的构造，例如蝮蛇的毒牙，姬蜂的产卵管（通过它可以将卵产在其他昆虫的体内）。如果能够证明某个物种的任何部分是专门为了另一个物种而出现的，那么，我的学说便会被推翻，因为自然选择无法产生这样的结构。在论自然史的著作中，有许多关于这种效果的论述，但我觉得每一个的分量都不足。响尾蛇的毒牙是为了保护自己和杀害猎物，但有些人认为，它的响器有着不利的一面，因为会让猎物提高警惕。其实，我不相信，猫跳跃起来准备逮捕老鼠时，尾端的蜷曲是为了让老鼠警惕起来。更加合理的说法是：响尾蛇的响器，眼镜蛇膨胀的颈部，蝮蛇在发出嘶哑的声音时将身体胀大，都是为了恐吓那些可能会进行攻击的鸟类或者兽类。蛇的这些行为类似于母鸡看见狗逼近自己的孩子时，将全身的羽毛竖起的做法。动物有许多方法将敌害吓跑，由于篇幅有限，无法详细论述。

自然选择不会让生物产生对本身弊大于利的构造，因为自然选择是依据各种生物的利益产生作用的。佩利（Paley）说：任何器官的形成都不是为了带给生物损害或者痛苦。如果认真地评价每个部分的利与弊，将会发现每个部分都有利。随着时间的推移和生存环境的变化，如果某个部分变得有害，这个部分就会发生变异，否则该生物就会灭绝，就像许多早已灭绝的生物。

自然选择只会让一种生物变得更加完善，有利于它与其他生物的竞争。我们发现，这是自然界中的完善准则。例如，新西兰的土著生物是相对完善的，但欧洲的动植物进入之后，不久就将它们消灭了。根据我的判断，自然选择无法产生绝对完善的物种，而自然界中也不存在这么高的标准。人类的眼睛已经是很完善的器官了，但穆勒说，它对光线收差的校正也有偏差。人们无法反驳赫姆霍尔兹（Helm holtz）的结论，他详细地描述了人类眼睛的奇异功能之后，说道："在这种光学机构和视网膜的影响中，同样存在不精确和不完善的情况。不过，这与我们所说的感觉领域中的不调和不同。可以这样说，自然界不断地积累矛盾，以此改变早已存在的和谐状态。"如果理性促使我们去赞美自然界中的伟大创造，那么，理性还会让我们明白，某些创造是不完善的，虽然我们常常在这两方面犯错误。例如，当蜜蜂将尾刺刺入敌体之后，上面倒生的小锯齿导致尾刺无法收回，所以会将自己的内脏扯出，导致自身的死亡。这样的结构能够称为完善吗？

我们假设蜜蜂的尾刺来自于祖先的一个锯齿状的器官，与大目中的许多蜂类一样，为了现在的用途出现了许多变异，只是不太完善。蜜蜂的毒汁最初有别的用途，例如产生树瘿，后来才慢慢变得强烈。这样一来，我们就会明白为什么蜜蜂使用自身的尾刺时会导致死亡。从整体来看，蜜蜂的尾刺对蜂群有利，尽管会引起少数个体的死亡，却能够满足自然选择的要求。某些昆虫有着奇异的嗅觉能力，雄虫能够凭此找到雌虫；蜂群中产生的数千只雄蜂只有生殖作用，对群体没有任何用途，日后会被勤劳但不育的工蜂杀死，对此也值得赞叹吗？也许，这个不值得赞叹。不过，我们应该钦佩蜂王的野蛮本能，这种本能促使她将刚刚出生的女儿们消灭，否则自己会在竞争中死亡。显然，这有利于蜂群的发展。无论是母爱还是母恨，都是符合自然选择原理的，尽管母恨非常少见。如果我们认为兰科等许多由昆虫授粉的花朵的构造是精妙的，那么，枞树产出的像白云一样的花粉随着微风飘荡，只有少数几粒能够落在胚珠上，难道这也是完善的结构吗？

提要：自然选择学说包含的体型一致律和生存条件律

在本章中，我们已经讨论了反对这个学说的一些难点和争议之处。其中，有一些相当严重，但我认为许多事实在谈论中得到了解释。根据特创论的观点，这些事实绝对无法解释。我们发现，在任何时期，物种的变异都是有限的，而且不是被无数中间类型连接在一起的。原因之一是：自然选择的过程非常缓慢，而且只是对少数类型产生作用；原因之二是：自然选择过程会不断地消灭亲种和中间类型。现在生活在连续地域的亲缘物种，大部分是这一地域还没有连接之前形成的。当两个变种出现在连续地域的两个地区时，常常会形成中间变种。不过，根据前文内容得知，中间变种的数量要远远少于它所连接的两个变种的数量。于是，由于两个变种的个体数量比较多，所以具有更大的优势，便会将中间类型消灭掉。

我们在本章已经说过，在断言具有极不同的生活习性的动物无法相互转换时，例如最初只能在空中滑翔的动物无法通过自然选择的作用转化为蝙蝠，一定要非常慎重。

我们明白，在新的环境中，一个物种常常会改变原有的习性，或者表现出多种习性，而有些习性与近种之间有着巨大差异。因此，只要我们记住，所有的动物都在努力使自己适应更广阔的生存空间，便能够理解长有足蹼的高原鹅，陆栖性的啄木鸟，具有潜水能力的鸫，以及拥有海雀习性的海燕。

如果说相当完善的眼睛结构是由自然选择作用形成的，这让人们难以相信；但只要我们明白任何器官都具有一系列的过渡形成，而每种形式对生物都是有好处的，那么，在生存环境发生变化时，这些器官在自然选择的作用下能够达到完善程度，这绝对不是无法实现的事情。当我们还不清楚是否存在过渡状态时，一定不能断言这些阶段不存在，因为许多器官的变异说明，功能上的奇妙变化也许会出现。例如，鳔转化成了用来呼吸的肺。具有不同功能的同一器官和具有一个功能的不同器官都有利于器官的过渡，前者的某一部分或者全部转化为执行一个功能，而后者的某个器官在另一个器官的帮助下变得更加完善。

我们发现，在自然系统中非常遥远的两个物种，具有同一功能而外部非常相似的器官，也许是独立形成的；不过，当仔细研究这类器官时，总会发现它们在构造上的本质区别，这体现了自然选择原理。另外，自然界的普遍规律是以各式各样的构造实现同一个目的，这也符合自然选择原理。

在许多情况中，由于我们的认识有限，便会认为生物的某个构造或者某个器官没有重要作用，其构造变化也不可能来自于自然选择作用的积累。在其他的情形中，变异也许是由变异法则或者生长法则造成的，所以与得到的利益没有关系。不过，在新的环境中，为了物种的利益，常常利用这些构造，并且要进一步变异，我们认为这是可信的。我们相信，以前非常重要的部分，虽然现在变得没有作用，但依然会被保留下来，例如水栖动物的尾巴依然存在于它的后代陆栖动物中。

自然选择作用无法让一个物种产生对另一个物种专门有利或者有害的构造，尽管它能够产生对另一个物种而言是不可或缺的，或者极其有害的器官或者分泌物。无论如何，该构造对该生物绝对是有利的。在充满生物的地区，自然选择通过生物之间的竞争发挥作用，让某些生物在竞争中获得优势。一般来说，较大地区的生物总是能够征服较小地方的生物，因为在较大的地区内，生物的个体数量比较多，形式也是多种多样，而且竞争激烈，所以完善程度比较高。自然选择作用不一定能够实现绝对完善，而我们的认识有限，根本无法判断什么是绝对的完善化。

根据自然选择学说，我们很清楚古代格言"自然界没有飞跃"表现出来的含义。如果我们只是意识到现有的生物，这一格言不是完全正确的；如果再加上过去已知和未知的生物，通过自然选择学说来看，这个格言才是完全正确。

一般来说，所有的生物都必须符合两大定律，那就是体型一致律和生存条件律。体型一致律指的是，对于同一纲的生物来说，无论它们的习性有何区别，但它们的构造很相似。根据我的学说，可以用遗传解释体型一致律。著名的居维叶（Cuvier）提出的生存条件，可以归纳到自然选择原理中。既然自然选择的作用能够让现有的生物适应其生存环境，那么，肯定能够让它们在过去适应那时的生活条件。在某些情况下，适应会受到器官使用过多或者不使用的影响，还会受到外界条件的作用，甚至一直在承受生长法则和变异规律的支配。其实，生存条件律是一个高级生存法则，通过原有的变异积累和遗传因素，它包含了体型一致律。

第七章　关于自然选择学说的各种异议

在这一章中，主要论述的是反对自然学说的各种异议，让前面的一些讨论变得清楚明了。不过，无需详细讨论每一个异议，因为有些是作者没有经过认真思考提出的问题。例如，德国一位著名的博物学家说，我的学说中最大的错误是：我认为所有的生物都是不完善的。其实，我想要说的是，对于生物的生存环境而言，它们都是不完善的。在世界上的许多地方，土著生物会被入侵者打败，恰好说明了这种情况。根本不存在那样的生物，过去能够适应生活环境，当生活条件变化之后，即使不发生变异也能适应新环境。大家都认为，任何一个地方的自然环境和生物种类都发生过多次变化。

有位批评家为了炫耀他在数学上的正确性而坚持，对于所有的生物来说，长寿都具有很大的好处，只要是承认自然选择学说的人就应该依据后代比祖先长寿的方式，对生物系统进行排列。这位批评家是否想到，对于两年生的植物或者低等动物来说，位于寒冷的地方时逢冬就死，但通过自然选择得到的种子或者卵子，却能够存活好长时间呢！最近，兰克斯特（Lankester）先生仔细研究这个问题，并进行总结说，在一般情况下，寿命与物种在自然体系中的等级有关，还与在生殖和日常活动中消耗的能量有关。而且，自然选择决定了这些条件。

有人抗议说，几千年以来，埃及的动植物一直没有出现变化，于是推测世界上其他地方的动植物也是一样。不过，刘易斯（Lewes）说，这种推论太武断了。通过出现在埃及石碑上或者保留下来的干尸状的古代家畜得知，它们与现存的家畜非常相似，甚至相同；然而，博物学家觉得，这些品种来自于原始类型。冰河时期之后，许多动物没有发生变化，这是一个强有力的事实，因为它们曾经遭受过气候的巨变，并且进行长途迁徙。据我们所知，埃及数千年来的生活条件始终没有发生变化。冰河时期以后生物很少变化或者没有变化的事实，虽然能够用来反驳那些相信天生发展规律的人们，但无法用来反驳自然选择学说。这个学说指的是,自然选择会保留有利变异或者个体差异,但这种情况只会出现在有利的环境中。

著名的古生物学家布朗将这本书翻译为德文之后,在后面提出一个问题:"根据自然选择原理,一个变种如何与亲种一起生活呢?"假如两者都能适应有着少许变化的生存环境,也许能够在一起生活。我们先不讨论多态种(变异性具有特殊性质)和暂时性的变异(如个体大小、白化症等),据我所知,稳定变种一般会生活在不同的地方,例如高地、低地、干地、湿地等。那些流动性大、自由交配的动物变种,常常生活在不同地区。

布朗认为,不同物种在许多方面有着区别,而不是单一性状上。于是,他产生了这样的疑问,变异和自然选择怎样同时改变体制上的多种构造呢?不过,我们不必想象每个生物的各个部分是同时发生变化的。我们在前文说过,有着良好适应性的显著变异可能是连续变异的积累。它们是微小变异,开始时作用于一部分,然后作用于另一部分,以此进行下去。由于这些变异是同时传递,所以看起来像是同时发生的。不过,我们最好用家养动物回答上述问题,它们是为了满足人类的某种需求,在人工选择下逐渐形成的。例如赛跑马和拉车马,细腰猎狗和獒,不仅它们的身躯发生了变化,心理特征也改变了。不过,如果我们能够发现它们的变化过程(至少能够查出最近的几个步骤),我们不会找到巨大变化或者同时变化,只能看出首先是这一部分的微小变化,然后是另一部分的改进。当人们选择某种性状时(如栽培植物),我们会发现,无论是花、果实或者叶子发生了很大变化之后,其他部分也会出现微小变异。这可以用"相关生长"和"自发变异"来解释。

布朗和布罗卡(Broca)共同提出了更加严重的异议,那就是对于生物本身而言,许多性状没有作用,所以自然选择无法影响这些性状。布朗列举了一些例证,如各种山兔的耳朵和尾巴的长度,多种动物牙齿上珐琅质的皱褶等多种相似情况。奈格利(Nageli)在一篇精彩的文章中讲述了植物的情况。虽然他不否认自然选择的作用,但他认为各科植物之间的差异主要体现在形态性状上,而这类性状在植物的利益上没有什么作用。于是,他相信生物存在着一种内在力量,驱使着它不断地进行完善。他强调,自然选择作用不会影响组织中的细胞排列和茎轴上的叶子排列。此外,同样不会影响花的数目、胚珠的位置、种子的形状等。

上述异议很有分量。虽然如此，但我们要谨记：第一，当我们判断一种构造对现有生物或者以前生物是否有用时，一定要非常谨慎；第二，当一部分发生变化时，其他部分也会发生变化，尽管不知道为什么会这样。例如，某个部分养料的流失或者增加，各个部分之间的压迫作用，先发育对后发育的影响等。为了简单起见，可以认为生长律中包含了这些作用；第三，我们必须考虑生活条件的变化引起的作用，以及自发变异产生的作用。对于自发变异来说，环境的作用是次要的。芽变就是自发变异的一个例子，如蔷薇上出现的苔蔷薇，桃树上出现的油桃等。这时，如果我们想到昆虫类的一滴毒液便可以产生树瘿，我们将会怀疑上面的变异不是环境引起的，而是树液性质发生变化造成的说法。无论是微小的个体差异，还是偶然出现的明显变异，一定都是有原因的。如果这种原因继续发挥作用，该物种的所有个体也许都会产生类似变异。

由此可知，在这本书的最初几个版本中，低估了自发变异的重要性及其出现的频率。不过，我们不能将每个物种构造的所有变化都归纳到这个原因上。在没有进行人工选择之前，赛跑马和细腰猎狗已经让许多博物学家感到诧异，我觉得无法用自发变异解释这一点。

上述的某些论点，可以通过例子进行说明。在假设的许多构造或者器官缺乏功用的这个问题上，无须多说，高等动物中的许多构造非常发达，没有人会质疑它们的重要性。不过，它们的作用至今还不清楚，或者最近才有了些许了解。布朗列举了一些鼠类的耳朵和尾巴的长度的例子，虽然它们在构造上没有特殊功能却表现出了差异。尽管不是非常重要的例子，但根据薛布尔（Schobl）博士的研究得知，普通鼠的耳朵上的许多神经是以特殊方式分布的，显然它们可以当作触觉器官使用。因此，耳朵的长度有着重要作用。我们发现，对于某些动物来说，尾巴是非常有用的把握器官，所以长度会对它的功能产生影响。

奈格利的文章已经讲述了植物的情况，我只是进行一下说明。人们认为兰科的花有着多种奇妙构造。几年前，人们认为这是形态上的不同，没有什么特殊功能。现在，人们知道这些构造在昆虫的帮助下，对受精有着重要作用，也许是通过自然选择得到的。以前，人们不知道二型性植物和三型性植物的花的区别，现在已经非常清楚了。

在植物界中，有些类群的胚珠是直立的，而有些类群的胚珠是倒挂的，甚至有些独特的植物，同一个子房内的胚珠一个是直立的，而另一个是倒挂的。乍看之下，仅仅是形态上的不同，在生理功能上没有差别。不过，胡克博士说，在同一个子房中，有的是上方胚珠受精，有的是下方胚珠受精。他认为，这是由花粉管进入子房的方向决定的。

许多不同目的某些植物常常会开两种花：一种是普通结构的开放花，另一种是关闭的不完全花。有时候，这两种花的结构有着巨大差异，然而在同一植株上可以看出，它们是慢慢转化而成。一般来说，普通的开放花能够异花受精，并且体现了异花受精的好处。不过，关闭的不完全花也很重要，因为它们只要有少量的花粉就能够产生大量的种子。如上所说，这两种花的结构有着差异。不完全花的花瓣发育不完全，花粉粒的直径也比较小。在桂芒柄花（Ononis columnae）中，5本互生雄蕊完全退化。在堇菜属（Viola）的几个物种中，3本雄蕊退化，剩余的2本非常小，但依然保持着原有功能。一种印度堇菜（由于我没有见过它的完全花，所以不知道它的学名）有30朵花，其中6朵花的萼片从原有的5片退化成了3片。米西厄（Jussieu）发现，金虎尾科（Malpighiaceae）中的某些物种，关闭花出现进一步变化，与萼片对生的5本雄蕊完全退化，仅仅剩下与花瓣对生的6本雄蕊；在这些物种的普通花中，没有这种雄蕊，花柱的发育不完全，子房从原有的3个退化成了2个。尽管自然选择作用能够抑制某些花的开放，并减少闭合花中的花粉量，但难以决定上述所说的各种特殊变异，应该认为它们受到生长规律的支配。当花粉减少或者花闭合时，生长律还包括某些部分在功能上的不活动。

为了表明生长律的重要性，我用一些例子证明同一部分或者同一器官，由于位于同一植株上的位置不同而有所差异。萨奇特（Schacht）发现，西班牙栗树和某些冷杉树的叶子，在接近水平线的枝条和竖直的枝条上，分杈的角度有着差异。在普通芸香等植物中，中央的花或者顶端的花开得比较早，萼片和花瓣都是5个，子房同样是5室，而其他部分的花都是由4数构成的。对于英国的五福花属（Adaxa）来说，顶花中有2个萼片，而其他部分的花是4数，周围花只有萼片是3，其他部分都是5数。许多菊科（Compositae）和伞形花科等植物，中央花的花冠远远没有周围花的花冠发达，这可能与生殖器的退化密切相关。前文还说过一件奇妙的事情，那就是中央和外围的瘦果和种子的形状、颜色等性状有着很大的差异。在红花属（Carthamus）和某些菊科植物中，只有中央的瘦果有冠毛；在猪菊苣属（Hyoseris）中，同一头状花序上有着三种形状的瘦果。陶施（Tausch）说，在伞形科的某些植物中，中央花的种子倒生，而外花的种子直生；德康多尔认为，对于其他物种来说，这个性状在分类上有着重要作用。布朗（Braun）教授发现，在紫堇科的某个属中，穗状花序下部的花形成卵形的、有棱的、带有一粒种子的小坚果，而上部的花形成针形的、2个萼片的、带有2粒种子的长角果。对于这几种情况来说，除了能够吸引昆虫的小边花，自然选择没有发挥作用，或者仅仅起到了微小作用。各部分的相对位置和相互作用引起了这类变异。无疑，如果同一植株上的所有花和叶子，享受到的内外条件都相同，那么，它们将会出现相同的变化。

我们发现，某些植物学家认为有着重要意义的结构变异，常常出现在同一植株的某些花上，或者同一环境中密集生长的多个植株上。对于植物来说，由于这些变异没有特殊作用，所以自然选择不会对它们产生影响。由于我们不知道形成这些变异的原因，所以不能将它们归类。接下来，我们来看几个例子。同一植株上常常见到开着4数或者5数的花，所以不必举例。不过，当花的部件数目非常少时，数目上的变化非常罕见，我们来论述一下。德康多尔发现，大红罂粟（Papaver bract-ea-tum）的花有些是2个萼片和4个花瓣（普通类型），而有些是3个萼片和6个花瓣。对于许多植物来说，花瓣在花蕾中的折叠方式属于稳定的形态学性状，但阿沙·格雷教授说，沟酸浆属中的某些物种，类似于喙花族和本属的金鱼草族的方式的几率一样大。希莱尔（Aug. St. Hil-aire）列举了这样的例子：芸香科（Rutaceace）的子房是单一的，而本科的花椒属（Zanthaxylon）中某些物种的花，在同一植株上，甚至是同一圆锥的花序上，有的是一个子房，而有的是两个子房。半日花属（Helianthemum）的蒴果，有的是1室，而有的是3室；变形半日花（H. mutabile）的"果皮和胎座之间有一个薄隔"。马斯特斯（Masters）博士发现，肥皂草（Saponaria afficinalis）的花有的是边缘胎座，有的是游离的中央胎座。希莱尔在油连木（Comphia oleaeformis）分布区的南端找到了两种类型，他起初认为是两个不同的种，后来发现它们生长在同一个灌木上，他便说："同一植株上的子房和花柱，有的长在直立的茎轴上，有的长在雌蕊的基部。"

由此可知，许多植物在形态上的变化与自然选择无关，可以认为是生长律和各个部分之间的相互作用引起的。不过，奈格利认为，生物的内在力量驱使着它不断完善或者进步，那对于变异来说，这些植物是否向着更高的状态发展呢？相反，仅仅从同一植株上的各个部分有着巨大差异的事实便可推断，无论这类变异在分类上多么重要，但对于植物本身毫无重要性。如果得到了一个无用部分，绝对不能认为植物在自然界中的等级提高了。上面所说的闭合的不完全花，它不是进步，而是一种退步；许多寄生或者退化的动物都是一样。虽然我们不清楚引起上述各种变异的原因，但如果这种原因一直在发挥作用，我们可以推测，它引发的结果大概是相同的；在这种情况下，该物种的所有个体全部以相同的方式进行变异。

如果上述性状产生的变异对物种的生存无关紧要，那么，自然选择不会积累这种变异。一种经过长期选择得到的结构，只要对物种没有作用时，便很容易进行变异。正如我们熟知的残迹器官，因为原来的力量已经不再对它产生作用。不过，如果环境的变化产生了对物种无关紧要的变异，这些变异常常以原来的状态遗传给已经发生变异的后代。对于大部分的哺乳类、鸟类或者爬行类来说，是否长有毛、羽或者鳞不是非常重要；然而，几乎所有的哺乳动物都有毛，鸟类都有羽，而真正的爬行类都有鳞。无论一种构造是什么结构，只要它是许多近似动物都有的，我们就会认为它在分类上相当重要，往往误以为它对物种来说有着生死攸关的作用。因此，我认为，我们所以为的形态上的重要差异，例如叶子的排列，花或者子房的不同，胚珠的位置等，最初出现的大部分是不稳定变异，后来受到生物性质和周围环境的影响，或者不同个体之间的作用，逐渐变得稳定下来。不过，这不是自然选择造成的。由于这些形态不会对物种的利益产生影响，所以它们的细微变化不会受到自然选择的作用。于是，我们得出奇怪的结论：对于生物来说不重要的性状，对分类学家有着重要意义。不过，我们在论述分类的遗传学原理时会发现，它不像看起来那样矛盾。

尽管没有足够的证据证明，生物具有超前发展的内在趋势，但就像我在第四章中所说的，这是自然选择连续作用形成的。生物各个部分特化或者分化的程度能够表明生物的高低标准，而自然选择促使各个部分不断分化或者特化，让各个部分更好地行使自己的功能。

最近，杰出的动物学家米瓦特先生将别人反对自然选择学说的异议整理起来，并用高超的技巧进行解释。经过整理之后，那些异议形成了一个巨大的阵容，由于米瓦特先生没有将反对他的结论的事实和推论列举出来，所以读者要根据双方的证据自己推理，这是一件很难做到的事情。当讨论特殊情况时，米瓦特先生没有分析生物的各个部分常常使用或者不使用会产生什么效果，但我认为这一点非常重要，并在我的作品《家养条件下的变异》中进行了详细论述。同时，米瓦特先生常说，我忽略了与自然选择无关的变异。相反，在上述一书中，我搜集了许多这样的例子，比我所知道的任何著作都多。虽然我的论断不一定正确，但将米瓦特先生的书与我的作品进行比较之后，我更加相信本书的结论具有普遍性。当然，在复杂的问题上，难免会出现一些小差错。

米瓦特先生所说的异议，有些已经讨论过，有些会在本书中进行讨论。其中，让许多读者产生共鸣的观点是："自然选择无法解释有些结构的最初阶段。"这个问题类似于常常伴随着机能变化的性状的级进变化。例如，前文所说的鳔转化为肺。虽然如此，我还是想详细讨论一下米瓦特先生所说的问题。由于篇幅有限，我只是讨论几个代表性问题，不能一一讨论所有问题。

长颈鹿有着高挑的身躯，长长的脖子、前腿、舌头，它的构造有利于在较高的树枝上取食。因此，与同一地区的其他动物相比，它能够得到更多的食物。在饥馑时期，这对长颈鹿有着很大的帮助。南美洲的尼亚塔牛（Niata cattle）的状况表明，构造上的微小差异，在饥馑时期也会对物种的生存产生重要影响。与其他牛一样，这种牛也很喜欢吃草，由于它的下颌突出，遇到连续干旱季节时，无法像其他牛一样食用树枝或者芦苇等食物，只能等着主人喂食，否则便会死亡。在讨论米瓦特先生的异议之前，我们先来讲述一下自然选择是怎样产生作用的。人类已经将某些动物改变了，但并没有思考它们构造上的特性，例如在选择赛跑马和细腰猎狗时，仅仅保留跑得最快的个体，并进行繁殖；关于斗鸡，只是保留胜利者并繁殖。在自然状态下，对于初始阶段的长颈鹿也是这样选择，饥馑时期来临时，自然选择会保留身躯比较高的个体，因为它们能够得到高处的食物。对于同一物种的不同个体来说，它们身体各个部分的长度往往有着微小差别，许多自然史的著作中都提到了这一点，并且给出了详细的数据。由生长律和变异律引起的这些微小差异，对于大多数动物无关紧要。不过，这对初始时期的长颈鹿非常重要，因为那时的生存环境比较恶劣，身体上的某些优势能够让它们存活下去。存活的个体进行交配，后代也许能够得到同样的身体特征，也许以相同方式再次变异。在这些方面，无法适应的个体便会灭亡。

在自然状态下，自然选择具有优胜劣汰的作用，将优良个体保存下来并让它们交配，而把劣质个体消灭掉。自然选择长期发挥作用，类似于我所说的人工无意识的选择过程，并且与促使肢体增强的遗传效应相结合，我认为可以将有蹄类慢慢转化为长颈鹿。

关于这个结论，米瓦特先生有两点异议。第一：身体的增大以食物供应的增多为提前条件。他说："在饥馑时期，这个不利是否能够抵消所得的利益，这是一个难题。"不过，现在非洲南部的确有许多长颈鹿，那里还有世界上最高的羚羊，比牛还要高。那么，在体形大小上，我们还有必要考虑经历过饥荒的中间过渡类型生存在哪里吗？当长颈鹿的体形增高时，它就能够食用当地蹄类无法取食到的东西，这就是一个优势。我们还要注意，身体的增大能够防御各种猛兽（狮子除外）。即使是防御狮子，长颈鹿的脖子也是越长越好，正如赖特（Wright）所言，可以用作瞭望台。贝克（Baker）爵士说，如果要偷偷地靠近长颈鹿，比靠近其他任何动物都要困难得多。长颈鹿可以用长颈猛烈摇晃自己的头，当作攻击工具或者防御工具。一个物种的生存能力是由大大小小的所有优势决定的，而不是某一个优势。

米瓦特先生的第二个异议是，如果自然选择的理论这么强大，如果高处取食有这么多的好处，那么，为什么只有长颈鹿及稍微矮一些的骆驼、羊驼（guanaco）、长头陀（macrauchenia）有长长的脖子和高大的身材，而其他动物没有呢？想要回答这个问题并不难，因为曾经有许多长颈鹿在南美洲生活，而且可用实例进行解释。在英格兰，只要草地上有树木，我们到处能够见到修剪得整整齐齐的矮树枝茬，它们是被牛或者马吃过剩下的。例如，在那里生活的绵羊，如果由变异得到了比较长的颈，它会具有何种优势呢？在任何一个地方，总有一种动物要比其他动物更容易获得高处的食物，而且这种动物在自然选择的作用下，颈会慢慢变长，以便能够获得更高处的食物。在南非洲，为了食用金合欢等植物上层的枝叶，所出现的竞争是在长颈鹿之间，而不是长颈鹿与其他动物之间。

对于世界的其他地方来说，为了实现这个目的，许多动物为什么没有出现长颈，这个问题难以回答。然而，如果想要清楚回答这个问题，正如希望弄清楚为什么某些历史事件是发生在这个国家而不是发生在另一个国家一样，这是毫无道理的。我们并不清楚决定物种分布的条件，也不清楚什么构造对它的增殖是有利的。不过，我们大体能够推测出影响长颈变化的因素。当蹄类动物想要取食高处的枝叶时，由于它们的结构难以爬树，所以只能增加身躯的高度。在某些地方，例如南美洲，尽管草木茂盛，但很少出现大型四足兽。在南非洲，大型兽的数目非常多。为什么会这样，我们并不清楚。与现在相比，第三纪后期对它们的生活更有利，我们也不知道原因。无论是什么原因，我们清楚，某些地区或者某些时期要比其他地区或者其他时期，更有利于四足兽的发展。

某种动物为了获得特殊结构，并取得巨大进步，其他部分也会发生相应的变异。尽管身体的各个部分都会出现变化，但必要部分不一定总是朝着适当方向变异。对于各种家养动物来说，我们知道：它们身体上的各个部分的变异程度不同，某些物种比其他物种更加容易变异。即使产生了变异，自然选择也许不会对它们产生作用，并形成有利于该物种的结构。例如，如果一个物种的个体数量是由肉食动物或者内外部的寄生虫等决定的（常常出现这种情况），那么，该物种在取食构造上的变异便会受到自然选择作用的阻碍。由于自然选择是一个缓慢过程，所以有利条件长期作用才会产生显著效果。除了这些理由之外，我们的确无法解释为什么世界上的有蹄类没有获得很长的颈来取食高处的食物。

许多人都想到了具有上述性质的问题。在各种情形中，除了上面所说的原因之外，也许还有其他原因会阻碍以自然选择作用获得对生物有利的变异。一位作者说，为什么鸵鸟不会飞翔呢？不过，只要略微思考便会明白，如果让这么庞大的鸟类在空中飞翔需要的力量，需要多少食物来提供呢。海岛上有蝙蝠和海豹，但不存在陆栖的哺乳动物。不过，这些蝙蝠有的是特殊物种，它们在很久之前就居住在海岛上。因此，莱伊尔爵士曾说，这些海豹和蝙蝠为什么不能让岛屿上出现有利于陆地生物的环境呢？还找了一些理由进行回答。不过，如果可以的话，海豹会转化为陆栖性食肉动物，而蝙蝠则转化为陆栖性食虫动物。对于海豹来说，岛上缺乏被捕对象；对于蝙蝠来说，可以找到地面上的昆虫作为食物，但在此之前，它们早就被迁徙到岛上的爬行类和鸟类消灭了。在特殊情况下，自然选择会使构造产生级进变化，而且每个阶段都有利于动物的发展。一种真正的陆栖动物起初会在浅水中猎捕食物，然后慢慢地进入小溪或者湖泊，最后才会进入大海转变为水栖动物。不过，在海岛生活的海豹无法找到慢慢转变为陆栖动物的环境。对于蝙蝠来说，如同前面所述，它们翅膀的来源，也许像是所谓的飞鼠，从一棵树上滑翔到另一棵树上，以此躲避敌害，或者不让自己摔落。然而，只要获得了真正的飞翔能力，就不会退化为空中滑翔能力。也许，蝙蝠可以像其他鸟类一样，翅膀在不使用的情况下越来越小，甚至完全消失；但是，在这种情况下，它们必须能够使用后腿在陆地上快速奔跑，以便与鸟类或者其他陆地动物竞争；然而，这种变化对蝙蝠有害。上述推测仅仅为了说明，构造的变化要有利于每个阶段，确实是一件难以实现的事情；同时，对于一个特定的事例而言，构造没有发生变化毫不奇怪。

最后，许多作者说，既然智力的发展有利于所有生物，为什么有些动物的智力远远高于其他动物呢？为什么猿类的智力没有像人类的那么发达呢？虽然可以说出很多理由，但都是推测的，而且无法测量它们的相对性，所以不进行比较。我们不要期待出现确切答案，因为有个比它更简单的问题还没有解决，那就是对于西族未开化人来说，一族文明为什么要比另一族高，这体现了智力的发展。

我们看看米瓦特先生的其他异议。昆虫为了更好地保护自己，所以让自己类似于许多物体，例如绿叶、枯叶、枯枝、地衣、花朵、棘刺、鸟粪，甚至是其他活着的昆虫，我们以后会讨论最后一点。这种相似的程度很高，不仅体色相同，而且形状、姿势也一样。食用灌木的尺蠖，常常翘起身子一动不动，看起来像是一根枯枝，这是模拟的最佳事例。不过，模仿鸟粪的例子很少见，比较特殊。关于这一点，米瓦特先生说："根据达尔文的学说，生物具有不定变异趋势，由于初始的微小变异是多方向的，那么，这些变异可以相互抵消，并且出现不稳定变异。假如这是真的，那么怎样解释，初始的微小且不稳定变异逐渐发展为类似于叶子、竹子及其他物体，并且通过自然选择能够长久保存呢。"

不过，对于上述情况来说，昆虫的原始状态往往类似于它们所生活的环境中的某种常见物体。在综合考虑了昆虫的颜色、形态、周围物体之后，这种说法非常可信。初始时，这种大体相似性很有必要，所以我们便能明白，某些较大或者较高等的动物（据我所知，有一种鱼是例外情况）为了保护自己没有与一种特殊动物相似，而是与周围表面相似，尤其是颜色。如果有一种昆虫，起初偶尔会出现类似于枯叶或者枯枝的例子，并且在许多方面有了微小变化，那么，对于这些变异来说，只有能够让这种昆虫更像枯枝或者枯叶的才能保存下来，而其他变异会慢慢消失。如果某些变异让昆虫远离被模仿的物体，最终会被消灭掉。关于上述相似性，假如我们用不稳定变异来解释，而忽略自然选择的作用，那么，米瓦特先生的异议很有力量，但事实不是这样。

华莱士先生发现，一种竹节虫（Ceroxylus laceratus）看起来像是"一根长满鳞苔的棍子"，这种类似非常逼真，当地的带亚克（Dyak）人认为上面的叶状赘生物是真正的苔。米瓦特先生无法解释这种相当逼真的拟态。对此，我不觉得有何奇怪。捕食昆虫的鸟类或者其他天敌，它们的视力非常敏锐，所以如果昆虫的拟态能够瞒过敌害的眼睛的话，便很有可能保留下来。因此，这种拟态越是完美，对昆虫的帮助越大。思考一下，竹节虫这类昆虫的变异性质，或多或少地具有绿色特征，这是很有可能的。对于每个类群的生物来说，物种之间的不同性状最容易发生变异；而属的性状最稳定，也就是该属各个物种之间的共有性状。

在世界上，格陵兰鲸鱼是最神奇的动物，它的鲸须和鲸骨最独特。鲸须在上腭两侧，各有一行，每一行大约是300片，对着嘴的长轴紧密排列着。在主行须片之内，存在一些副行。所有须片的末端和内缘都有硬的须毛，覆盖着巨大的颚，具有滤水功能，由此得到它们赖以生存的微小动物。格陵兰鲸鱼的须片能够长达10英尺，甚至是15英尺。对于不同物种的鲸来说，须片的长度有所差异。斯科雷斯比（Scoresby）说，有一种鲸鱼的中间须片是4英尺，还有一种是3英尺，甚至有一种是18英寸。对于长吻鲲鲸来说，长度大约是9英寸。随着物种的不同，鲸骨的性质有所不同。

米瓦特先生在谈论鲸须时说，只有它"达到有用大小和发展程度时，自然选择才会在有用范围内保存，并逐渐增大。不过，这个范围的开始状态是怎样的呢？"在回答这个问题时，我们是否可以考虑鲸鱼早期的嘴，为什么不是像鸭嘴兽一样具有栉片状呢？鸭与鲸鱼非常相似，将泥和水过滤后取食，所以这一科还被叫做筛口禽类（Criblatores）。希望不要对我的说法产生误解，认为鲸鱼祖先的嘴的构造类似于鸭子的嘴。我只是想说，这是非常奇特的。也许，格陵兰鲸鱼的巨大须片是由栉状片慢慢发展而来，每一步发展对动物都是非常关键的。

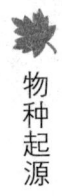

　　与鲸鱼的嘴相比，琵琶嘴鸭（Spatula clypeata）的构造更加奇特。根据我的观察，它的上颌两侧各有一行栉状结构，每行包含188枚弹性很强的薄栉片。这些栉片排列成尖角形，从颚生出，凭借一种韧性膜依附在颚的两侧。中央的栉片最长，大约是1/3寸，边缘下方的大约是0.14英寸。基部是一些斜着的横排隆起，组成了一个短副行。在这几方面上，类似于鲸鱼的鲸须。但是，鸭嘴的端部有着很大区别，因为鸭嘴的栉片向内倾斜，而不是像鲸鱼一样垂直向下。琵琶嘴鸭的头部无法与鲸相比，但与有着9英寸长的须片、中等大小的长吻鲲鲸相比，大约是它头部长度的1/18。如果将琵琶嘴鸭的头部放大到鲸头那么大，它的栉片长达6英寸，大约是鲸须长度的2/3。琵琶嘴鸭的下颌存在栉片，长度约等于上颌，但细一些；这与鲸鱼的下颌有着很大区别，因为鲸鱼的下颌不存在鲸须。另外，它的下颌的栉片顶端磨损成为细须状，类似于鲸须。海燕科中的锯海燕属，它的上颌长有发达的栉片，伸展到颌缘下面，在这一点上，这种鸟的嘴类似于鲸鱼的嘴。

　　萨尔文（Salvin）先生的资料显示，关于滤水取食的变化，从高度发达的琵琶嘴鸭的嘴的构造，经过湍鸭（Marganetta armata）和鸳鸯，追溯到普通家鸭，其中没有出现间断，与琵琶嘴鸭的栉片相比，家鸭的要粗糙一些，并牢牢地依附在颌的两侧，每一侧约有50枚，延伸到嘴缘的下部。它们的顶端是方形，边上是半透明的坚硬组织，具有磨碎食物的功能。在下颌的边缘上，有着许多微微隆起的小细棱。作为过滤器而言，虽然这种嘴比不上琵琶嘴鸭的嘴，但我们非常清楚，家鸭常常用它滤水。萨文尔先生说，还有一些物种的栉片没有普通鸭的发达，但我不知道它们是否具有滤水作用。

　　现在，我们讨论一下此科内的另外一类动物。埃及鹅（Chenalapex）的嘴类似于普通家鸭的嘴，但它的栉片比较少，也不是那么分明及向内突出。巴特利特（Bartlett）先生说，这种鹅像家鸭一样，用嘴巴将水从口角排出来。不过，它的主要食物是草，吃草方式没有特别之处。与家鸭上颌的栉片相比，家鹅的要粗糙一些，每侧有27个，看起来是混合生长，上部末端是齿状结节。颚部全是坚硬的圆形结节。在下颌边缘，牙齿是锯齿状的，比鸭嘴还要突出、粗糙、锐利。家鹅的嘴没有滤水作用，只是用来撕裂或者切断草类。它的嘴很适合做这种事情，比其他动物更容易咬断草类根部。巴特利特说，还有一些鹅种，它们的栉片远远没有家鹅的发达。

由此可知，对于鸭科来说，如果它的嘴的结构类似于普通鹅的嘴的结构，只是适合吃草物种，或者栉片不发达的嘴的物种，经过一系列的微小变异，或者能够变为类似于埃及鹅的物种，进而转变为类似于普通家鸭的物种，最后转变为类似于琵琶嘴鸭的物种，从而嘴具有了滤水作用。除了嘴的钩尖之外，这种禽类嘴的其他部分无法用来啄食或者撕碎食物。需要补充的是，家鹅的嘴通过连续微小变异，逐渐转变为像同科的秋沙鸭（Merganser）一样，具有突出且带有回钩的牙齿，但作用有着很大区别，主要是捕捉活鱼。

我们返回来谈谈鲸鱼。无须鲸鱼（Hyperoodonbidens）没有真正的牙齿，但拉塞佩德（Lacepede）发现，它的颌非常粗糙，具有小且有所差异的坚硬的角质尖头。所以能够假设，某些原始鲸类的颌上具有相似的角质尖头，但排列得比较整齐，类似于鹅嘴的结构，能够用来撕裂食物。如果真是这样的话，那么，便无法否认，在自然选择作用下，渐渐转变成类似于埃及鹅的很发达的栉片，具有捕物功能和滤水功能，然后转化为类似于家鸭的栉片。这种转化最后会形成类似于琵琶嘴鸭的栉片，形成具有滤水功能的结构。从栉片的长度达到长吻鳁鲸须片的2/3开始，我们能够发现一些中间过渡类型，使其能够过渡到格陵兰鲸鱼的巨大须片。毫无疑问，古代鲸鱼器官的演化步骤类似于鸭科现在的不同物种的嘴的逐步进化，对于正在慢慢完善的生物很有用。我们需要明白，每一种鸭都面临着激烈的生存斗争，而且它的身体的每个构造都能适应周围的环境。

比目鱼科（Pleuronectidae）的身体不对称，并以此闻名，它们凭借一侧躺下休息，大部分物种用的是左侧，有些物种是靠右侧，偶尔会出现相反的个体。下侧面，也就是卧着的一侧，乍看之下类似于普通鱼的腹面，呈现出白色，远远没有上侧发达，侧鳍一般比较小。它的眼睛非常特殊，位于头的上侧。幼小时，两只眼睛左右相对，整个身体完全对称，两侧的颜色一样。不久后，下侧眼睛绕着头部逐渐移动到上侧，但并不是从头骨上直接穿过。显然，如果下侧的眼睛不是沿着头部移动的，当鱼靠着一边躺卧时便无法使用这只眼睛。下侧的眼睛，非常容易受到沙子的伤害。对于比目鱼的生活习性来说，扁平的体形和不对称的结构很有好处。在许多物种中，这种情况很常见，例如鳎、鲽等。由此获得的主要益处在于不仅能够防御敌害，而且容易在海底获得食物。不过，希阿特（Schiodte）说，本科许多物种的演化能够列一长串，例

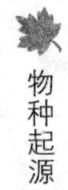

如,从孵化后形态没有发生变化的庸鲽(Hippoglossus pinguis),到完全侧卧的鳎,中间有许多过渡类型。

米瓦特先生提出疑问,用自发转换解释比目鱼眼睛的突出难以令人相信。对此,我深表赞同。他说:"如果这种转换是慢慢发展而来,那么,当一只眼睛慢慢移动到头的另一侧时,对于生物来说,微小的位置变化有什么好处呢?这种刚刚开始的移动,或许不是有利,而是有害的。"不过,马姆(Malm)在1867年发表文章时说,已经知道如何回答这个问题了。当比目鱼幼小时,整个身体还很对称,它们的两只眼睛已经在头部的两侧了,因为身体比较高,侧鳍太小,而且没有鳔,所以无法长期处于直立状态。于是,不久之后就会疲倦,侧着身体进入水底。在侧卧时,马姆发现,下侧眼睛常常向上转动,以便能够看见上方的物体。由于需要使用很大力气转动眼睛,让眼睛紧紧贴着眼眶上侧。结果,两眼之间额部的宽度慢慢变小,这是能够看见的。马姆发现,幼鱼眼睛上提和下压之间的角度大约是70°。

我们需要明白,幼年时的头骨具有软骨性和可屈性,所以容易受到肌肉运动的影响。我们知道,高等动物在早期时,由于疾病或者意外事故导致皮肤或者肌肉一直处于收缩状态,骨头的形状也会发生变化。如果长耳兔的一只耳朵前垂或者下垂,耳朵的重量会促使这边的骨头前倾。马姆发现,鲈鱼、鲑鱼等对称鱼,幼鱼有时也会侧卧在水底。他还发现,当它们向上看时,便会牵动下方的眼睛,从而使头骨发生弯曲,但这些幼鱼不久后就会直立起来,所以这种效果仅仅是暂时性的。不过,比目鱼却不一样,随着年龄的增加,身体越来越扁平,向一侧侧卧的习惯越来越严重,所以对头部形状和眼睛位置的影响是永久性的。通过类推方法得知,遗传原理可以将这种扭曲倾向慢慢加强。与某些博物学者不同,希阿特相信,比目鱼在胚胎时期已经是不对称的了。如果真是这样的话,我们就会清楚,为什么某些幼鱼总是左侧着休息,而另外一些幼鱼习惯右侧着休息。马姆补充说:不是比目鱼科的北粗鳍鱼(Trachypterus arctics)的成体,同样是左侧着卧在水底,而且游泳时倾斜着,这种鱼头部的两侧不是完全相同。鱼类学权威京特博士在评论马姆的论文时说:"关于比目鱼科的异常情况,作者进行了简单的说明。"

由此可知,米瓦特先生认为,比目鱼的眼睛从头部一侧移动到另一侧的初始阶段是有害的,但这可以认为是侧卧在水底时需要用眼睛向上看的缘故,而对于个体和该物种来说，这种转移的初期是有利的。有好几种比目鱼的嘴向着侧面下部弯曲，头部无眼的一侧上的颚骨要比另一侧强劲有力，特蕾奎尔（Traquair）推测，这是为了在水底取食比较方便。我们可以认为这是遗传造成的。另外，下半身不发达的状态，我们可以理解为这是不使用的结果。耶雷尔（Yarrell）认为，对于鱼类来说，下侧鳍的缩小非常有利，因为下侧鳍的活动空间远远小于上侧鳍的活动空间。斑蝶（Plaice）两颚骨的上半边只有4~7颗牙齿，而下半边有25~30颗牙齿，对于这种比例来说，我们可以将不使用作为上半边牙齿较少的原因。对于大多数鱼类和许多其他动物的腹部没有颜色的情况来说，我们推断，比目鱼的下侧没有颜色的原因是缺乏光线的照射。不过，某些情况无法判断是否由光的作用引起的，例如鳎鱼上侧类似于沙质海底的斑点，大菱鲆（turbot）身体上侧的骨质结节等。在这里，也许是自然选择的作用，正如自然选择促使这些鱼类的体形等各种特征慢慢适应它们的生活习性。我们需要明白，就像我在前面所说的，自然选择的作用会将各部分增强使用或者不使用的遗传效果增强。由于朝着正确方向进行的变异都会被保存下来，这类似于某些个体继承了各个部分的增强使用和有效利用的效果会被保存下来的情况。在特殊的情况中，难以确定要将多少归因于使用的效果，多少归因于自然选择的作用。

我们来看另一个例子，一种构造的起源应该归因于使用作用或者习性作用。某些美洲猴的尾端已经变成了一种攫握结构，可以当作第五只手使用。一位非常认同米瓦特先生的评论家，在谈论这种结构时说："无论这种攫握结构开始于哪个时期，假如说具有轻微攫握的个体有助于它们的生存和繁育后代，这是很难让人相信的。"不过，这样的信念不是必须存在的。习性意味着能够由此得到某些利益，而习性也许能够使用这种作用。布雷姆（Brehm）见过这样的现象，有一种非洲猴（Cercopithecus）的幼仔，不仅用手抓住母亲的腹面，而且用小尾巴钩住母亲的尾巴。亨斯洛（Henslow）教授曾饲养过一种欧洲田鼠（Musmessorius），这种鼠的尾巴没有攫握功能，但它们常常将尾巴缠在笼子中的小树枝上，便于它们攀缘。京特博士曾观察到，一只鼠用尾巴将自己挂起来。如果这种欧洲田鼠具有树栖习性，那么，它的尾巴类似于同目的其他物种，已经具备了攫握功能。当非洲猴处于幼年时期，它的尾巴具有这种习性，为什么后来没有成为攫握工具呢？这个问题很难回答。也许，这种猴子的长尾巴在跳跃时，作为平衡器官的功能远远大于作为攫握器官的功能。

乳腺是所有哺乳纲内的动物都有的器官，也是它们生存中不可或缺的器官，所以它们的起源一定很早。不过，我们却不清楚乳腺的发展过程。米瓦特先生说："对于任一物种的幼仔来说，偶尔从它母亲膨胀的皮腺上吸收了一滴没有什么营养的液体，便能够脱离死亡吗？即使有个动物是这样的，那么，如何让这种变异永久保存下去呢？"无疑，这不是一个高明的问题。许多进化论者认为，哺乳动物来源于一种有袋动物，如果真是这样的话，那么，乳腺最初产生于有袋动物的育儿袋中。在海马属（Hippocampus）的鱼中，卵的孵化过程和幼体某段时期的哺育就是在袋子中进行的。美国的博物学家洛克伍德（Lockwood）先生发现，海马幼鱼就是凭借此袋内的皮腺分泌物生活的。哺乳动物的始祖，在它们没有转化为哺乳动物时，它们难道无法用类似的方法养育幼体吗？在这种情况下，那些分泌物具有乳汁性质的，而且在某种程度上最有营养，与那些分泌汁液较差的个体相比，它们能够哺育更多的优良后代。因此，与乳腺同源的皮腺，便会变得更加有效。根据特化原理，袋内特定部位的腺体会变得更加发达，慢慢发展成了乳房。不过，最初没有乳头，类似于最低等的哺乳动物鸭嘴兽的情况。不过，我不清楚是什么作用让特定部位的腺体变得更加发达，是生长的补偿作用呢，还是使用的效果，或者是自然选择作用。

如果幼仔不食用这种分泌物，乳腺的发展便会失去作用，自然选择也不会对它产生作用。哺乳动物的幼仔如何能够本能地吸乳这个问题，类似于未孵化的雏鸡怎么懂得用嘴敲破蛋壳，或者刚刚离开蛋壳之后怎么懂得用嘴啄食谷粒一样。对于这些情况的最佳解释是，年龄较大的个体在实践中获得了这种习性，然后教会年龄较小的后代。据说，幼小的袋鼠不会吸乳，只是将嘴紧紧贴在母亲的乳头上，母亲将乳汁射进幼仔的口中。关于这个问题，米瓦特先生说："如果没有特殊设施，小袋鼠会因为射入气管的乳汁窒息而亡。不过，小袋鼠拥有特殊设施，它的喉头非常长，一直延伸到鼻管后端，所以空气能够自由地进入肺脏，而乳汁可以从喉头到达食管。"然后，米瓦特先生产生疑问：自然选择怎样将成年袋鼠（还有其他的许多哺乳动物，如果它们的祖先属于有袋类）中的这种构造去掉呢？答案是这样的：对于许多动物来说，发声是非常重要的，但喉头通入鼻管便无法使用全力发声。此外，弗劳尔教授告诉我，这种结构会阻碍动物吞咽固体食物。

现在，我们讨论一下动物界中的低等类别。棘皮动物（如海星、海胆等）有一种器官叫做叉棘，这是一种非常引人注目的器官。良好的叉棘的形状是三叉钳形，由三个锯齿状的臂连接而成。三个臂巧妙地结合在一起，位于一个能够伸缩的柄的顶端。这些钳子能够将任何东西牢牢夹住。亚历山大·阿加西斯曾观察到，一种海胆（echinus）将排泄物的细粒快速地由一个钳子传递给另一个钳子，沿着特有的几条路线传递，不会将身体的表面弄脏。当然，除了转移排泄物之外，叉棘还有其他功能，防御就是其中之一。

关于这些器官，米瓦特先生问道："在初始时期，这种器官有什么作用呢？它是如何保护海胆的生命的呢？"他还说："即使这种钳状物的作用是突然出现的，如果离开了自由运动的柄，这种作用也会变得毫无意义。同理，如果没有夹取物体的钳子，柄也没有什么作用。不过，这些既复杂又协调的结构，不可能由细微变异积累而成，如果否认这个说法，等同于肯定了自相矛盾的谬论。"关于这一点，米瓦特先生似乎是自相矛盾，而某些海星的基部固定，但具有夹取物体的三叉棘，显然，它们的基部可以作为防御工具。在这个问题上，阿加西斯给我提供了许多资料，在此表示感谢。他说，对于某些海星来说，三支钳臂中的一支已经慢慢退化，转变成了其他两支的支柱。此外，在其他属中，有些物种已经完全失去了第三支钳臂。佩雷尔（Perrier）先生发现，斜海胆属（Echinoneus）动物的壳上具有两种叉棘，一种类似于刺海胆属（Echinus）的叉棘，另一种类似于蝎团海胆属（Spatangus）。人们总是对这类事情很感兴趣，因为它们体现了器官的过渡方式，那就是可以通过一个器官的两种状态之一的消失体现。

关于奇异器官的演化过程，阿加西斯推测，海星和海胆的叉棘是变化之后的棘。从它们的个体发育方式，从不同物种和不同属的一系列变化，从简答的颗粒棘到完全的三叉棘，便可以推测出来。在某些海星属中，我们发现，正是那些必要的连接说明，叉棘是由分支棘变化而成。因此，我们已经发现了一种棘，它具有三个锯齿形且可以移动的等距分支，连接在接近基部的地方，同一个棘的高处，还有三个能够转动的分支。如果上面的三个分支位于一个棘的顶端，那就变成简陋的三叉棘了。在较低分支的棘上能够观察到这种情况。所以在本质上，叉棘的钳臂等同于三叉棘能够移动的分支。一般来说，普通棘具有防卫功能，如果真是这样的话，那些锯齿状的能够移动的分支棘也有同样的功能。而且，如果三个分支结合在一起用来抓握，效果就会更好。所以，从普通棘到叉棘的过渡类型都很重要。

某些海星属的这类器官，并不是生长在不动的支柱上，而是生长在能够伸缩的肌肉短柄上。这样的构造不仅可以用来防御，还具有其他功能。对于海胆类来说，由固定棘逐步转化为能动棘的过程是可以弄清楚的。不过，由于篇幅有限，不能详细地分析阿加西斯先生关于叉棘发展的研究资料。他说，在海星的叉棘和海蛇尾类的钩刺之间，能够找到所有的过渡类型。在海胆类的叉棘和海参类（Holothuriae）的锚状针骨之间，存在着相同的情况。

某些叫做植虫或者苔藓虫的群体动物，有一种独特器官叫做鸟头体。不过，各种苔藓虫的鸟头体有着巨大差异。如果发育的非常好，它们非常像秃鹫的头和嘴，在脖子上还能移动。有一种苔藓虫，同一枝上的所有鸟头体会同时前后运动，时间大约是5秒，张着的下颚呈现90°角，而且它们的运动会带动整个群栖虫的颤动。如果用一根针碰触它的颚，它会将针牢牢咬住，该枝也会不停晃动。

米瓦特先生想用这个例子说明，苔藓虫的鸟头体和棘皮动物的叉棘在本质上相同，难以想象在自然界相距遥远的类别中，自然选择的作用能够让这类器官不断发展。从结构上来说，难以发现三叉棘和鸟头体之间的相似之处。鸟头体像是甲壳类的螯，米瓦特先生可能会列举这种相似性，将它们与鸟头、鸟嘴的相似性作为难点。巴斯克（Busk）先生、史密特（Smitt）博士、尼采（Nitsche）博士等博物学者都认真研究过这个类群，他们认为鸟头体、单虫体、构成植虫的虫房属于同源，虫房能够移动的唇和盖类似于鸟头体的下颚。不过，巴斯特并不清楚单虫体和鸟头体之间存在什么过渡类型，所以无法想象通过什么过渡类型让这个变为那个，但我们不能因此判断不存在这样的过渡类型。

在某种程度上来说，甲壳类的螯类似于苔藓类的鸟头体，两者都可当作钳子使用，所以需要指出的是，至今还有一系列的过渡类型。最初时期，当它肢体的最后一节向下闭合时，有时会抵住倒数第二节的方形顶端，有时会抵住整个一侧，这样轻易就能抓住遇见的东西。不过，这种肢体依然是一种运动器官。在下个阶段我们观察到，倒数第二节的一个角有了微小突起，有时还伴随着不规则的牙齿，末端一节向下闭合时会抵在这些牙齿上。随着突起的变大，它的形状和顶节都会发生变化，这种钳子会变得越来越完美，最后演变为非常有效的工具。实际上,可以追踪出所有的过渡阶段。

苔藓虫不仅包含鸟头体,还包含一种震毛器官,由一些能够活动且易受刺激的长刚毛构成。曾经,我认真研究一种苔藓虫,它的震毛有些弯曲,外缘带有锯齿;而且,同一苔藓体上的震毛常常一起运动,所以它们的一枝像是长桨,从显微镜下飞快划过。如果将一枚朝下放置,震毛便会纠缠在一起,它们极力想挣脱,让彼此分开。一般来说,这些震毛具有防护功能,就像巴斯克先生观察到的,"它们慢慢划过苔藓虫的表面,它们会伸出触毛擦掉对虫房中的栖息者有害的东西"。鸟头体类似于震毛,同样具有防护功能,但它们还能猎捕小动物。人们相信,只要单虫体的触毛能够接触到被杀死的小动物,它就可以将小动物擦掉。苔藓虫的某些物种具有鸟头体和震毛,而另外一些物种只有震毛。

在外观上,难以想象出比震毛和鸟头体之间差距更大的两种东西。不过,它们两个几乎可以肯定是同源,而且来自于共同的根源,那就是单虫体及其虫房。因此,我们可以理解巴斯克先生的话,在某些情况下,这些器官是怎样逐步转化成各自状态的。膜胞苔虫属(Lepralia)的几个物种,鸟头体可以运动的颚非常突出,类似于震毛,所以根据上面的嘴判断它们是鸟头体。也许,震毛没有经过鸟头体阶段,由虫房的唇片直接演变而来。不过,它们没有经过这个阶段的可能性非常小,因为在转化初期,含有单虫体虫房的其他部分不会马上消失不见。在许多情况下,震毛的基部是一个带沟支柱,类似于鸟嘴状结构,但某些种没有这种支柱。这种震毛的发展非常独特,如果所有的鸟头体都灭绝了,那么,最富有想象力的人都不会想到,原来震毛是类似于鸟头的一部分器官,或者是不规则器官的一部分。有着巨大差异的两种器官竟然有着相同的起源,这是多么有趣啊!对于单虫体来说,虫房的可动唇片有着保护作用,这便可以想象,唇片首先转化为鸟头体的下颚,然后转化为震毛,这个过程中所经历的过渡类型,同样会以不同方式在不同环境中执行保护作用。

在植物界,米瓦特先生提到兰花的构造和攀缘植物的运动这两种情况。关于兰花,他说:"对于它们起源的解释,绝对无法令人信服。关于它的构造初期的微小开端的解释,一点都不充分,因为只有这种构造非常发达时,才会出现这种效果。"关于这个问题,我在另外一本著作中进行了详细讨论,在这里只是略微解释一下兰科植物花的显著特征,也就是花粉块。高度发达的花粉块由许多花粉粒、连接花粉粒的花粉块柄、连接此柄的一小块极胶黏的物质三部分构成。在花粉块黏性物质的帮助下，昆虫可以将一朵花的花粉块转移到另一朵花的柱头上。某些兰科植物的花粉块没有柄，许多细丝将花粉粒连接起来。由于不是只有兰科植物中具有这种情况，所以在此不过多分析。不过，我要简单解释一下兰科植物中最低等的杓兰属（Cypripedium），我们由它可以得知，这些细丝是如何发展而来。在其他兰科植物中，这些细丝位于花粉团的一端，这是花粉块柄开始时的样子。即使是花粉块柄相当发达的兰科植物，花粉块柄的起源也是如此，因为我们在发育不全的花粉粒团中能够见到中央的坚硬部分，这就是有利证据。

关于花粉块顶端的小块黏性物质，可以列举它经历的许多过渡类型，而且每种类型对植物都是有利的。对于其他目的植物来说，花的柱头上分泌的黏性物质很少。在某些兰科植物中，分泌的黏性物质非常相似，但对于三个柱头来说，只有一个柱头的分泌量很多。这个柱头是不育的，可能是由于分泌旺盛吧。当昆虫来拜访时，不仅带走了一些黏性物质，还带走了一些花粉粒。这是一种简单情况，与大多数普通花没有区别，然后是具有独立的花粉块柄的物种，接着是花粉块附着在黏性物质上，而且出现了不育的柱头，这便是具有很大变异的物种，这个过程中存在着许多过渡类型。对于最后一种情况来说，花粉块已经相当发达和完善了。只要认真研究过兰花的人，谁都不会否认上述过渡类型的存在，而且他也不会否认，上述物种的所有过渡类型都能够让昆虫帮助每种花完成受精。也许，我们可以深入思考，花的柱头怎样一步步变得具有黏性的。不过，由于我们不清楚任何一种生物的发展史，这个问题难以解答，所以思考也没用。

现在，我们研究攀缘植物。从最简单的绕着一个支柱的植物，然后到爬叶植物，接着是具有卷须的植物，可以组成一个长长的系列。对于后两类植物来说，它们的茎（只是绝大部分，而不是全部）丧失了缠绕能力，尽管它们还有旋转能力，但这种能力是由卷须给予的。从爬叶植物到具有卷须的植物，它们之间的某些过渡类型非常相似，甚至有些植物可以划分到两类中的任何一类。从简单的缠绕植物到爬叶植物，这个过程中产生了一种重要特性，那就是对于接触的感应性，受到这种感应性之后，花柄、叶梗或者卷须都会弯曲缠绕并抓住接触到的东西。只要是阅读过我描述这些植物的论文"攀缘植物的运动和习性"的人都无法否认，从简单的缠绕植物到具有卷须的攀缘植物，这个过程中的过渡类型对各个物种都是有利的。例如，缠绕植物转化为爬叶植物，这对缠绕植物很有帮助；而且，只要是具有长叶梗的缠绕植物，当叶梗稍微出现对接触的感应性之后，它便可能转化为爬叶植物。

由于缠绕是攀缘植物的最简单形式，我们自然会产生这样的疑问：最初，植物是怎样得到这种能力的呢？缠绕的能力不仅要依赖幼茎的可绕性（不过，许多非攀缘植物也有这个特点），还要依赖茎枝以同一顺序沿着圆周的各点进行弯曲。借助于这种运动，茎枝才能向着各个方向一圈圈地缠绕下去。如果茎的下部碰到物体无法继续缠绕时，茎的上部依然会继续盘旋，便会绕着柱子上升。等到过了初期之后，每一个嫩茎都会停止盘绕。对于许多亲缘关系遥远的不同科的植物来说，由于单个的种或者属具有盘绕能力，才会慢慢转化为缠绕植物。因此，它们是独立得到这种能力的，而不是从共同的祖先那里继承而来。所以我推测，对于非攀缘植物来说，也能常常见到具有这种运动倾向的植物，而且这为自然选择的改进提供了基础。我在做出这个推测时，仅仅知道一个不完全的例子，那就是具有不规则旋转的毛籽草（Maurandia）的幼嫩花梗，类似于缠绕植物的茎，但这种植物没有利用这种习性。后来，缪勒找到一种泽泻（Alisma）和一种亚麻（Linum），但它们不是攀缘植物，而且在自然系统中的关系很远，虽然它们嫩茎的旋转不规则，但绝对能够旋转。他猜测，某些其他植物也会出现这种情况。对于我们正在讨论的植物来说，这种轻微运动看起来作用不大。而且，这些植物没有使用这种方式攀缘，这是最重要的。虽然这样，我们还是发现，假如这些植物的茎具有可绕性，假如这种特性有利于它们的攀高，那么，自然选择就会将这种轻微的旋转习性加强，直到它们转化为非常发达的缠绕植物。

叶柄、花梗或者卷须的感应性，同样可以解释缠绕植物的盘绕运动。由于不同类群的许多物种都具有这种感应性，所以在许多没有转化为攀缘植物的物种中，我们能够见到这种性能的初始形态。事实是这样的：我发现毛籽草的幼嫩花柄常常弯向所接触的一侧。在酢浆草属（Oxalis）的某些物种中，摩伦（Morren）发现，如果轻轻地碰触叶子或者叶柄，或者摇动植株，叶子和叶柄便会运动，尤其是经过烈日照射之后。我对该属其他物种的观察结果也是一样。其中，有些运动非常显著，在嫩叶中观察得最清楚，但在某些物种中非常微弱。更重要的事实是，权威学家霍夫曼斯特（Hofmeister）发现，所有植物的幼茎和嫩叶经过晃动都会运动。对于攀缘植物来说，只是在初期阶段，它们的叶柄和卷须具有敏感性。

对于幼期植物和正在生长的器官来说，由于碰触或者摇晃而出现的微弱运动在机能上没有重要性。不过，植物为了应付各种刺激而产生的运动能力，对植物本身非常重要，例如植物的向光性或者背光性，还有对地心引力的背性和向性等。在电流的影响下，动物的神经和肌肉产生的运动是偶然结果，因为神经和肌肉的出现不是为了感应这些刺激。对于植物来说，也是一样，由于具有感应某些运动的能力，所以碰触或者摇晃它们，它们便会以偶然方式进行运动。因此，我们无法否认，对于爬叶植物和具有卷须的植物来说，自然选择作用加强的就是这种倾向。不过，根据我在论文中所说的各种理由，这种情况仅仅对于具有盘曲能力的植物有效，并且它们会慢慢地转变成攀缘植物。

我已经解释了普通植物是怎样一步步变成攀缘植物的，那就是逐渐增强植物原有的轻微的、不规则的、起初没有什么作用的盘曲运动。这种初始运动和碰触或者晃动引起的运动，都是运动能力的偶然结果，并且是为了有利目的获得的。在攀缘植物的发展进程中，遗传效果是否促进了自然选择的作用，我并不清楚；不过，我们知道习性支配着某些周期性运动，例如植物的休眠。

一位著名的博物学家挑选了一些自然选择无法解释的有用构造的初始阶段的一些例子，我已经给出了足够多的论述。而且，我已经指出，正如我想象的那样，这个问题不存在太大难点。不过，我却得到了一个良机，让我补充了一下伴随着机能变化的构造演变的各个阶段。在本书的前几版中，没有仔细讨论这个问题。现在，我简要回顾一下上面所说的问题。

关于长颈鹿，在某些早已灭绝的反刍类动物中，只要是颈和腿都比较长的，可以取食较高处枝叶的个体，便会保留下来；那些无法取食高处的食物的个体，便会被淘汰，这样慢慢形成了奇异的四足兽。不过，将这些部分的长期使用与遗传作用结合起来，也曾大大促进了各个部分的协调。关于模拟各种物体的多种昆虫，我们相信，昆虫与某个物体的相似是受到了自然选择的影响，此后不断保留这种拟态出现的微小变异，促使这种拟态越来越完善。只要昆虫一直出现变异，只要越来越完善的拟态能够让昆虫躲避敌害，这种作用就会一直存在。对于某些鲸鱼来说，颚上出现了不规则的角质小尖，这种角质小尖首先转变成类似于家鹅的栉片状结节，然后转变为类似于家鸭的短形栉片，接着转变为类似于琵琶嘴鸭的角质栉片，最后转变为类似于格陵兰鲸口中的巨大须片。在自然选择的作用下，这些有利变异被保存起来。在鸭科中，栉片起初被当作牙齿，后来一部分当作牙齿，另一部分当作滤器，最后几乎全部转换成滤器了。

据我们所知，对于上述的角质栉片或者鲸须来说，习性和使用几乎没有发挥作用。此外，长期使用和遗传效应也形成了某些结果，例如比目鱼下侧的眼睛向着头部上侧的移动，某些哺乳动物的尾巴的攫握功能等。关于高等动物乳房的来源，最合理的推测是，有袋类的袋内表面起初充满了皮腺，可以分泌一种营养物质，自然选择促使这些皮腺的功能发生了变化，并使其在某个区域集中，慢慢形成了乳房。如果想要解释棘皮动物的分支刺怎样转化为三叉棘的，也会相当容易；而想要解释甲壳动物的肢体的末端一节和倒数第二节是如何通过微小变异转化为螯的，那就比较困难了。苔藓虫的鸟头体和震毛让我们明白，外观有着巨大差异的器官可以来自于同一根源，而且我们通过震毛可以发现，震毛发展的各个阶段的用途。关于兰科植物的花粉块的起源，我们可以由花粉粒的细丝追溯到逐渐形成花粉块柄的过程。同理，由黏性物质追溯到附着在花粉块柄游离末端而形成的胶黏体的全过程。虽然普通花的柱头分泌的黏性物质与胶黏体有着一定的区别，但功能大致相同。对于植物来说，这些演化类型是有利的。关于攀缘植物，前面已经论述过，在此不再重复。

有人会产生这样的疑问：既然自然选择那么有用，为什么对某个物种显然有利的构造，该物种却没有得到呢？关于这个问题，我们没有准确的答案，因为我们不仅不清楚任何一个物种的过去历史，更不明白现在决定它们数量和分布的因素。对于一般情况，只能列举普通理由，但对于特殊情况，却得给出具体理由。如果想让一个物种适应新的习性，相应的变异是一定要有的，而某些必要部分常常以独特方式产生变化。对于许多物种来说，破坏性力量一定会抑制它们数量的增长。这种情况与某些结构没有关系，虽然这些结构看似对该物种有所帮助，从而我们误以为它们是自然选择赋予的。对于这种情况来说，如果生存斗争与这种结构无关，那么，这种结构就不是来自于自然选择的作用。在许多情况下，一种构造的发展依靠的是复杂的、长期的特殊条件，而这些条件很难同时出现。我们常常误以为，在任意情况下，对物种有利的变异都可以通过自然选择得到，但这种想法是错误的。虽然米瓦特先生不否认自然选择的作用，但他认为我用来解释它的作用的例证不够充足。关于他的主要论点，我们在上文已经分析过，其他论点以后再说。在我眼中，他的这些论点不具备论证的性质，与我所说的自然选择的力量和借助于自然选择作用的一些力量相比，显得毫无分量。需要补充说明的是，我在这里所说的事实和论点有着相同的目的，在近期出版的著作《医学外科评论》中，已经讨论了某些内容。

现在，几乎所有的博物学家都认同进化形式，但米瓦特先生认为，物种的变化是内在力量或者形象造成的。然而，这种内在力量到底是什么，他却说不清楚。所有进化论者都相信物种具有变化能力；我觉得，可以用普通变异性倾向解释这种情况，无需考虑内在力量的作用。人工选择借助于普通变异的倾向性，已经培养了许多优良的家畜品种，而且经过自然选择的作用，一定会逐渐形成自然的族或者物种。我在上面已经说过最终结果，大部分是生物构造的进化，偶尔也会出现构造的退化。

米瓦特先生认为，新种可以由突然变异形成，某些博物学者也赞同这个观点。例如，他认为早已灭绝的三趾马（Hipparion）和马之间的差异是突然出现的。他觉得，鸟类翅膀是由显著性质的突然变异发展而来，其他方式的说法难以令人信服。无疑，他将这个观点进行了扩展，涉及到蝙蝠和翼手龙翅膀的形成问题。这个结论表明，进化系列中存在着巨大断裂，也就是不连续性。我觉得，这种情况是不会出现的。

只要是相信缓慢进化的人，当然也会相信物种的变化是突然出现的，就像我们在自然界或者家养状况中看到的个别变异。不过，由于驯养要比自然状态更容易产生变异，因此在自然状态下，无法出现像家养状态下突然且巨大的变异。在家养状态下出现的变异，有些可能是返祖遗传。这些重现性状，有些可能是慢慢形成的。还有很多变异被称为畸形，例如六指人、箭猎人、安康羊、尼亚塔牛等，由于它们与自然物种的性状有着巨大差异，所以不在本问题的讨论范围内。除了这些突然变异，如果是在自然状态下出现的少数突然变异，只是形成了与亲本有着密切关系的可疑种而已。

我不清楚自然物种是否会像家养物种一样偶尔出现突然变异，我也不相信米瓦特先生强调的它们是以奇异方式进行变化的。据我所知，家养动物出现的突然且显著的变异，往往需要经过很长时间才会出现一次。如果在自然状态下出现这种变异,当受到破坏性因素和个体之间的相互作用之后,非常容易消失。即使是出现在家养动物身上的突然变异,如果没有人类的特别保护和隔离,同样会消失。因此,如果米瓦特先生所说的方式能够形成新种,那么,我们相信,许多奇异个体会以同样的方式出现。然而,这显然不符合推理。如果将其看作类似于人类无意识的选择,根据逐渐进化的学说,也就是保存向着有利方向发展的个体,而淘汰向着不利方向发展的个体,这个难点就能避免。

显然,许多物种的进化都是循序渐进的。在自然界中,大科中的许多物种非常相似,以致难以区分它们。在每个大陆上,从北向南或者从低地到高地,我们会发现许多具有代表性的物种。即使在不同的大陆上,我们相信它们曾经也是紧密相连的,可以发现类似的情况。不过,在讨论这些内容时,我不得不把以后将要讨论的问题先简单讲述一下。看看远离大陆的岛屿,岛屿上的生物有多少是可疑物种呢?如果我们将已经灭绝的物种与该地现有物种进行比较,或者比较同一地层中的不同亚层的化石,也会出现相同情况。显然,许多化石与现有物种有着密切联系,这些物种显然不是以突然方式发展而来。需要注意的是,如果我们研究的是近缘物种,而不是有着明显区别的不同物种,便会发现许多有着微小差异的过渡结构,它们将有着巨大差异的构造联系起来。

根据物种进化的原理,可以解释许多大的生物群中的事实。例如,这个情况:与小属内的物种相比,大属内的物种之间的关系更加密切,变种的数目更多。大属内的物种可以形成许多小簇,就像变种围绕在物种周围。在第二章中,还描述了一些与变种类似的其他情况。我们根据同一原则可知,种的性状要比属的性状更容易变异的原因,还有以异常方式形成的构造要比该物种的其他构造更容易变异的原因。关于这一点,我们还能列举许多其他例子。

尽管许多物种的形成步骤,几乎不比形成微小差异的变种的步骤大,但还是可以认为某些物种是以突然方式发展而来。不过,需要强有力的证据证明这一点。如果用一些模糊且错误百出的类比来证明是毫无价值的,例如赖特先生所说的,用来支持突然进化的观点,又如无机物质的突然结晶,或者具有刻面的球体上的一个小面落到另一个小面上的事实,等等。然而,有一类事实比较特殊,那就是地层内突然出现的显著不同的生命形式,乍看起来好像能够支持突然进化的观点,但这种证据的前提条件是,地球史上的远古时期的地质记录是完整的。然而,许多地质学家断言,地质记录是支离破碎的,所以这种说法的正确性有待证实。

如果我们否认米瓦特先生所说的生物演变的巨大发展，例如鸟类或者蝙蝠的翅膀是突然形成的，或者三趾马突然转变为普通的马，那么，在解释地层内相继环节的缺失这个问题上，突然变异的观点没有任何帮助。不过，关于突然变化的信念，胚胎学是一个强有力的反例。大家都知道，鸟的翅膀与蝙蝠的翅膀，马的四肢与其他四足兽的四肢，胚胎早期没有什么不同，后来才慢慢地出现分化。我们以后会明白，胚胎学上相似的原因是现有物种的祖先，幼年之后逐渐出现变异，而在相当大的年龄时，才将它们新获得的性状传递给子孙后代。因此，胚胎没有受到什么影响。所以，现有物种在胚胎早期，常常类似于同一纲内的早已灭绝的古代生物。根据胚胎学上的相似性，动物不可能出现突然的巨变，而且在胚胎时期，不会产生任何突然变异，而其结构上的变化来自于微小变异的积累。

如果有人相信古代生物受到内在力量的驱使，突然转变为像有着翅膀的动物，那么，他将会违背所有推理，只能假设许多个体同时发生变异。他还要承认，这类构造的突然变化不同于其他物种经历的变化；进而肯定，由于适应周围环境而形成的许多构造都是突然出现的。那么，他便无法解释复杂且奇异的相互适应。他还需要假设，这些突然出现的巨大变化在胚胎上没有留下任何痕迹。我觉得，这些假设不符合科学事实，而是进入了幻想的国度。

第八章 本能

<<<

本能与习性的起源不同

许多本能是非常不可思议的,所以在某些读者眼中,这是足以推翻我的整个学说的难题。在此,需要说明的是,我不想讨论智力起源问题,就像不去讨论生命本身的起源一样。我们将会讨论同纲动物的本能和其他智力的多样性问题。

我不想为本能下一个具体定义,因为这个名词包含了若干种智力行为。当人们说到在本能的驱使下,杜鹃开始迁徙,并在其他鸟类的窝内产卵,大家都明白这是什么意思。一种行为,人们有了经验才能做到,而对于动物来说,尤其是毫无经验的幼小动物,虽然不懂为了何种目的,却能按照相同方式完成某项任务,这就是本能。不过,我很清楚,这种性状没有普遍性。就像休伯(Huber)所说,在这里,少量的推理和判断有着重要作用,即使是低等动物也是如此。

弗·居维叶(Frederick Cuvier)等形而上学者曾将本能和习性进行比较。我觉得这种比较可以解释完成本能行为时的心理状态,但没有涉及到本能的起源。许多行为习惯在无意识时进行,而且许多与我们的意志截然相反。不过,意志和理想可以改变它们。在某个时期,习性很容易受到其他习性和身体状况的影响。只要获得了习性,便可保持一生。我们可以发现本能与习性的若干相似之处。正如反复吟唱一首熟悉的歌曲,从直观上来说,一种短促且有节奏的行为连接着另一个行为。当一个人在唱歌或背诵时被打断,一般都得从头开始,以便再次找到习惯性的思路。休伯发现,有一种毛虫就是这样,它能够建造一种非常复杂的茧床。如果一只毛虫将茧床建造到第六阶段时,把它放到一个建造到第三阶段的茧床中,它会重新建造第四、五、六阶段。然而,如果将一个建造完第三阶段的毛虫放入到建造完第六阶段的茧床中,这时它会觉得惊慌失措，因为它已经为茧床做了许多工作，但没有得到任何利益。于是，为了继续完成它的茧床，它会从第三个阶段开始建造，试图去做早就完成的工作。

倘若我们假设任何习惯性的行为都具有遗传性，有时确实会出现这种情况，那么，习性和本能之间的相似便会变得非常密切，因此难以进行区分。如果莫扎特（Mozart）（奥地利的天才作曲家）没有经过练习便会弹钢琴，那么，这就是一种本能了。但是，假如通过某一代中的习性获得了大量的本能，然后遗传给子孙后代，这是不可能的。事实表明，我们所熟知的许多本能不是通过习性获得的，例如蜜蜂和蚁类的本能。

普遍认为，对于每个物种的生存来说，本能与肉体构造有着同样的重要性。当生活条件发生变化之后，本能的微小变异对物种也许是有利的。如果能够证明，本能可以发生变化，那么，无论是多么微小的变化，在自然选择保存本能变异并进行积累这个问题上，便不存在什么疑难。我相信，所有最复杂、最奇妙的本能都是这样来的。在身体构造的变异上，使用和习性具有增强作用，而不使用会使其减弱或者丢失，所以我觉得本能也是一样。不过，我相信，对于许多情况来说，在本能的自发变异这个问题上，自然选择的作用要比习性的作用更重要。自发的本能变异也是由引发身体构造的微小变化的未知元素造成的。

自然选择仅仅是将微小变异进行积累，此外不会产生任何复杂本能。因此，类似于身体构造的情况，我们在自然界中难以找到任何一种复杂本能在形成过程中所经历的过渡类型（因为这些类型仅仅存在于各个物种的直系祖先中），但我们可以从旁系系统中找到某些证据，至少能够证明某些过渡类型确实存在。关于这一点，我们绝对可以做到。关于动物的本能，只在欧洲和北美洲观察过，其他地方很少观察，而且毫不了解已经灭绝的物种的本能。在这种情况下，能够广泛发现形成最复杂的本能的过渡类型，我觉得非常惊讶。对于同一物种的生物来说，在一生的不同时期或者不同季节，或者放置到不同的环境中，可能会表现出不同的本能。这时，自然选择便会发挥作用，将某种本能保存起来。而且，我们能够列举同一物种具有不同本能的例子。

对于一个物种来说，本能对它们是有利的，就像身体构造一样。据我所知，本能从来不会专门为了其他物种的利益而出现，这与我的学说相符。根据我的了解，休伯观察到的蚜虫自愿为蚂蚁分泌甜汁的例子，说明一种动物的行为是为了另一种动物的利益。下列事实证明蚜虫是自愿的。在一株酸模植物上有12只蚜虫和一群蚂蚁，我将所有的蚂蚁捉走，并保证几个小时内没有蚂蚁接近这些蚜虫。当我觉得蚜虫快要分泌甜汁时，便用放大镜时刻注意它们，发现没有一个分泌。于是，我用一根毛发碰触它们，就像蚂蚁用触角碰触它们一样，它们依然没有分泌甜汁。接着，我让一只蚂蚁去接近这些蚜虫，通过蚂蚁的奔跑推测，它好像已经意识到自己将要面对一群蚜虫，于是它开始用触角碰触蚜虫的腹部，一只接着一只，只要蚜虫感应到蚂蚁的触角，便会举起腹部分泌一滴甜液，蚂蚁立刻将其吞食。即使是非常幼小的蚜虫，也会出现这种行为，说明这种行为不是通过经验得到的，而是一种本能。休伯发现，蚜虫对蚂蚁没有丝毫嫌恶。即使没有蚂蚁，蚜虫最终也会排除分泌物。然而，由于这种分泌物是黏稠状，除去之后将有利于蚜虫的活动，所以它们的分泌可能不是为了蚂蚁的利益。虽然没有证据表明，某个物种的活动完全为了另一个物种，但每个物种都在试图利用其他生物的本能，正如利用较弱物种的身体构造一样。因此，我们不能认为某些本能是非常完善的。由于不必仔细讨论这一点，所以在此不作深入分析。

在自然状态下，本能可以发生某种程度的变异，还有这些变异的遗传对自然选择有着重要影响，所以应该多列举一些实例，但由于篇幅有限，只好作罢。我能够断言，本能是可以改变的。例如迁徙的本能，不仅在迁徙范围和方向上有变化，甚至可能完全丧失。鸟巢也是一样，所选位置、栖息地的环境、气候等因素都会影响到它，但我们未知的原因引发了变异。曾经，奥杜邦列举了若干个例子表明，同一种鸟在美国南部和美国北部所筑的巢有所不同。有人可能会产生疑问：既然本能是能够变化的，那么，为什么缺乏蜡质时，蜜蜂不会使用其他材料呢？不过，蜜蜂可以使用其他的什么自然材料呢？我见过，蜜蜂可以用掺加朱砂变得坚硬的蜡或者掺加猪油变得松软的蜡进行工作。奈特发现，它的蜜蜂不会积极收集树蜡，而是将它涂抹在去掉皮的树木上的黏结物上。最近，有些人观察到，蜜蜂不会忙着采集花粉，而是喜欢采集一种叫做燕麦粉的物质。鸟巢中的雏鸟对于敌害的恐惧，表现出来的绝对是本能。通过经验或者亲眼所见其他动物惧怕这种敌害，能够增强这种本能。在荒岛上生活的各种动物，对人类的恐惧是逐步加强的。在英国，我们可以发现这种现象，大型鸟类更加惧怕人类，因为它们更容易受到侵害。我们认为这是大鸟害怕人类的原因，因为荒岛上不会这样。英国的喜鹊对人类保持高度警惕，但在挪威能够与人类友好相处，就像埃及的小嘴乌鸦一样。

许多事实表明，自然状态下出生的同一物种的不同个体在精神性能上有着很大差别。某些事实表明，野生动物偶然形成的物种，如果有利于该物种的生存，通过自然选择作用可以形成新的本能。不过，我清楚地知道，这些没有实例的叙述，在读者的脑海中难以留下深刻的印象。然而，我只会遵守我的保证，不会说出毫无根据的语言。

家养动物的习性或者本能的遗传变异

借助于家养物种的例子，我们来了解自然状态下动物本能的遗传变异。由此我们可以发现，在改变家养动物的精神性能上，对习性和自发变异的选择产生的作用。众所周知，家养动物的精神性能变化非常大，例如猫，有些生来就捉大鼠，有些生来就捉小鼠，这种特性来自于遗传。圣约翰（St. John）发现，一只猫喜欢将猎鸟带回家，另一只猫喜欢捕捉野兔或者家兔，还有一只猫喜欢在沼泽地里捕捉沙锥。许多真实且奇异的例子说明，关于某种心态或者某个时期的性情、嗜好、怪癖等都来自于遗传。我们来分析一下各种狗的情况。无疑，第一次带着幼小的向导狗出去，有时它们不但可以引路，还可以帮助其他的狗。我曾经亲眼见过感人的例子。在某种程度上，衔物狗可以遗传衔物的特征，而牧羊犬绕着羊群环跑的倾向也能遗传。我无法解释这些行为，为什么没有经验的小狗会以相同的方式去做，而且在不知目的时乐意地完成——幼小的向导狗并不知道它的做法会给主人带来帮助，正如菜白蝶不懂为何将卵产在甘蓝的叶子上一样——我不清楚这些行为与本能有什么本质区别。我们再来讨论一种狼，当它非常小且没有受过任何训练时，只要嗅到猎物便会静止不动，然后以特殊的步伐向着猎物靠近；另一种狼遇到鹿群时，不会横冲过去，而是环绕追逐，将它们追赶到远处。我们将这些做法叫做本能。与自然状态下的本能相比，家养状态下的本能比较不稳定，接受的选择也不是太严格，而且是在较短时间内遗传下来的。

通过狗的不同品种之间的杂交，能够很好地显示出家养状态下的本能、习性、癖性等遗传的强大作用，而且它们之间的配合非常奇妙。我们知道，牛头犬与细腰犬杂交之后，前者的勇敢和顽强对后代有着重要影响；牧羊犬与细腰犬杂交之后，前者的所有后代都具有捕捉野兔的能力。当用杂交方法检验家养动物的本能时，它们的表现类似于自然本能，可以按照同样的方式巧妙地结合在一起，并且在长时间内体现双亲本能的痕迹。例如，勒罗伊（Le Roy）说过，有只狗的曾祖父是狼，它偶尔会表现出祖先的特征，即听到呼唤之后，不是径直走向主人。

有些人认为家养下的本能指的是，长期连续或者强迫养成的习性遗传后表现出来的行为，这种说法与实际情况不符。从来没有人想过要教或者教过翻飞鸽如何飞翔。据我所知，从来没有见过翻飞的幼鸽也会翻飞。我们可以推测，最初有一只鸽子表现出这种微小倾向，经过对具有这种倾向的后代进行连续选择，最终形成了现在的翻飞鸽。布伦特（Brent）先生对我说，格拉斯哥附近有一种家养翻飞鸽，如果不是颠倒飞行，飞翔的高度不到18英寸。如果从来没有出现过指示猎物方向的狗，我们便会怀疑，有没有人想要训练一只狗来指示猎物的方向。我们知道，自然出现具有这种倾向的现象偶尔会发生，我便见过一只纯种狗的例子。正像许多人所猜测的，这种指示猎物方向的动作仅仅是准备扑向猎物之前的停顿姿势的延伸罢了。只要出现这种初始倾向，人们会对以后的世代进行选择并加强训练，不久之后就能培育出指向狗。由于人们想要获得指向狗和捕猎狗，目的不是改良品种，但无意识选择依然在发挥作用。另外，对于某些特殊情况来说，只要拥有习性就够了。在所有的动物中，小野兔是最容易驯化的，但小家兔却是最难驯服的。不过，我难以想象，难道对家兔进行的选择只是为了让它们变得更加温顺吗？因此，我们要将从极野性到极驯服的遗传变异归功于习惯和长期的圈养，至少绝大部分如此。

在家养状态下，某些自然本能会丧失，例如某些品种的鸡变得很少孵卵，甚至根本不孵卵，因为它们不喜欢卧在卵上。由于司空见惯，我们难以发现家养动物的巨大变化。狗对人类的亲昵变成了本性，这是毫无疑问的。狼、狐、豺、猫属等物种，即使经过驯养，依然喜欢攻击鸡、羊、猪等动物。火地岛和澳洲某些地方的小狗，野性是难以驯服的，因为这些地方的土著人不会饲养这些动物。另外，已经驯化的狗，即使在幼小的时候也不必教它们不要攻击家禽和家畜。显然，当它们偶尔发起攻击时，便会遭受鞭打，假如无法改正的话，就会被处死。这样一来，习惯和选择通过遗传作用，逐渐抹去了狗的野性。另外，由于习惯小鸡丧失了怕狗和怕猫的本能。赫顿说，如果让一只家鸡抚养原鸡（印度野生鸡，Gallus bakkiva）的雏鸡，初始时野性非常大。在英国，母鸡抚养的小雉鸡也是一样，但小家鸡仅仅不怕猫、狗而已，而不是失去了一切恐惧，当母鸡发出危险的警告之后，小鸡（尤其是小火鸡）便会奔向四处，躲藏在草丛或者灌木丛中。显然，这是一种本能，就像我们在野地中见到的鸟群的情况，目的是希望妈妈能够飞走。不过，家养小鸡保留的这种本能毫无意义，因为母鸡的飞翔能力已经丧失了。

由此可知，动物通过家养之后，也许会获得一些新的本能，同时可能丧失一些原有的本能。这种情况是由两种原因造成的：一种是习性，另一种是人类对特殊习性和特定行为的选择及积累。当特殊习性和特定行为最初出现时，我们常常将其看作意外的事。对于某些情况来说，强制性习惯能够造成可遗传的心理变化；对于另外一些情况来说，强制性习惯没有作用，一切都来自于有计划的选择或者无意识的选择。不过，在许多情况下，习性和选择会同时发挥作用。

特殊本能：杜鹃的本能·养奴的本能·蜜蜂筑巢的本能

通过分析实例我们会明白，在自然状态下，自然选择对本能的改变作用。我列举三个例子：杜鹃将卵产在其他鸟巢中的本能，某些蚁类养奴隶的本能，蜜蜂构筑蜂巢的本能。博物学家常常认为后两种本能是所有本能中最奇特的本能。

杜鹃的本能 某些博物学家认为，杜鹃在其他鸟巢中产卵的主要原因是，它们是两三天产一枚卵，而不是每天都产卵。因此，假如杜鹃将卵产在自己的巢中，那么，开始产的卵需要过一段时间才能孵化，导致同一个鸟巢内会有不同时期的卵和雏鸟。如果真是这样的话，那将会延缓产卵和孵化的时间。尤其是雌鸟迁徙时间比较早，那么，雄鸟就要独自抚养雏鸟。美洲的杜鹃就面临了这种困难，不仅要筑巢，还要产卵和抚养雏鸟。有人说，美国的杜鹃偶尔也会在其他鸟巢中产卵，既有赞成的，也有反对的。不过，最近我从衣阿华的梅丽尔（Merrell）博士那里得知，有一次他在伊利诺斯州发现，一只小杜鹃和一只小松鸦一起生活在蓝松鸡的巢中，而且这两只小鸟的羽毛已经丰满，绝对不会认错。我还知道其他例子，说明某些鸟类偶尔会将卵产在其他鸟类的巢中。我们假设，欧洲杜鹃的祖先也像美洲杜鹃一样，偶尔会将卵产在其他鸟类的巢中。由于这种偶然习性，假如能够让老鸟迁徙或者其他因素有利于老鸟，假如在物种的错误本能下，促使幼鸟得到的哺育比雌性亲鸟的哺育更好，因为母鸟要同时照顾不同时期的卵和幼鸟，一定会受到牵累，因此，对母鸟和被误养的幼鸟都是有好处的。由此推论得知，在遗传的作用下，这样的幼鸟容易具备亲鸟偶尔出现的反常习性，那就是将卵产在其他鸟类的巢中，让自己的后代发育得更好。在这种连续的自然作用下，我们相信很容易产生类似于杜鹃习性的本能。最近，缪勒发现，杜鹃偶尔会在空地上产卵，并在此孵化和养育雏鸟。这种现象，也许重现了早已丧失的原始筑巢本能。

某些人反对说，我没有发现杜鹃的其他本能和适应性，说明它们之间的关联。不过，在所有的情形中，只有一个物种对一种已知本能的推测毫无作用，因为至今没有发现能够比较的事实。最近，我们仅仅知道欧洲杜鹃和美洲杜鹃的本能。现在，拉姆齐（Ramsay）先生的观察让我们了解了三种澳洲杜鹃的一些情况，这三种杜鹃也是在其他鸟类的巢中产卵。关于杜鹃的这种本能，主要有三个特征：第一，除了少数例外情况，普通杜鹃会在一个巢中产下一枚卵，这样可以为幼鸟提供充足的食物；第二，杜鹃的卵非常小，类似于云雀的卵，而杜鹃的体积是云雀的三四倍。非寄生的美国杜鹃产的大卵的事实让我们明白，小卵是适应性的改变；第三，小杜鹃出生不久，便有一种本能和力量，还有独特的背部形状，将它的义兄妹挤到巢外，让它们冻死或者饿死，曾经将其叫做仁慈的安排。这样一来，不仅小杜鹃可以得到充足的食物，而且它的义兄妹在感觉尚未发达之前就死去，不会感觉到痛苦。

现在，我们讨论一下澳洲的杜鹃，尽管它一般仅在一个巢中产一枚卵，但偶尔也会出现产两枚卵或者三枚卵的情况。古铜色杜鹃卵的变化非常大，长度在八英分到十英分之间。假如卵变得更小，对该物种更好，因为更容易骗到代养母鸟，或者缩短孵化期（据说，卵的大小和孵化期之间是正比关系），那么，可以推测，将会形成一些产卵越来越小的物种，因为更利于孵化和养育。拉姆齐先生说，两种澳洲杜鹃在没有遮掩的巢中产卵时，一般会选择巢内卵的颜色与自己的卵的颜色一致的鸟巢。显然，欧洲杜鹃也体现了与此本能相似的倾向，但也有很多例外情况，如有些杜鹃会将暗灰色的卵产在篱莺巢内，而篱莺的卵是鲜蓝绿色的。假如欧洲杜鹃总是表现出这种本能，那么，还要把这个本能加在假设一起获得的所有本能中。拉姆齐先生发现，澳洲古铜色杜鹃产的卵的颜色有着很大区别，所以自然选择对卵的颜色有着重要作用，将有利于该物种的变异保存下来。

对于欧洲杜鹃来说，孵化出来的两三天中，养父母的雏鸟会被赶到巢外，但此时的小杜鹃处于无能状态。因此，古尔德（Gould）先生曾经认为，这种驱逐是养父母的行为。最近，他已经得到准确报告，有人亲眼见到，在小杜鹃还没有睁开眼睛，甚至连头都抬不起来时，便可以将义兄妹排挤出巢。观察者将一只雏鸟重新放到巢中，结果又被排挤出来。至于获得这种本能的方法，假如对于出生不久后的小杜鹃来说，获得尽可能多的食物是非常重要的（也许，事实就是这样），那么，在连续的世代中，杜鹃很容易获得排挤能力所必须的盲目欲望、力量、构造。只有具备了最发达的习性和构造，小杜鹃才能获得最好的养育。这种本能取得的第一步，可能是力气比较大的雏鸟的无意识运动，这种习性慢慢发展，然后传递给年龄更小的雏鸟。我觉得，与某些鸟类的幼鸟在出壳前就具有的破壳本能相比，这种本能的获得不会更难；或者欧文所说的，不会比幼蛇为了咬透坚韧的蛋壳，上颚出现暂时的锐齿更加困难。在各个年龄期，假如身体的各个部分很容易单独变异，而且这些变异具有遗传倾向，那么，与成体的本能和构造一样，幼体的也会慢慢发生变化，这两种情况与自然选择学说有着密切联系。

在美洲的鸟类中，牛鸟属（Molothrus）属于变异比较广泛的一个属，类似于椋鸟（Starling），其中，某些物种具有寄生性，在本能的完善过程中，它们逐渐表现出级进情况。杰出的观察家哈德生先生说，褐牛鸟（Mlolthrus badius）的雌雄鸟有时成群居住，有时配对生活。它们有的自己筑巢，有的强占其他鸟类的巢，甚至会把其他鸟类的雏鸟扔到巢外。它们有的在强占的巢中产卵，有的在巢上面重新建造一个巢。一般来说，它们会孵化自己的卵，然后养育幼鸟。不过，哈德生先生说，它们偶尔也会表现出寄生性，因为他曾经见到这种鸟的幼鸟追逐着其他鸟的老鸟，要求老鸟喂食。在牛鸟属中，另一种鸟是多卵牛鸟（M. bonariensis），它的寄生性更强，但依然不太完善。已知，这种鸟具有在其他鸟类的巢中产卵的固定习性。需要注意的是，当好几只鸟共同建造一个巢时，巢筑出来不仅不规矩，而且不干净，位置选择也不合理，例如建在大蓟的叶子上面。然而，哈德生先生认为，它们从来都不是自己的巢。在其他鸟类的巢中，它们可以产卵15～20枚，结果，可以孵化出来的卵非常少，甚至是没有。此外，它们还会在卵上啄孔，不管是它们自己产的卵，还是强占的巢中的卵，它们都会啄。它们也会将卵扔在地上，以致报废。第三个物种是北美洲的单卵牛鸟（M. pecoris），已经具有类似杜鹃的本能，因为它在其他鸟类的巢中只会产下一枚卵，从而确保了幼鸟的哺育状况。哈德生先生坚决反对进化论说法，但他对多卵牛鸟的不完全本能有着很大感触，于是引证我的话，并产生了这样的疑问："我们是否必须认为这些习性不是天赋或者特异本能，而是一种普遍定律，那就是过渡过程中形成的小小结果。"

正如上述所言，多种鸟会将卵产在其他鸟类的巢中。在鸡科中，常常见到这种习性，并且能够解释鸵鸟的特性。在鸵鸟科中，几只鸵鸟聚在一起将几枚卵产在一个巢中，然后再去另一个巢中产卵，而雄鸟去孵化这些卵。下述事实也许能够解释这种本能，那就是雌鸟像杜鹃一样，可以产很多卵，而且每隔两三天才会产一枚。然而，美洲鸵鸟的本能类似于多卵牛鸟的情况，还很不完善，因为它们将许多卵产在平地上，在我打猎的一天内，我就捡到20多枚卵，这些都是报废或者不要的。

许多蜂具有寄生性，而且会将自己的卵产在其他蜂类的巢内。与杜鹃的本能相比，这种情况更加奇特，随着寄生习性的变化，它们的本能和构造都发生了变化。因为它们没有采集花粉的器具，而它们想要为幼蜂储备食物，这种器具是不可或缺的。在泥蜂科（Sphegidae）中，有几种蜂具有寄生性。最近，法布尔说，虽然小唇沙蜂（Tachytes nigra）会自己挖穴为幼虫储备食物，但它们会利用其他泥蜂储存好食物的巢，变成临时寄生者。这种情况类似于牛鸟和杜鹃的情况。我认为，假如一种临时习性有利于物种的生存，同时受害蜂群不会因为失去巢和储藏物而灭亡。这就容易解释，为什么自然选择会将这种临时习性变为永久习性。

养奴的本能 休伯首先在红蚁[Formica(Polyerges)rufescens]中发现了这种奇特的本能，他是一位非常出色的观察家。这种蚂蚁完全依赖奴隶生存，如果离开了奴隶，它们在一年内就会灭绝。雄蚁和可育雌蚁什么都不做，工蚁（即不育雌蚁）只是捕捉奴隶，此外不做任何事情。它们不会自己造窝，不会养育自己的后代。当旧窝不宜居住，打算迁徙时，也要奴隶做决定，实际上，奴隶要用自己的颚将主人带走。由于主人如此无能，所以当休伯将30只红蚁放在一起时，虽然为它们提供了丰富的食物，还将它们的幼虫和蛹放入，但它们还是什么都不做，甚至不会自己取食，许多红蚁都饿死了。然后，休伯放入一只奴蚁[也就是黑蚁（F. fusca）]，奴蚁立刻展开工作，给那些幸存者喂食，并且构建了几个蚁房，照顾幼虫，将一切都打理得井井有条。这些事实就是最奇异的证据。如果我不清楚其他的养奴蚂蚁，便难以想象这样奇特的本能是如何形成的。

此外，休伯还发现了一种养奴蚂蚁，那就是血蚁。这种蚂蚁生活在英国南部，大英博物馆的史密斯（Smith）先生仔细研究过它的习性。史密斯先生为我提供了许多这方面的资料，在此表示衷心地感谢。尽管我认同休伯和史密斯先生的资料，但我还是用怀疑态度对待这个问题。关于这样独特的养奴本能，任何人都会产生怀疑，觉得难以置信。因此，我想仔细讨论一下我的观察。曾经，我挖掘了14处血蚁的巢穴，发现每个巢穴中都有许多奴蚁。奴蚁社群中的雄蚁和可育雌蚁，只会出现在它们的社群中，从来不会出现在血蚁的巢穴中。奴蚁是黑色的，比它们红色的主人小得多，所以两者在外形上有着巨大差异。当巢穴受到攻击时，这些奴蚁们便会出来防卫，跟它们的主人一样着急。如果巢穴受到严重损伤，幼虫和卵都将暴露，此时奴蚁和主人一起工作，将它们转移到安全地带。显然，奴蚁就像在自己家中生活，觉得非常舒适，也很满意。在连续三年的六月到七月的这段时间，我曾仔细地观察过萨立和萨塞克斯的好多个巢穴，但从来没有发现一只奴蚁出入巢穴。在这两个月内，奴蚁的数量很少，我想奴蚁多的时候，也许情况会发生变化。然而，史密斯对我说，他曾在五、六、八月份观察过萨立和汉普郡的蚁巢，观察时间有长有短。虽然八月份的奴蚁数量很多，但也没有发现它们出入蚁巢。因此，史密斯推测，奴蚁是标准的持家奴隶。而奴蚁的主人，常常见到它们将建造巢穴的材料和食物搬运到巢穴中。不过，1860年7月，我发现一个拥有很多奴蚁的蚁群，我看见一些奴隶和主人一起离开巢穴，沿着同一条路向着不远处的苏格兰冷杉前进，它们一起爬到树上，也许是在寻找蚜虫或者胭脂虫。休伯多次观察到，瑞士的奴蚁和主人一起建造巢穴。早晨和晚上开放门户，奴蚁们负责管理。休伯还说，奴蚁的主要任务是寻找蚜虫。在两个国度中，奴蚁和主人的习性有着巨大差别，也许是因为在英国捕捉到的奴蚁数量非常少，但在瑞士捕捉到的比较多吧！

有一天，我幸运地遇见血蚁迁移，看见主人们将奴隶衔着，而不是像奴隶搬运红蚁主人那样。另一天，20多只血蚁在同一个地方走动，显然它们不是在寻找食物，这引起了我的好奇心。它们慢慢靠近一个独立的奴蚁群（也就是黑蚁群），遭遇猛烈的抵抗，有时好几只奴蚁围攻一个血蚁，而血蚁残忍地杀害了这些抵抗者，还将它们的尸体作为食物搬到巢穴中，但血蚁想要掠夺奴蚁的蛹培养成奴隶的想法没有实现。我将从另一个奴蚁的巢穴中挖到的黑蚁的蛹放在战场旁边的空地上，这些残忍的血蚁迫不及待地拖走这些蛹，它们也许认为自己胜利了。

同时，我把黄蚁的一小团蛹放在同一个地方，巢穴的碎片上还有几只小黄蚁。就像史密斯先生所说的，黄蚁有时也会成为奴隶，尽管相当罕见。虽然这种蚁的身体非常小，但它们骁勇善战。曾经，我见过它们凶猛地攻击其他蚁类。有一次，我在一块石头下面发现了一个独立的黄蚁群，它们的上面是血蚁的巢穴，这让我觉得非常惊讶。当我不小心打扰了这两个蚁群时，小黄蚁勇猛地攻击比它们大很多的血蚁。当时，我想确定血蚁是否能够辨别黑蚁蛹和黄蚁蛹，显然它们能够立刻分出，因为它们看到黑蚁蛹会马上抓住，但遇到黄蚁蛹或者黄蚁巢穴时，便会惊慌失措地跑开。不过，大约15分钟后，等到小黄蚁离开了，它们便会把黄蚁蛹搬到自己的巢穴中。

某天傍晚，我发现另一种血蚁衔着黑蚁的尸体和无数的蛹正在归巢（这表明不是迁徙）。我沿着这些血蚁的逆方向，经过了40码左右的距离，在一石南丛莽下，发现衔着蚁蛹出现的最后一只血蚁。不过，我在石南丛中没有发现遭到破坏的蚁巢。不过，这个蚁巢一定在附近，因为两只黑蚁慌慌张张地跑出来，还有一只黑蚁嘴里衔着自己的卵，一动不动地站在石南的小枝顶上，神情悲伤地望着被毁的家园。

这些都是关于养奴的奇异本能的事实，根本无需证实。这些事实让我们明白，血蚁和红蚁的本能有着巨大区别。红蚁不会建造巢穴，不会决定迁徙，不会为自己和幼虫寻找食物，甚至不会自己取食，它们的生活完全依赖奴蚁。但血蚁不同，它们只有少量的奴蚁，初夏时更少。它们自己决定将巢穴建造在什么地方，迁徙时还要衔着奴蚁走。在瑞士和英国，奴蚁的主要任务好像是照顾幼蚁，主人独自出去掠奴。在瑞士，主蚁和奴蚁一起工作，一起寻找构筑巢穴的材料，一起建造巢穴；主奴（主要是奴蚁）一起照料蚜虫，并进行所谓的挤乳工作；主奴一起寻找食物。在英国，主蚁们独自外出寻找建造巢穴的材料，还有各种各样的食物，提供给自己、幼虫、奴蚁食用。因此，与瑞士的奴蚁相比，英国的奴蚁需要做的事情很少。

血蚁的这种本能到底是如何来的呢，我不想随意揣测。不过，我发现不养奴蚁的蚁类，假如在巢穴附近发现了其他蚁类的蛹，也会将其拖往巢中，原本用作食物的蛹，在巢穴内可能发育为成虫。这样，无意中出现的外来蚁类，便会依据它们的本能去做自己能够胜任的工作。如果它们的存在有利于捕获它们的蚁群，如果掠捕工蚁比生育工蚁更有利，那么，自然选择便会将搜集蚁蛹的习性强化，逐渐成为永久性的养奴行为。只要获得了这种本能，即使远远不如英国血蚁的作用，英国血蚁比瑞士血蚁得到的奴蚁的帮助少得多，自然选择就会慢慢加强这种本能。我们常常假设，如果一个变异对物种有利，自然选择作用会加强这种本能，逐渐变得像红蚁一样完全依靠奴隶生活。

蜜蜂筑巢的本能　关于这个问题，我在此不会详细讨论，只是简单谈一下我得出的结论。只要是观察过蜂房的人，都会赞叹它的精致结构。数学家说，蜜蜂建造的蜂房体现了一个重要的数学原理，蜂房的形状不仅可以最大限度地容纳蜂蜜，还尽可能少地使用蜡质。有人曾说过，即使是熟练的工人，采用合适的工具和计算器，也难以造出类似于蜂房的蜡房，但这是蜜蜂们在黑暗的封箱中建造的。乍看之下，你觉得任何本能都不会有这么大的魔力，建造出所有的角和面，而且能够保证蜂房的形状。不过，这远远没有想象的那么困难，我认为几个简单的本能可以解释这个奇妙的工作。

在华特豪斯先生的影响下，我开始研究这个问题。他说，蜂房的形状与邻近的蜂房的存在有着密切关系。我们认为下面的观点是在修正这个理论。我们研究一下级进原理，看看大自然是否揭示了蜜蜂是怎样工作的。某个简短系列的一端是土蜂，它们使用旧茧储蜜，有时会在茧上添加蜡质短管，慢慢形成不规则的蜡质蜂房。这个系列的另一端是蜜蜂的蜜房，双层排列。大家都知道，蜂房是六棱柱体，六个面的底缘倾斜地形成一个由三个菱形组成的倒锥体。这些菱形具有一定的角度，在蜂巢的一面有三条边，这是构成椎体底面的基础，正好是反面三个连接的蜂房的底部。在这个系列中，墨西哥蜂（Melipona domestica）的蜂房处于土蜂的简单蜂房和蜜蜂的完善蜂房的中间。

曾经，休伯仔细地描述过这种蜂房。墨西哥蜂的身体构造也处于土蜂和蜜蜂之间，尤其接近土蜂。它们可以建造由柱形蜂房组成的相当规则的蜡质蜂巢。在这些蜂房中，有些蜂房用来孵化小蜂，有些比较大的蜂房用来储藏蜂蜜。这些大型蜂房是一个个不规则团块，接近球形，而且大小近似。不过，需要注意的是，蜂房靠得非常近，假如是球形的，这么近的距离彼此会交叉或者穿透。然而，这是不允许出现的情况，因为这些蜂会在蜂房的交叉之处建造蜡质平壁。因此，每个蜂房是由外面的球形和若干个平壁构成的，相邻的蜂房个数决定了平壁的数目。如果一个蜂房连接着三个蜂房，由于球形蜂房的大小相似，这三个平壁常常会形成一个棱锥体，而且这个棱锥体的大小与蜜蜂蜂房底部的三边锥体近似。类似于蜜蜂蜂房，这里任意一个蜂房的三个平面都是相邻三个蜂房的组成部分。墨西哥蜂建造的蜂房，不仅节省了蜡质，还节省了体力，因为相邻蜂房的平壁是单层的，厚度等同于外部球形的厚度，却是两个蜂房共有部分。

在这种情况下，如果墨西哥蜂能够让球形蜂房之间的距离相等，大小相同，并且对称的双层排列，结果就与蜜蜂的蜂巢一样完善了。于是，借助于米勒（Miller）教授的资料，我有了自己的见解。我写信将我的想法告诉他，这位剑桥的几何学家认真地阅读之后，觉得我的下列表述很有道理。

假如画出若干个大小相同的球形，让它们的球心处于两个平行面上，每个球心与环绕着它的同层球心的距离等于或者小于半径的$\sqrt{2}$倍，也就是半径乘以1.41421（或者更小的距离），并且到另一个层面上的球心的距离相等。如果将这两层的两个球之间的交叉面画出来就是双层六面柱体，底部由三个菱形组成的角锥体的底面连接而成。这些菱形与六面体的面所形成的夹角完全等于精确测量蜜蜂蜂巢的角度。不过，怀曼教授对我说，他进行过多次测量，蜜蜂蜂房的精确度被夸大许多，因此，不管蜂房的形状是怎样的，很难达到这样的精确度。

由此，我们推测，如果墨西哥蜂的本能能够逐渐完善，它们便能建造出像蜜蜂蜂房那样精巧的结构。我们相信，墨西哥蜂拥有将蜂房建造成球形，并且大小相等的能力，这并不是难以实现的事情，因为在某种程度上，它们已经做到了。同时，我们明白，许多昆虫可以在树木中建造相当完善的圆柱形孔道，这是绕着一个固定点旋转获得的。我们相信，墨西哥蜂可以将它们的蜂房排成平层，因为它们可以这样排列圆柱形蜂房。我们进一步猜测，这是最困难的部分,那就是它们拥有一定的判断力,当若干只蜂一起建造多个蜂房时,它们能够判断蜂房之间的距离。我想,它们能够很好地判断这种距离,因为它们的蜂房相互交叉,然后由蜡质平壁连接在一起。原本不是十分奇异的本能,经过多次变异之后,在自然选择的作用下,我相信蜜蜂能够得到难以模拟的筑巢能力。

我们可以用实验证明这个理论。曾经,我模仿泰盖特迈耶(Tegetmeier)的实验,在两个蜂房的中间放一块又长又厚的长方形蜡板,蜜蜂马上在蜡板上钻凿圆形的小洞,随着小洞的加深,小洞变得越来越宽,最后成为类似于蜂房直径的浅盆形,好像是球体的组成部分。奇特的是,当若干个蜂一起钻凿蜡板时,它们之间的距离是,当盆形凹穴的宽度约等于蜂房的宽度时,这时的深度是盆形凹穴所在球体直径的1/6,盆形凹穴的边相切,或者彼此穿过。只要出现这种情况,蜜蜂就会停止挖洞,开始在盆形凹穴的相切处构建平面蜡壁,因此,每个六面柱体都是建造在平滑的边缘上,而不是锥形体的三条边上。

然后,我在一块又薄又长的蜡片上涂抹朱红色,接着放入蜂箱内,用来代替上述所说的长方形蜡板。蜜蜂立刻在蜡板的两面开始钻凿小洞,就像以前一样。不过,由于蜡片非常薄,如果想要钻凿出上述实验中的深度,一定要穿过蜡片。然而,蜜蜂会避免这种情况,到了一定的位置,它们就会停止凿洞,所以只要盆形凹穴有点深度,底部就是平坦的。这些被遗留下来的朱红色蜡片,用眼睛观测恰好位于蜡片反面的浅盆之间的想象的交切面上。不过,对于不同部位来说,两面盆形凹穴之间遗留下来的菱形板的大小不一,由此可知,在非自然的状态下,蜜蜂的工作比较粗糙。虽然如此,这些蜜蜂一定是以相同的速率在朱红色蜡片两面钻凿盆形凹穴,便于同时停在交切面处,接着在盆形凹穴中钻凿平面。

由于蜡片又薄又软,在蜡片两面钻凿的蜜蜂,一定会在适当位置停止工作。关于正常的蜂巢,我觉得在两面同时工作的蜜蜂,不一定总是以相同的速率进行工作。我曾发现,一个蜂房底部尚未完成的菱形板,微微凹向另一面,我想这是这面的蜜蜂工作太快的原因,而对于凸出的那一面来说,是那面的蜜蜂工作太慢造成的。此外,还有一个显著事例。我将这个蜂巢放到蜂箱中,让蜜蜂们继续工作,过一段时间后取出检查,发现菱形壁已经完成,而且是平整的。由于这个小壁很薄,如果要将凸起咬平是很困难的,所以我觉得是蜜蜂把凸起推平的，因为具有可塑性的微热的蜡很容易挤压（我亲自实验过，这个很容易做到）。

通过朱红色蜡片的实验得知，假如蜜蜂想要建造一个薄壁，那么，彼此的距离要适当，而且以同样的速率挖掘大小相等的小洞，并且不能穿透它们，这样便能建造出不错的蜂房。如果认真察看一下正在建造的蜂巢的边缘，我们会发现，蜜蜂先在蜂巢的周围建造一个粗糙的围墙，然后开始从两面钻凿，环绕工作，将每个蜂房凿深。蜂房底部的三面角锥体不是同时建造的，最先建造的是最边缘的一块或者两块菱形板，根据具体情况决定。并且，等到开始建造六面的壁时，才会完成菱形板的上边缘。这些内容与老休伯先生的叙述有所不同，但我相信自己的论述是正确的，因为这些事实与我的学说相符。

休伯认为，最初的第一个蜂房来自于侧面平行的蜡质小壁。据我观察，这种说法不是完全正确，因为最初存在一个小蜡兜，但我在此不想详细论述。我们明白，对于构建蜂房来说，钻凿有着重要的作用，如果蜜蜂不能沿着球形的交切面建造一个粗糙的蜡壁，便无法建造完善的蜂房。许多事实表明，蜜蜂轻易就能做到这一点。在蜂巢周围的粗糙边缘或者围墙中，有时会出现一些挠曲，大概位于蜂房底部的菱形壁板上。不过，将两面的许多蜡质去掉之后，粗糙的蜡墙才会变得无比光滑。蜜蜂建造蜂房的方式非常奇特，它们先建造一面粗糙的墙，厚度是最终墙壁的十几倍。如果要想象蜜蜂的工作过程，我们可以想象工人用水泥堆起一个宽阔的墙基，然后在接近地面的地方，从两面削去相等的水泥，直到形成一道又薄又光滑的墙。这些工人会将削下来的水泥和新水泥和在一起，然后放在墙壁的顶上，让这堵墙变得越来越高，但墙的最上面会有一个巨大的顶盖。因此，无论是刚刚开始建造的蜂房，还是将要完成的蜂房，都有一个坚硬的蜡盖。于是，蜜蜂在上面肆意运动，从而不会损坏薄薄的六面壁。米勒教授说过，蜂房壁的厚度有着巨大差异，进行了12次的测量之后得出，蜂巢边缘的平均厚度是1/352英寸，而底部的菱形板平均厚度是1/229英寸，它们的比值大约是2∶3。采用上述方法建造蜂房，使用的蜡最少，还能不断加固蜂巢。

许多蜂在工作时，如果想要知道它们如何建造蜂房，乍想之下似乎很困难。一只蜜蜂在一个蜂房工作一会儿后，便会转到另一个蜂房工作，所以就像休伯所说，当建造第一个蜂房时，已经有20多只蜜蜂在这里工作过。其实，我能证明这个说法的正确性。在一个蜂房的六面壁上或者外端边缘上，涂上薄薄的一层朱红色的蜡油。我们发现，颜色被细腻地分开，就像油漆匠漆过一样，因为蜜蜂已经将细小的蜡粒带到周围的蜂房壁上了。对于许多蜜蜂来说，这种建造工作像是一种均衡分配，它们彼此之间保持相同的距离，先钻凿大小相同的球穴，然后开始建造。真正奇异的是，当它们遇到困难时，例如两个蜂窝以相同的角度接触，往往将早已建好的接触处的蜂房拆掉，并用其他方式重建，但重建的蜂房的形状常常和最初的一样。

当蜜蜂可以站在某个地方筑巢时，例如，正在像下建造的蜂房的下面有一块木板，那么，这个蜂巢就得建在木板的上方一面。这时，蜜蜂会在最佳位置重新铺设新的六面体的一个壁的基础，让它伸到早已建好的蜂房的外面。只要能够与最后的蜂房的壁之间保持适当的距离就行，那么，蜜蜂可以在相邻的两个球体之间建造一个壁。不过，据我所知，如果那个蜂房和相邻的大部分蜂房还未建成，蜜蜂绝对不会修理蜂房的角落。在某些时候，蜜蜂可以在两个刚刚建造的蜂房之间建造一堵粗糙的蜡壁。这种能力非常重要，而且与一个事实密切相关，即黄蜂蜂巢最外边的边缘上的蜂房，有时也是严格的六边形，乍看之下似乎与上述理论不符，但我不想讨论这个问题。我觉得，单一的黄蜂建造六边形的蜂房不是一件难以完成的事情。只要它在两三个蜂房内轮流工作，并且让这些蜂房保持一定的距离，钻凿球体或者圆柱体，接着建造中间的蜡壁就可以了。

既然自然选择的作用是积累对生物有利的小小变异，那么，我们便会产生这样的疑问，在蜜蜂筑巢本能的变异过程中，向着现在如此完善的构造的变异，对蜜蜂的祖先有什么好处呢？这个问题并不难回答，因为蜜蜂建造的蜂房不仅坚固，而且节省了劳力、空间、建房材料。关于蜡质，我们知道要获得足够多的花蜜，这对蜜蜂来说是一个重任。泰盖特迈耶先生通过实验得知，一窝蜜蜂消耗12~15磅干糖，才能分泌一磅蜡质，因此，一箱蜜蜂想要得到建造蜂巢的蜡质，必须采集大量的花蜜。甚至，许多蜜蜂在分泌期间，许多天都要一直工作。储藏大量的蜂蜜，这是维持蜂群过冬的基础，并且我们知道，蜂群的数量越多，蜂群就越安全。因此，节省蜡质便是节省蜜蜂采蜜的时间，节省了蜂蜜，这对蜂群来说是非常重要的事情。当然，该物种的成功与天敌或者寄生物的数量密切相关，或者其他多种因素，所有这些都与蜜蜂采集的蜂蜜数量没有关系。不过，我们常常认为，采集的蜜量往往能够决定一个蜂群是否可以在一个地方大量存在。譬如，一个蜂群要度过冬天，所以需要储存一定的蜜量，在这种情况下，如果这种蜂的本能发生变异，让蜂房靠在一起，并且出现一定的交切。那么，便会有利于整个蜂群，因为假如两个蜂房共用一个墙壁，不仅可以节省蜜蜂的劳力，还可以节省蜡质。因此，如果它们的蜂房越来越规则，之间的距离越来越小，就像墨西哥蜂的蜂房一样成为一团，那么，这个蜂群便会获得许多利益。在这种情况下，各个蜂房的一部分界面是与邻近蜂房共用的，这样节省了大量的劳力和蜡质。同理，如果墨西哥蜂将蜂房建造得更加接近，并且更加规则，将会对它们更有利；正如我们前面所言，这样将会用平面替代蜂房的球面；如此一来，墨西哥蜂的蜂巢就像蜜蜂蜂巢一样完善了。据我们所知，自然选择难以产生如此完美的构造，因为在节省劳力和蜡质这两方面，蜜蜂的蜂巢已经相当完美了。

所以我相信，所有的奇异本能（如蜜蜂的筑巢本能）都是自然选择保留了简单本能，然后经过一系列变异形成的。在漫长的过程中，自然选择可以逐渐完善蜜蜂在筑巢上的本能，让它们在双层上建造距离相等、大小相同的球体，并且可以沿着交切面建造蜡壁。当然，蜜蜂并不知道它们挖掘的球体之间的距离相等，就像它们不清楚六面柱体和底部菱形板的角度一样。自然选择的作用是让蜂房的构造具有一定的强度，合适的大小和形状，同时还要尽可能地节省劳力和蜡质。只有用最少的劳力和蜡质建造出最完善的蜂房的蜂群，才是最成功的。而且，蜂群会将这种本能遗传给后代，让它们在生存竞争中更容易获得成功。

反对将自然选择学说应用在本能上的理由：中性昆虫

有人曾反对上述关于本能起源的说法，他们认为："构造和本能是同时出现的，并且紧密相关，当一方发生变异时，如果另一方没有发生相应变化，或许会带来灭顶之灾。"这种说法的前提是，本能和构造的变异都是突然出现的。现在，我们用以前说过的大山雀为例进行解释。这种鸟常常站在树枝上，用双足夹住紫衫的种子，然后用喙去啄，直到将里面的核仁啄出。自然选择会保留喙在形状上出现的有利变异，让喙越来越适宜啄破这类种子，直到形成相当完美的喙。同时，由于习性、强制、嗜好的变异，促使这种鸟开始慢慢食用种子。通过自然选择学说来解释，难道会出现困难吗？在这个例子中，假设先出现习性或者嗜好的变化，然后在自然选择的作用下，喙慢慢出现变异。假设大山雀的足和喙密切相连，或者由于其他因素而变大，变大的足加强了鸟的攀缘能力，直到发展为优秀的攀缘能力和本能。在本例中，假设构造的变异引发了本能的变化。我们来看另一个例子：居住在东方岛屿的雨燕（swift）用唾液建造巢穴，这是一种非常奇特的本能。有些鸟类使用泥巴筑巢，也许其中混有一定的唾液。我发现，北美洲的一种雨燕使用唾液把小树枝黏在一起筑巢，甚至将碎枝屑黏在一起筑巢。自然选择通过对分泌唾液越来越多的雨燕个体的选择，最终会产生一种只用唾液筑巢的物种，难道这个无法实现吗？其他情况何尝不是一样呢？不过，我们必须承认，关于许多事例，我们不知道是本能发生了变异，还是构造发生了变异。

显然，许多难以解释的本能不符合自然学说，甚至完全对立。例如，我们不知道有些本能的起源；我们不知道有些本能是否存在中间过渡类型；有些本能无关紧要，自然选择不会对它们发挥作用；在自然系统上，近缘关系遥远的物种的某些本能几乎相同，我们无法用来自于共同的祖先解释，只好认为是在自然选择的作用下独立形成的。在此，我不想讨论这些情况，只是仔细论述一个难点。开始时，我认为这个难点无法克服，并且认为对我的学说是致命危害。我所说的是昆虫中的中性个体，也就是不育雌虫，在本能和构造上，这些中性个体与雄虫、可育雌虫有着巨大区别，由于它们不育，所以无法繁殖后代。

这个问题值得认真研究，但我在此只用不育工蚁的例子进行解释。工蚁怎样变得不育是一个难点，但不会比显著构造的变异更加困难，因为在自然状态下，有些昆虫或者其他节肢动物也会变得不育。假如这些昆虫群居生活，每年产生的不育个体有利于该群体的发展，那么，自然选择就会形成这种结果。最大的难点是，在构造上，工蚁与雄蚁、可育雌蚁有着巨大区别，例如胸部形状，没有翅膀，偶尔会没有眼睛，本能上也是不同的。仅仅从本能上来说，工蚁和可育雌蚁的显著差异，蜜蜂的例子就是很好的解释。假如工蚁或者其他中性昆虫都是普通动物，我会猜想，它的性状是由自然选择作用的积累而成，即出生之后的个体具有微小的有利变异，这种变异可以遗传给后代，而后代会继续变异，继续被选择，一直持续下去。不过，对于工蚁来说不同，由于它与亲本的差异很大，而且是不育的，所以它无法将结构或者本能的变异遗传给后代。于是，大家会产生疑问，这种情况与自然选择学说绝对不相符啊？

首先，我们需要明白，在家养动物和自然状态下的生物中，我们有许多例子表明，遗传得到的构造上的各种差异与年龄或者性别紧密相关。我们知道，某些差别与单一性别有关，而且仅仅表现在生殖系统最活跃的那个时期，例如，许多鸟类在交配季节表现出来的婚羽。我们将不同品种的公牛进行人工阉割之后，角的形状也会有细微不同，某些品种的去势公牛的角要比其他品种去势公牛的角长一些。因此，对于昆虫来说，有些性状与不育状态相关，并不是困难的事。难点在于，在自然选择的作用下，这种相关构造上的变异是如何积累而来。

乍看之下，这个难点无法解决，但只要明白自然选择不仅能够用于个体，还可以用于整个家族，而且得到想要的结果，这个难点就会变得容易许多。或者如我所想，这个难点会消失。养牛者希望牛的肉和脂肪交织在一起看起来像大理石花纹，但具有这种特征的牛被杀了。不过，养牛者相信，通过牛的原种可以培育出这样的牛，结果取得成功。这种想法来源于这样的选择能力，挑选什么样的公牛和母牛可以繁殖出最长角的去势公牛，也可能出现异常长角的去势公牛，虽然去势公牛无法繁育自己的后代。这里还有一个更好的例子，弗洛特（Verlot）说，一年生重瓣紫罗兰的某些变种，经过长期地选择，达到一定程度时所产生的幼株，大部分开的是重瓣但不育的花，但也会出现少量单瓣且可育的植株。这些植株就是该变种用来繁衍的植株，类似于可育的雄蚁和雌蚁，而重瓣不育植株类似于中性工蚁。不管是对紫罗兰变种还是对社会性昆虫进行选择，以此达到想要的目的，作用于整个家族，而不是个体上。因此，我们推测，与某些个体的不育性状相关的构造或者本能上的细微变异，对该群体都是有利的，结果让获利的可育的雄体和雌体迅速发展，并且将出现不育个体的倾向传递给可育后代。这个过程一直重复着，直到同一品种中的可育雌体与不育雌体之间出现巨大区别，就像上文所说的社会性昆虫一样。

不过，我们依然没有讨论这个难点的高峰：有几种蚂蚁，中性个体不仅与可育的雄体和雌体有着巨大差异，而且彼此之间也有所不同，甚至会出现令人难以置信的现象，由此将其分为两级或者三级。而且，各级之间有着显著区别，往往没有渐进特征，彼此之间的差别就像是同一属中的两个种，或者同一科中的两个属。例如，埃西顿（Eciton）蚁中的中性蚁由工蚁和兵蚁组成，它们的本能和颚都有区别。隐角蚁（Cryptocerus）的工蚁仅仅含有一个级，头上长着奇异的盾，但我们还不清楚盾的作用。在墨西哥壶蚁（Myrmecocystus）中，有一个级别的工蚁从来不会离开巢穴，而另一个级别的工蚁负责喂养它，它们的腹部发育的很大，能够分泌一种蜜汁，成为蚜虫分泌物的替代物。由于蚜虫能够源源不断地提供食源，欧洲的蚁类常常将它们进行圈养。

如果我说这些事实无法否定我的学说，有些人可能会认为，我对自然选择原理的坚持太自负、太狂傲。对于只有一个级别的简单昆虫来说，我相信自然选择作用导致了中性个体与可育的雄体和雌体之间的差别。我们由一般变异可以推测，那些连续的微小变异只会表现在某些中性个体上，而不是所有的中性个体上。在这样的社群中，雌体能够产生尽可能多的有利变异的中性工蚁，便于生存，从而使得所有的中性个体具有一致的变异特征。根据这个说法，我们偶尔会发现具有不同级进构造的中性昆虫，我们已经观察到这一点。由于很少研究欧洲以外的昆虫，所以这种情况非常罕见。史密斯先生说，英国的好几种蚂蚁的中性个体在体形上和颜色上，表现出巨大的差异，而且同一窝的某些个体可以在两种类型之间建立联系。我认真比较这种级进类型，有时发现大型工蚁或者小型工蚁比较多，或者两种都比较多，而中间型的比较少。对于黄蚁来说，较大和较小的工蚁多一些，而中间的非常少。史密斯先生发现，在这个物种中，虽然较大工蚁的单眼比较小，但非常明显，而较小工蚁的单眼是痕迹状的。我解剖过这类工蚁的一些标本，证明较小工蚁的单眼是高度退化而成，无法用体型按照比例缩小进行解释。我猜测，中型工蚁的单眼处于中间状态。因此，在同一个窝中，便会存在两种体型的不育工蚁，它们的体形和视觉器官都有差别，而且某些中间状态的个体将它们连接起来。现在，需要补充的是，如果小型工蚁有利于该群体的发展，那么能够繁殖小型工蚁的雄蚁和雌蚁将会被保留下来，直到所有的工蚁都变成小型个体。于是，这样的蚁种形成了，它的中性个体类似于褐蚁属中的中性个体。在褐蚁属中，虽然雄蚁和雌蚁的单眼非常发达，但工蚁没有单眼，甚至连痕迹都不存在。

曾经，我希望在同一种内不同级的中性个体之间找到能够体现重要构造的过渡类型，因此，我参考了史密斯先生在西非洲驱逐蚁（Anomma）的同一个窝中采集的若干个标本。我想用准确的事实表示这些工蚁之间的差异量，而不是测量得出的数据。这些差异就像一群建造房屋的工人的不同，有些人的身高是5.4英尺，而有些人的身高是16英尺。此外，我们还要假设，高个子工人的头是矮个子工人的三四倍，而颚是四五倍。对于大小不同的工蚁来说，不仅颚的形状不同，而且牙齿的数量和形状都有巨大差异。不过，需要注意的是，尽管根据体形可以将这些工蚁划分为若干级，但难以发现它们之间的变化，即使有着巨大差别的颚的构造也是一样。我之所以讨论工蚁的颚，那是因为卢布克爵士曾用绘图器将我解剖过的大小各异的工蚁的颚仔细地描绘出来了。贝茨（Bates）先生在著作《亚马逊河上的博物学者》一书中，曾经讲述过类似的情况。

上述事实让我明白，在自然选择的作用下，可育的蚁能够逐渐形成一个物种，该物种容易产体形大且具有某种颚的中性蚁，或者产体形小且具有不同颚的中性蚁，或者产两群体形和构造都有很大差别的工蚁；虽然最后一点最难解释清楚，但类似于驱逐蚁的情况，最先形成一个级进系列，然后这个系列的两个极端类型逐渐发生变化，最后中间个体不再出现。

曾经，在同样复杂的例子中，华莱士和缪勒提出了相似的解释。华莱士选择的例子是马来西亚的某些蝶类的雌体，常常表现为两三种具有显著差异的类型。缪勒选择的例子是巴西的某些甲壳动物的雄体，表现为两种很不相同的类型。不过，在此不必讨论这个问题。

现在，我已经解释了，生活在同一个窝中的两种不育工蚁，它们不仅与亲本之间有着巨大区别，彼此之间也很不同，这种奇异的事情是如何来的。我们明白，这种情况有利于蚁群的发展，就像分工对人类有利一样。不过，蚁类依靠遗传得到的本能和器官进行工作，而人类依靠智慧和机器进行工作。但是，需要承认的是，虽然我从来不会怀疑自然选择的作用，但如果缺乏中性昆虫这个事实，我便无法得出这个结论，更不会想到这个原理如此有效。为了验证自然选择作用的力量，同时还因为这是我的学说遇到的一个难点，所以我讨论得比较多，但还是不充分。这种情况非常有趣，因为它表明，不管是动物界还是植物界，任何变异都是经过无数的微小变异积累而成，而且都是有利变异，训练和习性无法发挥任何作用。无论经过多长时间，工蚁的习性都不会影响可育的雄蚁和雌蚁。我觉得非常纳闷，为什么从来没有人用中性昆虫的实例否定拉马克所说的"获得性遗传"的学说呢。

摘要

在本章中，我简单地解释了家养动物的智力性能可以变异，而且变异具有遗传性。我还简单地阐述了，在自然状态下，本能也会出现微小变异。对于所有的动物来说，本能都是非常重要的，这是无法否认的事实。因此，在不断变化的环境中，自然选择作用可以将本能上的微小有利变异积累到任意程度，这不是非常困难的事情。在许多情况下，器官的使用或者不使用有着重要作用。我无法断言，本章列举的所有事实都可以加强我的学说，但绝对没有任何难点可以否定我的学说。此外，本能并非总是完善的，而是非常容易出错。虽然动物能够利用其他动物的本能，但没有一种动物的本能是专门为了其他动物的利益出现的。"自然界中没有飞跃"这句自然格言不仅可以形容身体构造，还可以用来形容本能。所有事实进一步提高了自然学说的地位。

其他关于本能的事实，同样巩固了这个学说，例如亲缘关系很近的物种，生活在相距遥远的地方，处于差异很大的环境中，却几乎有着同样的本能。例如，我们根据遗传原理可知，为什么南美洲热带的鸫和英国的鸫一样用泥涂抹自己的巢穴；为什么非洲的犀鸟（Hornbill）和印度的犀鸟有着相同的本能，用泥将树洞封住，然后将雌鸟关在洞中，封口处留有一个小孔，以便雄鸟在此喂食雌鸟和幼鸟；为什么北美鹪鹩（Troglodytes）和欧洲鹪鹩都是雄鸟筑巢，这是一种独特的习性。最后，也许这种推论不符合逻辑，但根据我的想象，这种说法能够令人信服，即将独特的本能，例如小杜鹃将义兄妹挤到巢外、蚂蚁的养奴行为、姬蜂的幼虫寄生在活的毛虫体内等，看作是生物进化的普遍法则——如繁衍、变异、强者生存等——带来的结果。

第九章　杂种性质

初始杂交不育性和杂种不育性的区别

许多博物学家认为，种间杂交具有不育特征，以便阻止物种之间的混杂。乍看之下，这种说法没有错误，如果一起生活的物种能够自由交配，它们之间的区别就会消失。在许多方面，这个问题都是非常重要的，尤其是初始杂交物种的不育性和杂交后代的不育性，恰如我后面将要解释的，无法通过保留连续的、有利的不育性得到。亲本物种生殖系统中的差异造成了不育性。

关于这个问题，人们常常将两类不同事实混为一谈，那就是：初始杂交物种的不育性和它们形成的杂种的不育性。

纯粹物种的生殖器官是完善的，但进行中间杂交时，往往产生很少的后代，甚至无法产生后代。然而，杂种不一样，在功能上，它们的生殖器官是无效的，植物和动物的雌性生殖质的状态能够表明这一点，虽然它们生殖器本身的构造是完善的。前者形成胚胎的雌雄生殖质都是完善的，而后者是发育不完全的。在分析这种情形的不育原因时，这种区别非常重要。由于常常将这两种不育看作特殊天赋，我们无法理解，所以往往忽略了它们的区别。

变种常常被认为是一个共同物种传递下来的不同形式，不同变种杂交的可育性和混种后代杂交的可育性，我觉得与种间不育性同样重要，因为它们体现了变种和物种之间的显著区别。

不育性的程度

首先，我们讨论一下种间杂交的不育性和杂种后代的不育性。在这个问题上，凯洛依德和格特纳这两位著名的观察家几乎投入了一生的精力，只要阅读过他们的著作或者报告的人都会觉得，某些程度的不育性是一种普遍现象，凯洛依德将这个规律普遍化了。他列举了十个例子，许多人认为是不同物种，但他发现其中两种杂交之后是可育的，于是他将它们列为变种。格特纳也将这个规律普遍化了，但他质疑凯洛依德十个例子中的完全可育性。然而，为了证明这种例子中存在着某种程度的不育性，他只好认真统计种子的数量。他将两个初始杂交物种产生的最大种子数和它们杂交后代产生的最大种子数，与自然状态下两个纯粹物种的亲种产生的平均种子数进行对比。不过，这导致他犯了严重错误，因为杂交植物必须去掉雄蕊，而且要进行隔离，防止昆虫带来的其他植物的花粉的影响。但是，格特纳进行实验选择的是盆栽植物，并且将它们一起放在一间屋子中。显然，这种做法往往会伤害植物的可育性。因为对他选择的20种去雄植物来说，除了难以操作的豆科植物之外，植物用自身花粉进行人工授精会在一定程度上损害它们的可育性。而且，格特纳对某些植物，例如红花海绿（Anagallis arvensis）和蓝花海绿（Anagallis corerulea），这些植物学家们认为的变种，经过反复杂交之后，发现它们绝对不育。因此，我们会产生疑问，许多物种在进行杂交时，是否会出现他认为的不育情况呢？

　　事实确实如此，一方面，物种杂交的不育性程度有所不同，而且它们的递变差异很难察觉；另一方面，纯种的可育性很容易受到不同环境的影响，所以很难确定可育终端与不育开端的界限。关于这一点，凯罗伊德和格特纳这两位观察家提供的例子是最好的证据。对于完全相同的类型，他们得出的结论却是相反的。关于某些可疑类型是物种还是变种，将这两位观察家的证据与其他杂交工作者提出的可育性证据，或者某些观察者根据不同年份所做实验得出的证据进行比较，很有启发意义。不过，由于篇幅有限，在此不能详细解释。由此可知，不管是不育性还是可育性，都无法明确分辨物种和变种。从这方面得到的证据逐渐减少，并且与其他方面获得的证据同样可疑。

　　关于杂种在后代中的不育性这个问题，尽管格特纳采取措施防止杂种与亲本进行杂交，这样培育了六七代，甚至有一个培育了十代，但他肯定地说，杂种的可育性一直在降低。关于可育性的降低，开始时的表现是，当杂种的两个亲本在构造或者体质上出现偏差时，常常会以扩散方式传递给后代，并且在某种程度上对杂种植物的两性生殖质产生影响。不过，我认为，在这些例子中，可育性的降低是由另一个因素导致的，那就是交配亲本的亲缘关系太近。我做过大量实验，搜集的许多证据表明：一方面，偶尔与不同个体或者变种杂交能够加强后代的可育性；另一方面，亲缘比较近的交配能够降低后代的可育性。我无法怀疑这个结论的正确性。实验者们难以培育出大量杂种，由于亲本种或者近缘种生活在同一个地方，所以在开化季节要防止昆虫传粉。假如将杂种隔离，每个世代都会自花授粉。因此，可能会损害杂种原本就在降低的可育性。格特纳反复强调的一个结论是：如果用同类杂种的花粉对可育性很差的杂种进行人工授粉，虽然操作会造成不良影响，但能够显著提高杂种的可育性，而且逐代提高。这个论述加强了我的观念。对于人工授精来说，其他花朵上的花粉和本花朵的花粉的授精机会一样（这是根据我的经验得出的结论）。因此，即使是同一植株上的两朵花进行杂交，也会受到影响。此外，当进行复杂的实验时，一定要去掉杂种的雄蕊，这样可以保证每一代都用不同花的花粉进行杂交，这些花可以来自于同一植株，也可以来自于杂种性质相同的不同植株。因此，人工授精的杂种的可育性不断提高，与自花受精的结果截然不同，我认为可以用不让近缘杂交来解释这个事实。

现在，我们来研究一下优秀的杂交工作者赫伯特牧师得到的结果。他强调，有些杂种是完全可育的，跟它们的纯种亲本一样。正如凯罗伊德和格特纳强调不同物种之间的不同程度的不育性是普遍法则一样，他在实验中选用的某些植物正是格特纳用过的。不过，他们得到的结果不同，其中一部分的原因是赫伯特熟练的园艺技能和他掌握的温室。在这里，我只列举他众多陈述中的一个，那就是："将卷叶文殊兰（C. revolutum）的花粉施加在长叶文殊兰（Crinum capense）的一个荚内的每个胚珠上，便会形成一个自然状态下不会出现的植株。"我们在这个例子中发现，两个不同物种初始杂交时，也会出现完全的育性。

文殊兰属的例子让我联想到一个奇特的事实，即半边莲属、毛蕊花属、西番莲属的某些物种的植株，同株花粉难以让它们受精，但不同物种的花粉很容易受精，尽管同株花粉都是可育的，因为它们能够促使不同植株或者不同物种的植物受精。在朱顶红属（Hippeastrum）和紫堇属（Corydalis）中，伯朗教授发现了相似的情况；在各种兰科植物中，斯科特（Scott）先生和缪勒先生也发现了这种情况。因此，实际上，一些物种的某些异常个体或者某些物种的所有个体更容易杂交，因为它们很难出现同株花粉受精的情况。我们来看一个例子，一种朱顶红（H. aulicum）的一个球茎上长着四朵花，赫伯特用这个植株上的花粉为其中的三朵花受精，然后用三个物种杂交得到的杂种的花粉为第四朵花受精。结果，前三朵花的子房不久就不再生长，几天后就枯萎了，而杂种受精的花朵生长旺盛，很快就成熟了，结出的种子容易生长。赫伯特先生做了多个类似的实验，总会得出相同的结果。这些例子表明，有时难以确定的原因决定了一个物种的可育性的高低程度。

虽然园艺工作者的试验缺少精确的科学数据，但依然值得我们关注。大家知道，在天竺葵属、倒挂金钟属（Fuchsia）、蒲包花属（Calceolaria）、矮牵牛属（Petunia）、杜鹃花属等各属的物种之间，曾经进行过非常复杂的杂交，从而产生了多种杂种，而许多杂种可以大量结籽。赫伯特说，由皱叶蒲包花（C. integrifalia）和车前蒲包花（C. plantaginea）这两个习性各异的物种得到的杂种完全可以自身繁殖，就像自然物种一样。曾经，我认真研究过杜鹃花属的某些复合杂种的可育性问题。我能够确定，许多是完全可育的。诺布尔（Noble）先生对我说，他曾经将小亚细亚杜鹃植物（Rhododendron ponticum）和北美山杜鹃（R. catawbiense）的杂种嫁接在砧木上，形成的杂种能够结出大量种子。正如格特纳所说，杂种的可育性在每代中不断降低，园艺工作者们肯定会注意到这个情况。园艺工作者们在广大的土地上培育同一杂种，这才是正确的做法，因为这样可以借助昆虫的传粉作用，让个体之间能够自由交配，防止近亲交配带来的不利影响。只要认真研究一下杜鹃花属的不育性较高的花，我们就会承认昆虫媒介的作用，虽然这些花不会形成花粉，但它们的柱头上有着大量花粉，这都是昆虫从其他花朵上带过来的。

与植物的实验相比，对动物进行的研究少得多。假如我们的分类系统正确，即动物各属之间的区别像植物各属之间的区别一样明显，那么，我们很容易推测，自然系统中差别较大的动物比植物更易杂交。不过，我觉得杂种的不育性更高。但是，需要明白的是，在圈养状态下，几乎没有动物能够正常繁殖，因此进行的实验比较少。例如，将九种不同品种的鸣雀与金丝雀杂交，由于这些雀在圈养下都不能正常生育，所以这些鸟的当代杂交或者杂种绝对不是完全可育的。此外，关于可育杂种后代的育性问题，我甚至不知道一个确切的例子，不同亲本同时建立起来的相同杂种的两个家族，由此避免近亲杂交带来的不良后果。相反，在每个世代中，同一物种常常出现同胞兄妹交配的现象，这完全违背了育种家反复强调的情况。这时，杂种的不育性程度会再次提高，这是显而易见的。

虽然我还不知道杂种完全可育的例子，但我相信，凡季那利斯羌鹿（Cervulus vaginalis）与列外西羌鹿（Reevesin）的杂种，还有东亚雉（Phasianus colchicus）和环雉（P. torquatus）的杂种都是完全可育的。奎特伦费吉（Quatrefages）说，在巴黎已经证实，两种野蚕（Bombyx cynthia和arrindia）的杂种繁殖八代之后依然是可育的。最近，有人推测，将野兔和家兔进行杂交之后可以得到杂种后代，并且用杂种与任一亲种交配得到的后代都是高度可育的。欧洲的普通鹅与中国鹅（A. cygnoides）是两个完全不同的品种，被归纳到不同的属中。然而，在英国，它们的杂种与任一亲本交配的后代往往是可育的，并且杂种之间的相互交配能够繁殖。这是艾顿先生得出的结论，他培育的两只杂种鹅来自于同一对父母、不同的孵化窝别。通过这两只杂种鹅，他培育出八只杂种鹅（即纯种鹅的孙代）。然而，在印度，这种杂种有着高度可育性，杰出的鉴赏家布里斯先生和赫顿大尉对我说：印度各地都在饲养这种杂种鹅，而且饲养杂种鹅获利更多，而纯种亲本鹅早就没有了，所以这些杂种鹅一定是高度可育或者完全可育的。

对于家养动物来说，不同品种的杂交具有可育性。不过，在家养动物中，许多动物的祖先是两个或者多个野生物种的杂交种。我们根据这个事实推测：或许最初的野生亲本种可以杂交产生完全可育的杂种，或者杂种是在家养条件下逐渐变得可育的。帕拉斯（Pallas）最先提出了后一种情况，似乎是非常合理的，令人难以质疑。例如，我们的狗的祖先是若干种野生动物，除了南美洲的某些土生家狗，几乎所有的家狗交配之后都具有可育性。不过，相似的推理让我产生了疑问：起初，这几个野生物种在一起是否能够正常繁殖，可以产生具有可育性的杂种呢？最近，我得到一个明确的例证，那就是印度瘤牛与普通牛杂交的后代，交配之后完全可育。吕提梅尔仔细研究了这两种牛的骨骼，发现有着重要区别。布里斯发现，在习性、声音、体质等各个方面，它们都有区别，所以这两种牛是不同物种。在家猪中，有两个主要品系也是一样。因此，我们或者放弃中间杂交普遍不育的观点，或者承认物种之间的不育性是能够消除的特征，在家养状态下可以改变。

最后，根据动植物杂交的事实能够得出这个结论：虽然物种杂交和杂种在某种程度上的不育性是一种普遍现象，但这种现象不是绝对普遍的。

支配杂种不育性的规律

现在，我们仔细分析一下关于初始杂交和杂种不育性的规律。我们主要想弄清楚，这些规律是否让物种具有不育性，以便防止物种之间出现混乱现象。下面的结论主要来自于格特纳进行的植物杂交实验。曾经，我认真思考这些结论在动物研究中的适应程度。虽然我们对杂种动物认识有限，但我发现，同一规律可以普遍用在动植物界中。

我在前文说过，初始杂交和杂种的可育性程度是逐渐变为完全可育的。让人诧异的是，许多方式能够体现出这种逐渐变化。不过，我在此只能简单描述一下事实。如果将某科植物的花粉撒到另一科植物的柱头上，造成的影响类似于无机灰尘。将不同物种的花粉放在同一属的某个物种的柱头上，在所结的种子中会慢慢形成一个系列，直到具有完全可育性。在某些特例中，我们发现已经出现了超长育性，也就是高过了自花授粉的育性。杂种也是一样，对于某些杂种来说，即使使用纯种亲本的花粉也从来没有产生过可育的种子。不过，在某些例子中，能够发现可育性的最初痕迹，如果将纯种亲本的花粉撒在多杂花的柱头上，这朵花会凋谢得更快。大家都知道，初期受精的一个表现就是早谢。我们的许多事例表明，杂种的高度不育性可以慢慢改变，逐渐产生越来越多的种子。

如果很难杂交且很难产生后代的两个物种，只要形成杂种，那么，杂种一般是不育的。人们常常将两种事实混为一谈，中间难以杂交和形成的杂种不育，但这两者之间有所不同。关于这一点，许多例子可以证明，例如毛蕊花属，两个纯粹物种很容易杂交，并且能够产生大量的杂交后代，但这些杂种是不育的。相反，有些物种之间很难杂交，但只要出现杂种，杂种的可育性就很高。在同一属内，甚至存在着两种情况，如石竹属（Dianthus）。

与纯种的可育性相比，初始杂交的可育性和杂种的可育性更容易受到不良条件的影响。不过，初始杂交的可育性本身能够变化，因为在相同的环境中，相同的两个物种杂交之后的可育性程度不同，而且还会受到实验选取的植物个体体质的影响。杂种也是一样，在相同的条件下，同一蒴果的种子培育出的若干个体，它们的可育性程度有着很大差别。

在分类系统中，亲缘关系指的是物种在构造上和体质上的相似处。分类系统中的亲缘关系决定了物种杂交和形成的杂种的可育性。分类学家划分为不同科的物种之间，绝对不会形成杂种；相反，亲缘关系比较近的物种之间，往往容易产生杂种。不过，分类系统上的亲缘关系和杂交的难易性的对应关系，绝对不是严格不变的。许多例子可以表明，亲缘关系非常近的物种之间难以杂交，甚至是不能杂交；相反，有所差别的物种之间容易杂交。对于同一科来说，同属内的许多物种容易杂交，如石竹属。在麦瓶草属（Silene）中，极其接近的物种之间无法杂交，虽然付出了许多努力，但依然没有培育出一个杂种。在同一个属内，也会出现不同情况，例如烟草属（Nicotiana）中的许多物种之间很容易杂交；然而，格特纳发现智利尖叶烟草尽管不是特殊物种，但很难杂交，曾经选择烟草属的八个物种来做实验，都没能使其受精，也无法让其他物种受精。我们还能列举许多类似的例子。

  关于可以识别的性状，谁都说不清楚何种差异类型或者多大的差异量才可以阻止两个物种的杂交。不过，我们发现，习性和表型差异有着很大区别，而且有着巨大差异的植物能够杂交。一年生植物和多年生植物，落叶植物和常绿植物，尽管生长的地点和环境都不同，但往往能够杂交。

  我这样解释两个物种之间的互交：例如，先让母驴与公马杂交，然后将母马与公驴杂交，这样便说两个物种进行了互交。关于互交的难易程度，常常有着巨大差别。这种情况非常重要，因为它们表明任何两个物种的杂交能力，与它们在系统上的亲缘关系无关，即除了生殖系统的差异之外，与构造上或者体质上的差异没有关系。凯洛依德早就发现，两个相同物种之间的互交会产生不同的结果。例如，长筒紫茉莉（Mirabilis longi glora）的花粉能够让紫茉莉（M. jalapa）轻易受精，而且形成的杂种完全可育。不过，在八年的时间内，凯洛依德进行了200多次反交，想用紫茉莉的花粉让长筒紫茉莉受精，但始终没有成功。还有许多类似的例子。在某些海藻中，即墨角藻属（Fuci）里，瑟伦（Thuret）发现了同样的情况。此外，格特纳发现，互交的难易程度不同是一种普遍现象。在亲缘很近的植物中，例如一年生紫罗兰（Matthiola annua）和无毛紫罗兰（M. glabra），还有许多植物学家判定为不同变种的植物之间，他都发现了这种情况。需要注意的是，虽然互交形成的杂种来自于两个完全相同的物种，即一个物种先作为父本，然后作为母本，虽然它们在外形上很相似，但在育性上存在差异，有时甚至很大。

通过格特纳的工作，还能得出其他奇特的规律。例如，有些物种拥有特别能与其他物种杂交的能力；而同属中的其他物种有着让它们的杂交后代与自己极其相似的能力；然而，这两种能力并非总是同时出现。有些杂种不具备双亲的中间性状，而是非常像其中一个亲本；而且，虽然这类杂种在外表上很像它们的纯种亲本，但大多数是极端不育的。此外，对于具有双亲中间构造的杂种来说，有时也会出现例外情况或者异常个体，它们非常像纯种亲本之一；而且，这种亲种几乎是完全不育。这些事实说明，一个杂种的育性往往与纯种亲本外表的相似性没有关系。

现在，综合考虑了关于初始杂种和杂种可育性的几个规律，我们发现，只要是真正的不同物种进行杂交时，它们的育性常常是由零慢慢转化为完全可育的，在某些特殊条件下，甚至出现超常育性；它们的育性不仅容易受到环境的影响，而且自身还会发生变化；不管是初始杂交还是在杂交形成的杂种中，育性程度都是不一样的；杂种的育性与它们在外表上和亲本的相似程度无关；最后，任何两个物种初始杂交时的难易程度，并不一定是由它们在系统上的亲缘关系或者相似程度决定的。此外，两个物种互交的结果有所差别，因为作为父本或者母本的物种不同，杂交的难易程度也会有所不同。而且，有时存在很大差异。此外，在育性上，互交形成的杂种往往有着区别。

那么，这些复杂规律是否表明，物种的不育性只是为了防止它们在自然界中混乱不清呢？我觉得不是这样。如果避免物种混合在一起对所有物种同等重要的话，为什么不同物种进行杂交形成的杂种的不育性程度有着巨大差别呢？为什么同一物种的个体之间的可育性会发生变化呢？为什么某些容易杂交的物种形成的杂种是不育的，而某些极难杂交的物种形成的杂种却是可育的呢？为什么两个相同物种进行互交会出现不同的结果呢？为什么会有杂种产生呢？既然物种拥有杂交的能力，但又通过不同程度的不育性阻止杂种繁殖，并且不育程度与亲本初始杂交的难易程度无关，这看起来似乎不太合理。

相反，据我观察，上述规律和各种事实表明，物种生殖系统中的未知差异决定了初始杂交和杂种的不育性。这种差异有着特殊的性质，导致两个物种在进行互交时，虽然某个物种的雄性生殖质能够完全作用于另一物种的雌性生殖质，但反过来不行。我们通过一个例子来解释，不育性不是特别赋予的一种性质，而是其他差异的附属。例如，在自然状态下，一种植物的嫁接或者芽接的能力，对它的生存没有重要性。我推测，这种能力是特别赋予的一种性质，而这是植物生长规律的差异造成的。有时候，树木的生长速率、木质硬度、树液流动周期、树液性质等性状的不同让我们明白，为什么一种植物无法嫁接到另一种植物上，但很多时候我们并不知道原因。两种植物并不会因为大小差异，或者草本与木本的不同，或者常绿与落叶的不同，或者生长环境的不同，而永远无法进行嫁接。与杂交情况相同，系统中的亲缘关系会影响嫁接的能力，因为从来没有人将有着巨大差异的不同科的两种植物嫁接成功过。相反，亲缘关系比较近的物种，或者同一物种的不同变种，虽然不是全部都能嫁接成功，但大部分可以。与杂交相同，系统上的亲缘关系不是唯一决定这种能力的因素。虽然同一科内的不同属的植物有许多嫁接成功的例子，但在某些情况下，同一属内的不同物种无法嫁接。例如，梨树嫁接到不同属的榲桲树上比较容易，而嫁接到同一属的苹果上比较困难。而且，对于梨树的不同品种来说，嫁接到榲桲树上的难易程度不同。同理，杏树和桃树的不同变种嫁接到李子树的变种上的情况也是一样。

格特纳发现，两个相同物种的不同个体进行杂交，有时结果会大不相同；塞奇雷特（Sageret）推测，两个相同物种的嫁接也是如此。对于互交来说，两种物种杂交的难易程度有所不同；在嫁接中，也会出现这种情况。例如，普通鹅莓（Gooseberry）无法嫁接在红酸莓上；然而，红酸莓能够嫁接在普通鹅莓上。

我们明白，生殖器官健全的两个纯种难以杂交的不育与生殖器官不健全的杂种的不育是完全不同的两回事，然而，这两类情况在很大程度上具有相似性。在嫁接中，有时也会出现这种情况，索因（Thouin）观察到，刺槐属（Robinia）中的三个物种在本根上能够结出许多籽，如果将它们嫁接到其他刺槐上，却无法结籽。相反，如果将花楸属的某些物种嫁接到其他品种的花楸树上，结出的果实要比本根上的大一倍。这个事实让我们联想到朱顶红、西番莲等特殊的属，这些植物由其他物种的花粉受精结出的种子远远大于本株花粉受精结出的种子。

由此可知，在生殖作用上，虽然枝干嫁接和雌雄生殖质的结合有着显著区别，但不同物种嫁接或者杂交得到的结果很相似。既然我们认为树木营养系统之间的未知差异决定了支配树木嫁接的难易程度的规律，那么，我们应该相信，物种生殖系统之间的差异决定了初始杂交的难易程度的复杂规律。正如我的预料，在一定程度上，这两个系统中的差异需要遵循分类系统中的法则。系统的亲缘关系能够体现不同物种之间的异同点。所有的事实都没有说明，不同物种的杂交或者嫁接的困难程度是特别的性质；虽然对于杂交来说，这种困难对物体形态的稳定非常重要，而嫁接中却不是这样，对它们的生存没有重要性。

初始杂交不育性和杂种不育性的起因

在过去的一段时间内，我的想法与其他人的想法相同，以为初始杂交和杂种的不育性来自于自然选择的作用，它将物种的可育性程度逐渐降低所致；并且以为轻微程度的育性减低类似于其他变异，当两个变种进行杂交时能够自发出现。现在看来，情况绝对不是这样。对于两个变种或者初始种来说，不让它们混杂对它们是有利的。同理，当人们同时选择两个变种时，最好将它们隔离开。第一，不同地域的物种进行杂交往往是不育的；那么，让这种隔离的物种进行杂交，但杂交后不育，对这些物种显然没有好处。因此，杂交的不育性不可能是通过自然选择作用形成的。这或许说明，如果一个动物与同胞物种是不育的，那么，它与其他物种必然也是不育的。第二，在互交中，第一种生物的雄性生殖质无法对第二种生物产生作用，但第二种生物的雄性生殖质能够让第一种生物大量受精，这种情况不符合特创论和自然选择学说，因为生殖系统的这种特性，对双方生物都没有好处。

当我们觉得自然选择会在物种不育方面发挥作用时，便会明白最大的难点在于，从轻微的不育性到完全不育性之间存在着许多中间环节。对于一个初期种来说，当它与亲本种或者其他变种杂交时，如果出现轻微程度的不育性，那么，便认为这有利于初期种，这样可以减少不纯后代或者退化后代的出现，以此减少血统混合的状况。不过，谁要是认真思考这些步骤，也就是自然选择将最初的不育性逐渐提高，最终变为不同属或者不同科的物种所具备的高度不育性，他会发现这个问题非常复杂。我经过认真思考发现，自然选择作用无法导致不育。现在，我们用任何两个物种杂交都会形成一些不育性的后代为例，偶尔有些个体的不育性较高，由此向着完全不育迈进一步，这会为个体的生存带来什么好处呢？如果自然选择可以发挥作用的话，那么，这种提高会出现在许多物种中，因为许多物种之间是高度不育的。关于不育的中性昆虫，我们相信它们在构造上和育性上的差异来自于自然选择作用的积累，并让该社群得到更大的优势。不过，如果将一个不营社群生活的物种与其他变种杂交出现轻微不育，那么，生物本身没有获得什么好处，更不会为同一变种个体带来利益，便于它们生存下去。

不过，我们不必仔细分析这个问题，因为关于植物，我们已经知道：杂交物种的不育性是由某种原理导致的，而这种原理与自然选择作用无关。格特纳和凯洛依德说过，对于包含许多物种的大属来说，根据不同物种杂交的结籽数量，可以形成一个递减直到完全不结籽的系列，但其他物种的花粉会对后者产生影响，促使它的子房膨胀。显然，如果想要找到比不结籽的个体更加不育的个体，这是绝对无法实现的。因此，这种极端不育性是对胚胎造成影响，所以不是通过自然选择得到的。而且，在动植物界中，由于支配不育程度的规律是一样的，所以我们能够推测不育性的起因，在各种情况下，它都是相同或者极其相似的。

现在，我们仔细分析一下存在于物种之间的，引发初始杂交不育和杂种不育的差异可能具备的性质。对于初始杂交来说，多种原因对杂交及其后代的难易程度有着重要影响。有时候，雄性生殖质的天然因素导致其无法进入胚珠。例如，当植物的雌蕊太长时，花粉管难以到达子房，也是一样。我们发现，如果将某个物种的花粉放置到亲缘关系很远的一个物种的柱头上，尽管花粉管能够伸出，但无法穿透柱头的表层。此外，虽然雄性生殖质能够到达雌性生殖质，但无法让胚胎发育。瑟伦针对墨角藻的实验，也出现了这种情况。与某些植物无法嫁接一样，这类事实难以解释。最后一种情况是，胚胎能够发育，但早期就死亡了。虽然这个情况还没有引起大家的注意，但根据在雉和家鸡的杂交上经验丰富的休伊特（Hewett）先生的观察可知，胚胎早期死亡是杂交不育的重要原因。最近，萨尔特（Salter）先生进行的实验表明，鸡属三个不同的种和它们的杂种之间进行的杂交形成了大约500枚卵，大多数卵已经完成了受精。其中，有些受精卵在胚胎发育时期死亡，有些是雏鸡无法啄破蛋壳死亡。即使雏鸡孵化出来，最初几天或者几个星期内的死亡率高达80%。因此，这500枚卵仅仅培育出12只鸡。关于植物，杂交的胚胎常常以相同的方式死亡。我们知道，差距很大的物种杂交产生的杂种，有时非常瘦弱，而且会在早期死亡。关于这些事实，马克斯·威丘拉（Max Wichura）观察到许多杂种卵的显著例子。在此，我们重点关注孤雌生殖的情况。与不同物种杂交的胚胎一样，未受精的蚕蛾的卵在发育早期容易死亡。当不清楚这些事实时，我始终不愿相信杂种的胚胎常常在早期死亡，因为只要杂种形成，往往是健康长寿的，就像常常见到的骡子一样。不过，杂种出生前后所经历的环境不同，如果出生于双亲生活的地方，对它们的生长是有利的。但是，一个杂种的属性和体质只有一半来自于母本。因此，当杂种还在母本的子宫内或者母本产生的种子内时，可能已经无法适应生活环境，于是在早期就死亡了。尤其是非常幼小的生物，对于不适宜的生活条件非常敏感。然而，总体而言，胚胎早夭的原因更可能是受精时的某些缺陷，导致胚胎无法正常发育，这比后期的生活条件更重要。

关于两性生殖质发育不完全的杂种的不育性，情况有所不同。曾经，我列举了许多事实证明，动植物离开它们赖以生存的环境之后，它们的生殖系统会受到严重影响。其实，这正是动物驯化面临的相当大的阻碍。由此引发的不育性和杂种的不育性之间，存在许多相似之处。在这两种情况下，不育性与健康状况没有关系，而且不育的个体常常长得非常健壮或者茂盛。而且，这两种情况的不育性程度有所区别，一般来说，雄性生殖质容易受到影响，但有时雌性生殖质受到的影响更大。此外，对于这两种情况来说，不育倾向在某种程度上与物种在系统中的亲缘关系密切相关，因为异常条件可能导致整个类群的动植物变得不育，并且整个类群的物种都会出现形成不育杂种的倾向。另一方面，有时一个类群中的某个物种不会受到生活环境的变化，从而保持原有的育性；在一个类群中，甚至某些物种能够形成超长育性的杂种。如果没有经过实验，谁都无法确定，在圈养状态下某个物种是否可以正常繁殖，或者在栽培状态下外来植物能否正常生长。同样，没有人能够确定，同一属的两个物种杂交之后，是否会产生不育杂种。最后，如果生物的若干代一直处于异常环境中，那么，这些生物很容易出现变异。这种现象出现的主要原因是，生物的生殖系统受到了影响，尽管这时的影响不如不育时的影响。杂种也是如此，因为每一个实验者都发现，它们的后代也很容易发生变异。

由此可知，当生物处于异常环境中或者两个物种勉强形成杂种时，生殖系统都会受到相同的影响。在前一种情况中，生物的生存环境发生变化，影响比较小，我们难以察觉；而在后一种情况中，虽然外界环境不变，但杂种是由两种生殖系统、两种体制、两种构造混合而成，所以体制遭到破坏。由于杂种是由两种各异的体制结合而成，所以在发育、周期性活动、不同器官的相互关系等各个方面，都会承受某种程度的扰乱。如果杂种之间能够自由交配，它们便可以把这种体制传递给后代。因此，虽然它们的不育性会发生一些变化，但绝对不会消失，甚至还会出现上升的趋势，这是很有道理的。正如以前所说，不育性的提高是近亲繁殖造成的结果。上述杂种的不育性是由两种体质的合二为一导致的，这个说法得到马·威丘拉的赞同。

不过，我们不能否定，根据上述观点难以解释关于不育性的某些事实。例如，互交形成的杂种的不育性有所不同，偶尔出现的类似于某个亲本的杂种的不育性有所提高等。我无法确定，上述说过是否涉及到了问题的根源。在异常的环境中，为什么一种生物变得不育？关于这个问题，我还没有答案。我在前面所说的，仅仅是两种情况中的相似之处，不育性是它们的共同结果，只不过前者是生活环境导致的，而后者是两种体制合二为一造成的。

这种现象还可以用在类似但不相同的事实上。对于所有的生物来说，生活条件的微小变化都是有利的，这是大家普遍认可的古老信念，它建立在大量的事实基础上，我在其他地方给出了许多证据。我们知道，农民和园丁一直在这样做，他们常常把不同土壤、不同地方的种子、块茎等进行交换，接着换回来。在动物生病后的恢复时期，习性上的变化会为它们带来很大的帮助。此外，不管是植物还是动物，各种证明显示，同一物种内有着一定差异的个体杂交之后，后代的生命力和育性都会有所提高；相反，近缘亲属之间在连续若干代的交配之后，即使生活环境不变，身体状况也会变弱，甚至出现不育。

因此，一方面，生活环境的微小变化有利于生物的生存；另一方面，轻微的杂交（也就是经历略微不同的生活环境）或者具有微小变异的同一物种的个体之间的杂交，后代的生命力和育性都会增强。不过，正如我们所知，只要是长期生活在某个自然环境下的生物，一旦面临有着巨大变化的环境时，例如圈养，育性会大大降低，甚至变得不育。而且，我们明白，两种血缘关系很远的物种，或者存在种级差异时，杂交形成的杂种常常是不育的。我相信，这种双重的平行关系绝对不是偶然情况，更不会是我的错觉。如果能够解释大象等各种动物在本地且不完全圈养的条件下，为什么无法繁殖，那么，自然能够解

第九章　杂种性质

释杂种普遍不育的原因；而且能够解释，为什么某些家养品种在生活条件很不同的情况下杂交依然可育。虽然它们来自于不同的物种，而这些物种初始杂交时可能是不育的。上述两组平行事实好像由一条未知的纽带联系起来，这种纽带与生命原理有着密切关系。斯宾塞先生说，这个原理指的是各种力量的作用和反作用决定了生命，而在自然界中，这些力量可以相互平衡；当轻微变化打乱了这个平衡时，生命力便会出现增强的趋势。

交互的两型性和三型性

我们简单讨论一下这个问题，将有利于对杂种性质的理解。不同目的某些植物表现出两种类型，也就是两型性，它们在数量上相似，除了生殖器官之外，没有任何区别；一种类型的雌蕊长、雄蕊短，另一种类型正好相反；而且，两种类型的花粉粒的大小不同。关于三型性植物，在雌雄蕊的长短、花粉粒的大小、颜色等方面有三种类型；而且，每个类型都有两组雄蕊，所以三种类型一共有六组雄蕊、三组雌蕊。这些器官在长度上非常匀称，两组类型的雄蕊高度的一半正好是第三种类型的雌蕊的高度。我曾经说过，其他观察者已经证实，如果想让这些植物充分可育，那么，将一种类型对应高度的花粉对着另一种类型的柱头授精很有必要。因此，对于两型性的物种来说，有两种结合是充分可育的，而另外两种结合有某种程度的不育性；对于三型性的物种来说，有6种结合是充分可育的，而另外12种结合是或多或少不育的。

如果两型性植物或者三型性植物的授粉不合理，也就是用不符合雌蕊高度的雄蕊花粉进行授粉时，便会发现不育性程度有着巨大变化，最后是完全不育；正好类似于不同物种杂交的情况。在后一种情况中，生活条件的适宜程度决定了不育程度，因此，我觉得关于不合理的结论也是一样。大家都知道，如果将不同物种的花粉放在某朵花的柱头上，过一段时间之后再将自身花粉放在这朵花的柱头上，自身花粉常常可以消灭外来花粉，它的优势充分展现出来。这个结论还可以用在同一物种的不同类型的花粉上。如果将合适的花粉和不合适的花粉同时放在一朵花的柱头上，前者具有更大的优势。我通过对若干朵花的授粉证明了这一点，首先进行不合适的授粉，一天之后再用具有特殊颜色的变种花粉进行合适的授粉，最后秧苗都表现出类似颜色。这个实验说明，虽然合适的花粉施用的时间比较晚，依然能够发挥作用，破坏不合适花粉的授粉作用。当两个相同物种进行互交时，常常得到不同的结果，三型性植物同样如此。例如，对紫色千屈菜（Lythrum salicaria）的中花柱类型进行短花柱类型的长雄蕊的花粉的不合适授粉，结果非常容易受精，而且能够结出许多种子。但是，如果将中花柱类型的长雄蕊的花粉放在短花柱类型的柱头上，结果不会产生种子。

在各种方面，同一物种的不同类型之间的不合适结合的表现方式类似于两种不同物种的杂交情况。这促使我用四年的时间仔细观察几种不合适的结合形成的许多幼苗。结果，这些不合适的植株有着一定程度的不育性。通过两型性植物能够培育出不合适的长花柱型植物和短花柱型植物，而三型性植物能够培育出三种不合适的类型。如果这一点能够实现，那么，这些植物产生的种子肯定比它们双亲产生的种子少，这就很容易理解了。不过，情况绝对不是这样，这些植株具有某种程度的不育性；有些是非常极端的难以矫正的不育，导致四年中没有结出一粒种子，甚至是一个空蒴。当这些不合适的植株进行合适地结合时，它们的不育性类似于杂种杂交形成的杂种的不育性。另一方面，如果一个杂种与亲本之一进行杂交，将会大大降低不育性；而一种不合适的植株与同一种合适的植物进行杂交，结果也是一样。与杂种的不育性并非总是符合亲本初始杂交的难易程度一样，某些不合适的植株偶尔会表现出异常的不育性，但形成它们的那一组结合的不育性并非很大。同一蒴果产生的杂种之间的不育性程度有着很大差异，不合适的植物显然也是一样。最后，许多杂种花非常繁盛，但不育性较高的杂种不仅开花少，而且非常弱小，两型性和三型性的不合适后代同样如此。

总而言之，在性状上和行为上，"不合适"植物和杂种非常相似。如果认为"不合适"植物就是杂种也不算错，只是这样的杂种来自于同一物种内的某些类型的不恰当的结合，而普通杂种来自于不同物种的不当结合。我们已经发现，初始不合适的结合和不同物种初始杂交之间有着许多相似之处。通过一个例子，我们能够更清楚地看到这一点。假设某位植物学家观察到三型性紫色千屈菜的长花柱类型有两个显著变种（事实也是这样），并且决定使用杂交方法确定它们是不是不同物种。这时，他发现，它们产生的种子只有正常数量的20%，并且从多个方面看起来像是两个物种。然而，如果想要证实这个说法，还需要把杂交的种子培育成植株，那么，他便会发现，这些植物非常矮小，而且是高度不育的，还在多个方面类似于普通杂种。于是，他相信，根据一般标准得知，这两个变种是真正的不同物种。不过，他的结论是错误的。

上述所说的关于两型性和三型性的植物的事实非常重要，第一，它们表明，不能将初始杂交和杂种的不育性的测试作为区分物种的标准；第二，我们推测，某种未知纽带将不合适结合的不育性与它们不合适后代的不育性联系在一起，而且将此观点拓展到初始杂交和杂种的不育性上；第三，我觉得这一点非常重要，因为同一物种可能存在两种或者多种不同类型，由它们和外界环境的关系得知，在构造和体质上没有什么不同之处，但如果以某种方式结合则是不育的。我们一定没有忘记，不育的来源就是相同类型的雌雄个体的结合，例如两个长花柱类型的雌雄生殖质的结合；而可育来自于两个不同类型的雌雄生殖质的特殊结合。因此，乍看之下，这种情况与同种个体的结合、不同物种的杂交截然不同。然而，我们怀疑是否真是这样，但我不想继续研究这个含糊不清的问题。

不过，两型性植物和三型性植物的研究让我们明白，不同物种杂交的不育性及其杂种后代的不育性可能是由两性生殖质的性质决定的，而与它们的构造和体质没有关系。对互交的分析让我们得到相同的结果。在互交中，一个物种的雄性难以与另一个物种的雌性杂交，甚至是无法杂交，但反之很容易杂交。杰出的观察家格特纳得出相似的结论：物种生殖系统上的差异决定了物种杂交的不育性。

物种杂交和其混种后代并非总是可育的

无法否定的证据让我们相信，物种和变种之间存在着本质区别。对于变种来说，即使外表有着巨大差异，但非常容易杂交，并且能够形成完全可育的后代。我相信这是一种规律，将要讲述的例子除外。不过，这个问题还有一些难点没有解决，对于自然状态下的变种来说，当被认定是变种的两种生物杂交出现任何程度的不育时，大多数博物学家会将其列为物种。例如，红色蘩蒌（Pimpernel）和蓝色蘩蒌，许多植物学家认为它们是变种，但格特纳发现，它们杂交之后高度不育。于是，他将它们列为两个物种。如果按照这种说法进行推论，自然状态下的所有变种都是可育的。

现在，我们研究家养状态下的变种，或者假设是家养状态下产生的，帮助我们解决某些疑点。例如，南美洲土著家狗与欧洲狗难以交配，人们常常这样解释这个问题，因为这些狗来自于不同的土著狗，这个解释或许没错。然而，尽管许多家养品种的外表差异很大，但完全可育，例如鸽子的多个品种，甘蓝的多个品种等，便是无法否定的事实；尤其我们发现，虽然许多物种非常相似，但杂交之后都是高度不育的。不过，下面的分析让我们明白，家养状态下的变种的育性并非奇怪的事情。首先，两个物种外表上的差异并不是决定不育程度的标准，对于变种也是一样。关于物种，决定因素肯定是它们生殖机构的差别。如果家养动植物的生活条件发生变化，不育的生殖系统可能出现轻微变化。这让我们认同帕拉斯（Pallas）的学说，那就是家养环境具有消灭不育的趋势。因此，在自然状态下，杂交出现一定程度不育的物种，经过家养的后代的交配也许是完全可育的。关于植物，栽培避免了不同物种之间造成的不育倾向，但在前面所说的例子中，某些植物受到了反方向的影响，因为它们是自交不育，但具有让其他物种受精或者被其他物种受精的能力。如果我们赞同帕拉斯提出的长期家养能够消除不育的学说（实际上，这个很难否定），那么，长期不变的环境能够导致不育的倾向就是错误的，虽然在某些情况下，特殊物种偶尔也会出现不育性。于是，我们可以理解，为什么家养状态下不会产生不育变种；为什么在植物中，只会出现少数这种情况。

我觉得，这个问题的真正难点不是为什么家养变种是可育的，而是自然变种经过长期变异成为物种之后，为什么不育性出现得如此普遍。我们还不清楚真正原因，当我们意识到自己依然不知道生殖系统的正常作用和异常作用时，便不会觉得奇怪了。不过，我们发挥想象力，由于自然物种要与许多物种进行竞争，与家养环境相比，长期处于比较稳定的环境中，这导致了不同的结果。我们明白，野生动植物从自然环境进入人工环境之后，大部分会变得不育；而且，长期生活在自然条件下的生物，非自然杂交对它们的生殖功能有着重要影响，而且生殖系统非常敏感。不过，已经被驯化的生物不同，正如家养事实所体现的，它们对生活条件的变化不再那么敏感，而且能够抵抗环境的变化，而不会降低可育性。我们猜测，家养条件下的变种与家养条件下起源的其他变种杂交，生殖作用几乎不会对它们的生殖能力造成不利影响。

第九章 杂种性质

截止到现在，我还没有讨论同一物种的变种之间杂交总是可育的这个问题。不过，下面将要讨论的几个例子表明，某种程度不育性的存在显而易见。这些证据是反对者提出的，在所有的例子中，他们将可育性和不育性作为评定物种的标准。格特纳在植物园中种植矮秆黄籽粒玉米和高秆红籽粒玉米，让它们的距离很近，一直种植了好几年。虽然这两种植物都是雌雄异花，但它们从来没有进行杂交。于是，他将一种玉米的花粉撒在另一种玉米的13个花穗上，但只有一个花穗结籽了，而且仅仅结了5颗籽粒。因为这些植物都是雌雄异花，所以此时的人工授粉不会产生不利影响。我相信，谁都不会怀疑这两个玉米的变种是不同物种；更重要的是，这样培育出来的杂种具有可育性；因此，格特纳不敢断定，这两个变种一定是不同物种。

曾经，别沙连格（Buzareingues）将葫芦的三个变种进行杂交，葫芦也是雌雄异花。他推测，它们之间的差异程度决定了受精的难易程度，差异越大而受精越困难。我无法判断这些实验的可信度，但根据不育性实验的分类方法，塞奇雷特将这三种葫芦列为变种，并且劳丁（Naudin）得出了相同的结论。

下列情况更要多加注意，虽然乍看之下很难让人相信。不过，这是杰出的观察家和坚决的反对者格特纳先生用了很长时间，对九种毛蕊花物种进行了无数次实验得出的结论，那就是黄色和白色的变种杂交后产生的种子不如同色变种杂交产生的种子多。他进一步推测，如果用一个物种的白色变种和黄色变种与另一个物种的白色变种和黄色变种杂交，异色花杂交产生的种子要比同色花杂交产生的种子少。斯科特先生对毛蕊花属的物种和变种进行实验，虽然没有证实不同物种杂交会出现什么结果，但发现同一物种的同色变种杂交结得种子要比异色变种杂交结得种子多，比例大约是100:86。然而，除了花色之外，这些变种完全相同；而且，一个变种的种子有时可以产生另一个变种。

凯洛依德实验的准确性，经过了后来观察者的证实。曾经，他证明了一个重要的事实，那就是普通烟草中存在一个特殊变种，当它与很不一样的物种杂交时，可育性程度要比其他变种高。他对五种变种烟草进行实验，采用的是严格的互交方法，发现杂种后代完全可育。不过，如果用这五个变种和物种黏性烟草（Nicotiana glutinana）进行杂交，其中一个变种形成的杂种的不育性要比其他四个变种的杂种的不育性低。因此，这个变种的生殖系统必然出现了某种变异。

这些事实打破了我们坚持的变种杂交总是可育的观点。如果想要确定自然状态下的变种不育性相当困难，因为只要证明公认的变种具有某种程度的不育性，这个变种马上就会被列为物种。人们常常关注家养变种的外部特征，而且这些变种没有长期生活在不变的环境中。考虑到上述内容，我们得出这样的结论：杂交的可育性不能当作区分物种和变种的决定因素。种间杂交的普遍不育性不能当作一种特殊的性质，而是伴随着它们的雌雄生殖质中的某种未知变化形成的属性。

除了育性，杂种和混种的比较

除了育性之外，我们从其他方面比较一下物种杂交的后代和变种杂交的后代。格特纳希望在物种和变种之间找到一条明确的界线，但他在物种的杂交后代和变种的混种后代之间发现一些微小的区别，而我觉得这些区别不是很重要。相反，它们在许多重要方面上保持一致。

我简单地分析一下这个问题。最主要的区别是，第一代的混种比杂交更加不稳定。不过，格特纳认为，长期栽培的物种杂交产生的杂种在第一代中常常出现变异；而且，我也遇见过许多明显的例子。格特纳觉得，与有着巨大差别的物种之间形成的杂种相比，亲缘关系很近的物种形成的杂种更容易变异；这说明，变异程度上的差异能够逐渐消失。众所周知，混种和可育性很强的杂种繁殖几代之后，两种后代中的变异量都是非常大的。我们还能找出杂种和混种长期相似的例子，但混种在后继世代中的变异量要比杂种大一些。

与杂种相比，混种的变异性比较大，这个一点都不奇怪。因为混种的双亲大部分是家养变种（很少有人用自然变种做实验），这表明变种的变异性是最近出现的，而且会继续下去，并增强杂交形成的变异。杂种在第一代中的微小变异与后来世代中的巨大变异形成对比，这种奇特事实值得关注。因为这与我所说的引起普通变异的某个原因相关，即生殖系统对生活条件的变化非常敏感，因此无法执行正常的功能，形成各个方面都类似亲本的后代。由于亲本物种（长期培养的物种除外）的生殖系统没有受到影响，所以形成的第一代杂种不是变异的；但是，杂种本身的生殖系统受到了影响，所以它们的后代会出现巨大变异。

现在，我们来比较一下混种和杂种。格特纳说，与杂种相比，混种更容易重现某个亲本的特征。如果真是这样的话，绝对不仅仅是程度上的差异而已。格特纳强调说，与自然状态下生长的杂种相比，长期栽培的植物的杂种更容易表现出返祖现象。也许，这个能够解释，为什么不同的观察者会得出不同的结果。曾经，威丘拉用野生柳树进行实验，他怀疑杂种是否可以恢复亲本类型。相反，劳丁坚持认为，杂种的返祖现象是一种普遍倾向，而他选择的实验对象是栽培植物。格特纳觉得，当两个相似的物种分别与第三个物种杂交时，形成的杂种有着巨大差异；但是，如果同一物种的两个显著不同的变种分别与某个物种杂交，形成的杂种的差异很小。不过，据我所知，这个结论是由单个实验得出的，而且与格特纳多次实验的结果正好相反。

关于杂种植物与混种植物的区别，格特纳只是发现这些不重要的差异。另一方面，根据格特纳提出的相同规律，混种和杂种与各自亲本的相似程度，亲缘关系接近的物种之间形成的杂种表现得比较突出。如果两个物种进行杂交，有时其中一个物种具有优先将自己的特征遗传给后代的能力。关于植物的变种，我觉得也是一样；对于动物来说，两个变种杂交时，其中一个变种肯定也有这种优势。通过互交形成的杂种植物，彼此常常很相似；而混交产生的混种植物同样如此。不管是杂种还是混种，在后继世代中与某个亲本连续杂交，慢慢会转变成该亲本类型。

上述观点可以用在动物身上；但是，讨论动物时这个问题会变得非常复杂，其中一个原因是动物具有次级性征；尤其是两个物种杂交或者两个变种杂交时，一种性别往往具有优先遗传本身性征的能力。例如，某些学者认为与马相比，驴具有优先遗传的能力，我觉得这种说法是正确的，因为驴和马杂交形成的骡子和駃騠都比较像驴。但是，公驴的遗传能力强于母驴，所以骡子（公驴与母马的后代）比駃騠（母驴与公马的后代）更像驴。

有些学者认为，混种后代不会表现出中间性状，只是类似于一个亲本；有时，杂种也会出现这种情况，但出现的几率比混种少得多。我所搜集的关于杂种动物非常像某个亲本的例子，相似之处主要体现在性状上的畸形，而且是突然表现出来的性状。例如，白化症与黑化症，缺尾与缺角，多指与多趾等，全部与通过自然选择得到的性状没有关系。在混种中，偶尔也会出现突显某一亲本性状的倾向，而且出现几率要比杂种中高，因为混种常常来自于半畸形的变种，而杂种来自于自然形成的物种。总之，我赞同鲁卡斯博士的说法，他通过大量关于动物的事实得出结论：不管双亲的差异多大，也就是不管是同一变种或者不同变种，还是不同物种的交配，子代类似亲代的规律都是一样的。

除了育性这个问题，物种杂交和变种杂交的后代在其他方面都是非常相似的。如果我们认为物种是由上帝创造的，而变种是由次级法则形成的，那么，这样的相似性便会成为让人难以置信的事实。然而，这个说法符合物种和变种之间不存在本质区别的观点。

摘要

上述事实让我们明白，不同物种之间的初始杂交和它们杂种后代的不育性是普遍现象，但绝对不是全部不育。不育性的程度有所不同，而且差别非常小，即使是最细心的实验者，根据测量结果也会得出不同的结论。对于同一物种的不同个体来说，不育性本身可以变化，而且对生活条件的变化非常敏感。不育程度并非完全由系统中的亲缘关系决定，还会受到若干规律的支配。在相同的两个物种的互交中，不育性程度是不同的。在初始杂交及其形成的杂种中，不育性程度也是有所区别。

对于树木的嫁接来说，物种或者变种的营养系统中的不明差异决定了它们的嫁接能力。同理，在杂交中，物种生殖系统中的差异决定了物种之间杂交的难易程度。因此，在自然界中，为了阻止物种之间的杂交和混淆，所以赋予各种物种不同程度的可育性的说法被打破了；同时，为了阻止森林中的树木相互接枝，而赋予它们不同程度的嫁接障碍的说法也不成立。

初始杂交的不育性和它们杂种后代的不育性不是来自于自然选择作用的积累。初始杂交的不育性好像是由多种情况决定的，在某些情况下，主要是由胚胎的早期死亡造成的。杂种的不育性主要是因为它们是由不同的生物体制结合而成，打乱了它们的原有体制。这种不育性类似于纯粹物种在新环境或者异常环境中形成的不育性。只要能够解释后一种不育性的人，便可以解释杂种的不育性。而且，有个平行事实支持着这个说法。这个平行事实是：第一，生活条件的微小变化能够增强生物的生命力和可育性；第二，生活在略微不同的环境中或者有着细微变异的生物之间的杂交，对后代的个体大小、生命力、可育性都有好处。前文所说的两型性和三型性的不合适的不育性和它们不合适后代的不育性的实例，或许能够表明，对于所有的情形来说，有一条未知纽带在初始结合的可育性与它们后代的可育性之间建立了联系。两型性的事实和互交的结果让我们得出结论：物种生殖质的差异导致了杂交物种的不育性。不过，不同物种进行杂交时，雌雄生殖质为什么会出现不同程度的变异，从而导致了它们的相互不育，我们还不知道其中的原因。但是，这与生物长期生活在不变的环境中有着一定的关系。

在许多情况下，两个物种杂交的困难度和它们杂种后代的不育性，起因应该是一致的。这并不奇怪，因为两者的决定条件都是杂交物种的差异量。初始杂交的难易程度、杂种的可育性、彼此嫁接的能力，在一定程度上与生物在分类系统中的亲缘关系相互对应。这个也不奇怪，因为分类系统中的亲缘关系包含了许多相似性。

一般来说，变种之间的初始杂交和它们的混种后代都是可育的，但不是全部可育。我们应该记得，我们总是习惯用循环论证法验证自然状态下的变种；更不会忘记，许多变种来自于家养条件，来自于对外部差异的选择，而没有经历过长久不变的生活环境；那么，变种具有的相当完善的可育性便不足为奇。我们需要明白，长期的家养条件具有消除不育性的倾向，所以不会引发不育性。除了育性问题，杂种和混种在许多方面具有相似性，例如变异性、连续杂交的结合能力、两性亲本的遗传等。最后，尽管我们不清楚动植物离开它们生存的自然环境后为什么会变得不育，也不清楚引发初始杂交和杂种不育性的原因，但本章列举的事实似乎符合物种来自于变种的观点。

第十章　地质记录的不完整

现代生物中缺少中间变种

在第六章中，我列举了一些反对本书观点的论点，截止到目前，我已经分析了一大部分。不过，有一个重要难点还没有论述，即物种之间的界限为什么如此分明，而没有许多过渡类型在它们之间建立联系。在广阔的大陆上，地理条件的变化有利于过渡类型的存在，但为什么人们没有发现这些过渡类型的存在呢？关于这一点，我曾经做过解释。我重点强调，每个物种对其他生物的依赖程度，远远超过了对气候的依赖程度。所以，真正影响物种生存的条件，不是像温度、湿度等一直在变化的条件。我还说过，中间变种的数量要比它们所联系的亲种少得多，所以在变异过程中常常面临淘汰或者灭绝。不过，许多中间类型无法保存下来的主要原因是，自然选择的优胜劣汰。在自然选择的过程中，新的变种会逐渐替代它们的亲种。既然无数的物种已经灭绝，根据比例可以推测，一定存在过大量的中间类型。既然这样，为什么在地层中没有发现这些中间类型的痕迹呢？地质学的确无法证明中间类型的存在，这是反对自然学说的强有力证据。不过，我相信，这一点可以由地质记录的不完整性来解释。

根据自然选择学说，我们要确定哪些类型的中间类型已经确定存在过。当人们研究两个物种时，他们会不由自主地想到物种之间的中间类型，其实这是错误的。我们要寻找的中间类型是两个物种和它们的未知祖先之间的类型，而未知祖先与变异之后的后代有着一定的不同。我们来看一个例子：扇尾鸽（Fantai pigeon）和球胸鸽（Pouter pigeon）的祖先都是岩鸽（Rock-pigeon），如果我们能够找到中间存在的所有变种，我们就会在两种后代鸽和岩鸽之间建立一个系列。不过，扇尾鸽和球胸鸽之间绝对不存在中间变种，因为没有哪个变种具有两种后代鸽的特征，即不存在有略张的尾和大嗉囊的鸽子。而且，这

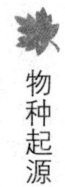

两种后代鸽经过了很大变异。当我们在追溯它们的来源时,如果没有历史演化等各种证据,仅仅凭借它们和岩鸽在构造上的相似性,我们将会无法断定它们是来自于岩鸽(C. liva),还是来自于另一种类似的野鸽(C. oenas)。

同理,自然界中的物种也是这样,当我们见到有着巨大差异的生物类型时,如马和貘(tapir),我们相信,马和貘之间不存在中间类型。不过,我们可以想象,马或者貘与其祖先之间存在着无数中间类型,在整体构造上,它们的祖先类似于马和貘,但在个别构造上与两者有着差异,这些差异可能比马和貘之间的差异还大。因此,在这种情况下,除非我们清楚了中间递变类型的锁链,否则难以判断两个物种或者多个物种的共同祖先,即使我们认真地比较了祖先与变异后代的构造,同样是枉然。

根据自然选择学说,假如现存的某个物种来自于另一个现存物种,例如马来自于貘。这时,马和貘之间应该存在直接的中间类型。不过,这种情况说明,这种生物(貘)在很长时间内没有发生变化,但它的子孙后代出现了很大变异。然而,这种情况是很难出现的,因为生物与生物之间、子代与亲代之间的竞争规律,促使改良过的生物类型具有消灭旧的生物类型的倾向。

根据自然选择学说,所有现存的物种与本属的祖种有着密切联系,与现有的同一物种的自然变种与家养变种的差异相比,它们之间的差异不会更大;目前,这些祖种几乎都灭绝了;同理,它们与更古老的类型有着联系。以此类推,我们能够追溯到每个大类的共同祖先。因此,在现存物种与灭绝物种之间一定存在着许多过渡类型,多到让人无法相信。如果自然选择学说是对的,那么,地球上一定存在过这些数不清的过渡类型。

由沉积速率和剥蚀程度推测时间的进程

除了无法找到中间过渡类型的化石之外,有些人的反对意见是,缺乏足够的时间完成如此巨大的生物演化,因为生物的变化过程是非常缓慢的。如果读者没有足够的地质学知识,我将难以让他明白许多事实,以便他能够了解时间的进程。查理·莱伊尔爵士的《地质学原理》(Principles of Geology)是一部伟大著作,后世史学家们称之为自然科学上的革新。如果阅读过此书但否认过去的时代非常久远的人,请你放弃本书!当然,只是阅读过《地质学原理》

一书，或者其他观察者所写的关于地层的著作，并且注意到每位作者对各个地层经历的时间的描述不同，这是远远不够的。只有我们了解了关于地质作用的各种动力，知道地面被侵蚀的深度，清楚沉积物堆积的厚度，我们才能认识到过去地质时间的长短。就像莱伊尔所言，某个地区的沉积层的广度和厚度代表着地壳遭受侵蚀的程度。因此，只有人们亲自考察重叠在一起的地层，研究冲走泥土的小溪，分析波浪侵蚀掉的海岸悬崖等各种时间标志，我们才能真正了解过去时间有多么久远。

我们可以在布满岩石的海岸上散步，观察海岸被侵蚀的情况。在大多数时候，每天会有两次海潮到达海岸悬崖上，时间非常短暂，而且带着碎石的波浪才会侵蚀悬崖，许多例子证明，清水对悬崖没有侵蚀作用。最终，海岸悬崖的底部会被掏空，巨大的石块坠落在海岸上，然后一点点被侵蚀，直到体积小到可以被海浪冲走，便会转化为鹅卵石或者泥沙。然而，我们常常发现，悬崖下面有许多被磨圆的巨石，上面分布着海岸生物，表明这种巨石很难被水侵蚀，而且不容易被波浪冲走。此外，如果我们沿着被侵蚀的海岸线行走，可以发现正在被侵蚀的悬崖仅仅是其中的一小部分，或者星星点点地分布在海角周围，而其他的海岸悬崖和地表植被让我们明白，它们已经很久没有受到海水的侵蚀了。

然而，朱克思（Jukes）、盖基（Geikie）、克罗尔（Croll）等观察者和他们的先驱拉姆塞（Ramsay）告诉我们，与海岸波浪的作用相比，地表剥蚀作用（即风化作用）更加重要。整个大陆表面全部处于含有碳酸的雨水的作用中。对于比较寒冷的地方来说，还会遭受冰霜作用的影响。已经破碎的物质，即使是在平缓的斜坡上，同样会被大雨冲走。尤其是非常干燥的地方，被风卷走的碎石非常多，人们难以想象。这些被冲到下面的碎石，接着会被不同的溪流带走；湍急的河水让河床越来越深，而且将碎屑磨得非常细。下雨时，即使在缓坡上我们也能发现地表被侵蚀，浑浊的水沿着斜坡向下流去。拉姆塞和维特克（Whitaker）发现了威尔顿（Wealden）地区和横贯英格兰的巨大陡崖（escarpment）线。以前，人们将它们看作古代海岸，但它们不是形成于海边，因为每个悬崖都是相同的地层构成的，而英格兰的海岸悬崖是由多种地层构造的。如果真是如此的话，我们只好承认这种悬崖的形成原因是，与周围的地表岩石相比，构成它们的岩石的抗风化能力更强，当周围地表受到侵蚀越来越低时，便剩下了坚硬岩石构成的凸起的陡崖线。根据时间观念，通过风化作用推测时间的久远性是最具说服力的，因为风化作用的力量非常小，侵蚀作用非常缓慢，却形成了巨大的效果。

当我们接受了"风化作用和海岸作用让陆地慢慢剥蚀"的观点之后，如果想要弄清楚过去时间的久远性，最好的方法就是考察广大地区被移走的岩石和沉积层的厚度。曾经，我见到火山岛觉得无比惊讶。这个岛受到海浪的冲击，四周形成了一两千英尺高的悬崖；由于当初火山喷出的熔岩流（Lave-stream）是液体状的，慢慢凝聚成斜坡，说明坚硬的岩层曾经向着大洋延伸得非常遥远。断层的变迁能够更加清楚地表现出风化的剥蚀作用。地层沿着巨大裂痕一边隆起，另一边下陷，高度或者深度可达好几英尺；地壳断裂之后，无论地面隆起是突然出现的，还是像地质学家的猜测，由多次地震造成的，这并没有太大区别。现在，地面已经变得平坦，从外貌上已经看不出原来的断层痕迹。例如，克拉文（Craven）断层上升到30英里；沿着断层面，地层垂直错位高达3000英尺。拉姆塞教授说，安格尔西（Anglesea）地层下陷了大约2300英尺。他还说，美里奥内斯郡（Merionethshire）的一个断层下陷高达12000英尺。不过，这些地方的地表没有留下运动的痕迹，断层两端的石堆早就成为平地了。

另一方面，无论是何处的沉积层都是非常厚的。曾经，我测量科迪勒拉山（Cordillera）的一片砾岩的厚度，大约是10000英尺。尽管砾岩的堆积要比沉积岩快很多，但砾岩是由被侵蚀成圆形的卵石组成；每一块卵石都表示很长时间，所以它们能够体现砾岩堆积的缓慢过程。拉姆塞教授将英国各个地区的连续地层的最大厚度记录下来，结果是：

古生代地层（不包括火成岩）　　　57154英尺

中生代地层　　　　　　　　　　　13190英尺

第三纪地层　　　　　　　　　　　2240英尺

一共是72584英尺，大约是13.75英里。在英国，某些地层是薄薄一层，但在欧洲大陆上的厚度大约几千英尺。许多地质学家推测，各个连续的地层之间存在着长期的间断。因此，英国高耸的沉积岩层的堆积耗费的时间仅仅代表了地质历史时期的一小部分。各种事实让我们明白，地质历史的久远性难以把握，就像我们无法把握"永恒"的概念一样。

不过，这种想法还有欠缺。曾经，罗克尔先生在一篇文章中说，我们的错误并不是指"地质时期过长"的概念，而是以"年"作为计时单位的错误。当地质学家研究了复杂的地质现象之后，然后发现几百万年的估算数字，马上就会意识到这个数字太小，因为两者留给他的印象完全不同。关于风化侵蚀作用，克罗尔先生根据河流的面积，估算出每年冲击下来的沉积物数量，对于大约1000英尺的岩石来说，经过600多万年的时间才将水平面以上的部分剥蚀完毕。乍看之下，这个结果令人惊讶，这个数字好像太大了，即使将这个数字减少一半，甚至是缩小为1/4，依然是个惊人的数字。不过，只有极少数人能够了解100万年的意义。克罗尔曾说：如果将一张83英尺4英寸长的窄纸条悬挂在大厅的墙壁上，然后在一端的1/10英寸处做个标记，如果1/10英寸表示100年，整张纸条表示的是100万年。我们要明白，在这个大厅中，这种计量方式表示的100年毫无起眼，但对于本书所研究的物种变异非常重要。许多优秀的育种家在他们的一生中改变了某些高等动物的特征（高等动物的繁殖率要低于低等动物），他们都培育出了称之为新亚种的动物。只有极少数的育种家可以花费50多年研究一个品种，所以100年代表着两个优秀的育种家的工作总和。当然，自然状态下物种的改变远远没有家养条件下的快。将自然状态下的物种改变与人们无意识的选择对比，也许比较恰当。无意识的选择指的是，人们只是保留对自己有用或者非常漂亮的动物，而不会改变动物的品种。不过，在两三百年的时间内，无意识选择也让许多动物品种发生了巨大变化。

然而，物种的变化更加缓慢，同一个地域中的极少数物种会同时发生变化。变化之所以这么缓慢，那是因为一个地域中的所有动物已经很好地相互适应了，导致自然系统中没有容纳新物种的位置。只有经过很长时间，自然条件的变化或者新物种的迁入才可能打破这种平衡。何况，环境发生变化之后，生物的变异也不是立刻就会出现的。遗憾的是，我们无法以年代作为标准衡量一个物种改变需要的时间，但关于时间的问题，我们会继续讨论。

古生物化石标本的贫乏

现在，我们参观一下地质博物馆的情况，即使是藏品最多的博物馆，人们见到的陈列品也是非常有限的。大家都知道，我们搜集到的化石标本少之又少。著名的古生物学家爱德华兹·福布斯说过,许多化石都是根据某个地方的少数标本,甚至是单一标本或者破损标本被发现的。地球上的极少数地方进行过地质学挖掘,而且任何一处地方的挖掘都不是很详细的。欧洲每年都会发现重要化石,这就是挖掘不仔细的证据。没有骨骼或者外壳的软体动物无法保存下来;即使有骨骼或者外壳的动物,如果落到海底,而没有被沉积物掩埋起来,结果也会腐烂消失。我们可能误以为,整个海底都有沉积物,而且沉积的速度很快,完全可以将生物的遗骸掩埋。其实,大部分的海水是亮蓝色的,这表明海水非常纯净。文献中记载,某个地层经过很长时间的间断后会被另一个新地层覆盖。在沉积时期,下面的地层不会受到一点破坏。这种情况,只有用海底长期不变的说法进行解释。即使沙砾将生物的遗骸掩埋,等到地层上升之后,含有碳酸的雨水也会将其腐蚀掉。在海边的高低潮中生活的生物,一般都无法保留下来。例如,若干种藤壶亚科(Chthamalinae,无柄蔓足类中的一个亚科)动物分布在所有的海滨岩石上,它们个体众多,属于典型的海滨动物。目前,虽然人们知道藤壶属存在于白垩纪时期,但仅仅在西西里岛发现过生活在地中海深水中的一种,在第三纪地层中没有发现其他种类的藤壶亚科类化石。最后,许多厚厚的沉积岩需要很长时间才能堆积而成,但里面没有生物的遗骸,这是为什么呢?关于这个问题,我们无法回答。其中,最显著的是复理石(Flysch)地层,它是由页岩和砂岩构成的,厚度有好几千英尺,某些地方甚至高达6000英尺,从维也纳到瑞士绵延300多英里。然而,经过仔细研究,这么厚的岩层中仅仅有极少数的植物遗骸,而没有其他化石。

中生代和古生代存在过的陆相生物,我们的认识少之又少,无法详细论述。莱伊尔和道森博士(Dr. Dawson)在北美洲的石炭纪地层中找到了一种陆相贝壳化石,除此之外,我们没有发现其他陆相贝壳(不过,最近在下侏罗纪地层中,刚刚发现新的陆相贝壳化石)。关于哺乳动物的化石,我们可以参考莱伊尔手册中的历史年表,这比寻找其他资料能够更快地认清事实,被保留下来的哺乳动物化石非常稀少,非常罕见!不过,哺乳动物化石的稀少并不奇怪,因为第三纪哺乳动物的遗骨大部分来自于洞穴或者湖泊的沉积物,而中生代或者古生代并没有洞穴或者真正的湖泊沉积而成的地层。

不过,上述理由并不是造成地质记录不完整的原因,真正的原因是各个地层之间的长期间断。许多地质学家和古代生物学家都认同这种说法。当我们在著作中发现关于地层的图表，或者在野外进行考察时，无法相信各个地层是不连续的。不过，我们从莫企逊（R. Murchison）先生描述俄罗斯的著作中可知，那个国家的重叠地层之间有着长时间的间断，在北美洲等世界各地也有类似情况。如果优秀的地质学家仅仅将研究放在大范围的区域上，他绝对不会想到，当他家乡的地层沉积处于"空白"时期的时候，世界上的其他地方已经开始出现新的沉积物。如果我们无法为某个分隔地区的连续地层建立时间序列的话，那么，其他地区同样不能建立。构成连续地层的矿物成分常常发生变化，这体现了周围地理上的巨大变迁，因为沉积物是从周围慢慢汇聚而来，这符合各个连续地层曾经长期间断的说法。

我觉得，各个地层的间断是可以理解的。当我考察南美洲几百英尺的海岸时，让我觉得惊讶的是，海岸在短期内上升几百英尺，但近代沉积物无法延展到不被侵蚀。整个西海岸都生活着独特的海相动物，但那里的第三纪地层发育得不好，导致这些海相动物化石没有被保存下来。我们只要认真思考，便能以海岸岩石的崩落和河流带入海中的泥土解释这种现象：尽管沉积物是长期供给，但南美西部一直上升的海岸依然没有保留下第三纪的动物遗迹，这是为什么呢？只能这样来解释：当海岸边的沉积物慢慢升高到海浪能够侵蚀的范围内时，波浪就会不断地将其侵蚀掉。

我认为，只有沉积物形成巨大的堆积时，才能在最初上升及后来水平面波动时，抵抗波浪的侵蚀作用和风化作用。这种巨大的堆积能够通过两种方式形成：一是形成于深海海底，由于与浅海相比，深海底部的生物数目和种类都比较少，所以当地层上升之后，它所包含的生物化石记录是非常不完整的；二是形成于浅海海底，如果海底慢慢下降，沉积物就可能形成巨大的堆积。对于后者来说，如果海底下降的速度大约等于沉积物的供给速度，那么，海洋将会一直是浅海，能够让许多生物的遗迹保留下来。这样一来，含有许多化石的地层就形成了，即使它上升变成陆地之后，它的厚度依然能够抵抗侵蚀作用。

我相信，只要是含有化石的地层，大部分形成于海底沉积时期。1845年，我提出了这个观点，此后一直关注着地质学的发展。我觉得诧异的是：在讨论各个地层时，许多专家得出了相同的结论，那就是它们形成于海底下陷时期。我想补充一点：南美西海岸唯一的第三纪地层是在海底沉积而成，拥有巨大的厚度，能够承受住岩石的崩塌作用。不过，这个地层难以在今后保持很长时间。

地质事实让我们明白，每个地区都曾经历过上下的缓慢颤动，而且每次的颤动都会产生广泛影响。结果，在下沉的广大地区的特定地方形成了含有丰富化石，厚度和广度都能够抵抗侵蚀作用的地层。换句话说，这些地层形成于沉积物供给充足，海水浅度能够保持及生物在腐烂之前就被埋藏起来的地方。相反，如果海底一直静止不动，那么，适宜生物生存的浅海不会形成厚厚的沉积。在上升的交替时期，沉积会更少，或者准确地说，堆积起来的海底地层在进入海岸作用范围内之后，常常被销毁殆尽。

上述内容主要说的是海岸和近海岸的沉积。对于广大的浅海来说，例如马来群岛的许多地方，海水深度在30至60吋之间，当海水上升时就会形成大范围的地层。同时，海底在缓慢上升的过程中受到的侵蚀不会太大。不过，这种地层不会太厚，因为地层的上下移动导致地层的厚度要比海水的深度小。而且，上升运动导致地层沉积物的堆积不太坚固；它的上面不会覆盖其他地层，这样等到海底上下颤动时，非常容易受到风化剥蚀和海水冲击。不过，霍普金斯先生（Mr. Hopkins）说，假如某个地区上升之后没有受到剥蚀已经下沉，那么，即使它在上升时期形成的沉积层不厚，也能够在后来的新沉积物的保护下长久保存。

霍普金斯先生还说，他觉得面积广阔的沉积层不会完全被破坏。只有极少数地质学家相信现在的深成岩浆岩和变质岩是地球的核心物质，大部分地质学家都认为岩浆岩外层已经被侵蚀掉了。对于这类岩石来说，如果没有地层覆盖难以凝结成晶体。不过，如果深海海底出现变质作用，岩石的保护地层绝对不会太厚。如果我们相信片麻岩、云母片岩、花岗岩、闪长岩等曾经被覆盖，那么，对于这些裸露在世界各地的岩石来说，最好的解释是它们的覆盖层被剥蚀掉了。这类岩石肯定是大面积存在：洪堡（Humboldt）说，巴赖姆（Parime）花岗岩地区的面积至少是瑞士面积的19倍。在亚马逊河的南边，布埃（Boue）发现一块花岗岩区域，这片区域的面积大约是西班牙、法国、意大利、德国的一部分和英国各岛的面积总和。虽然没有仔细考察过这块地方，但旅行家们都证明花岗岩面积非常大：根据冯·埃什维格（Von Eshwege）绘制的地图可知，花岗岩一直从里约热内卢延伸到内地，直线距离大约是260海里；我沿着另一个方向走了大约150海里，见到的都是花岗岩，从里约热内卢一直到拉普拉它河口。整个海岸的长度大约是1100海里，我沿途收集了多个标本。经过鉴定发现都是花岗岩类。我沿着拉普拉它河岸穿过内地，所见到的除了第三纪地层之外，仅仅是一小片轻变质岩，也许是原来覆盖在花岗岩上仅剩部分。说起这些熟悉的地方，如美国和加拿大，根据罗杰斯教授（Prof. H. D. Rogers）制作的地图，我用剪图纸称重量的方法估算各类岩石占据的面积，得出变质岩（不包括半变质岩）和花岗岩的比例大约是19∶12.5，两者之和比全部晚古生代地层的面积还要大。在许多地方，变质岩和花岗岩的实际含量要比裸露出来的多得多。如果将覆盖在花岗岩上面的沉积岩层移走，便能证实这个说法的准确性。而且，花岗岩上面的原始覆盖物不可能是沉积岩层。由此可知，世界上的许多岩层都被腐蚀掉了，而且没有留下一丝一毫的痕迹。

在这里，我们还要注意一点。在上升时期，陆地面积和浅海滩面积都会扩大，常常出现利于生物生存的新场所。正如前文所说，新场所的环境有利于形成新变种或者新物种。不过，地质记录在这段时间里是一片空白。相反，在下沉时期，生物的分布面积和数量都会下降（不包含大陆海岸最早分裂的海岛）。因此，虽然这段时期许多生物都灭绝了，但会出现少量新变种和新物种。在下沉时期，还会形成含有化石的沉积物。

任何一个地层中都缺少众多中间变种

由上述内容可知，整体来说地质记录是非常不完整的。不过，如果我们将注意力放在某个地层中，将很难解释为什么这个地层中不存在联系近缘物种的中间变种呢？在统一地层的上部和下部，记录过同一物种存在多个变种的情况：例如特劳希勒（Trautschold）曾经提出的菊石（Ammonites）的情况，黑尔干道夫（Hilgendorf）在瑞士淡水的沉积层内发现多形扁卷螺（Planorbis multiformis）具有十种递变类型等。虽然每个地层的沉积都需要漫长的时间，但对于生活在此处的动物来说，为什么地层中没有动物递变连锁系列呢？关于这个问题，有几种不同的解释。不过，我难以评论下面所说的理由。

虽然每个地层都能表示漫长的时间，但对于一个物种演变为另一个物种的时间来说，显然还是太短了。我明白，布隆和伍德沃德（Woodward）这两位古生物学者的意见值得重视。他们两个曾推断，物种平均年龄大约是每个地层的平均年龄的两三倍。不过，我觉得有许多困难让我们无法准确评价这种说法。如果我们在某个地层的中间部位发现一个物种，便推测它是最早出现在这个地方，这种做法未免有些草率。而且，如果我们发现某个物种早于某个沉积层而消失，同样会轻率地认为这个物种已经灭绝。我们要记得，与全世界的面积相比，欧洲的面积是多么狭小，而整个欧洲同一地层中的几个阶段无法准确对比。

我们推测，当气候等因素发生变化时，海相动物也会出现大规模迁移。因此，如果我们在某个地层中发现一个物种，也许它就是在那时进入这个地区的。大家都知道，某几个物种在北美古生代地层中出现的时间比较早，而在欧洲出现的时间比较晚，这是因为它们从北美海洋迁徙到欧洲海洋需要很长的时间。当人们研究现代沉积物时，随时能够在沉积岩内见到现存的少数物种，但周围的海洋中，这些生物早就灭绝了。相反，某些物种在周围海域中非常繁盛，但在沉积岩中非常稀少，甚至是根本不存在。仔细研究一下欧洲生物在冰河时期（仅仅是地质时期的某一部分）的迁移量，还有这个时期的海陆升降情况，气候的变化情况，时间的悠久性，这是非常有帮助的。不过，在整个冰河时期，世界各地含有化石遗骸的沉积层是否会一直沉积，这个难以确定。例如，密西西比河附近的海水正好适宜海相动物繁殖，但那里的沉积物也许并非全是在冰河时期沉积而成。因为在北美的其他地方，这个时期出现了巨大的地理变迁。如果在冰河时期的某段时间，这种地层在密西西比河附近的海水中沉积，在上升时受到地理变迁和物种迁移的影响，生物遗骸会在不同的地层中出现或者消失。当地质学家们研究这种地层时，可能会被误导而做出错误的判断，觉得那些化石生物的生存期不如冰河时期长；实际上，情况绝非如此，因为这些动物源自于冰河时期之前，而且一直延续到现在。

如果想在一个地层的上部和下部找到联系两个物种的所有递变类型，这个地层必须是一直在堆积，时间的漫长体现了生物缓慢的变异过程。因此，这个沉积层一定非常厚，而出现变异的各个物种也要一直生活在这个区域，不会进行迁移。不过，我们已经明白，只有下沉时期才能形成很厚且富含化石的地层，而且沉积物的供给量大约等于下沉量，保证海水的深度不会发生变化，这样一来，同一海相生物才能永远生活在同一地区。但是，下沉运动会使供应沉积物的地区陷入水中；在下沉过程中，沉积物的供应量会逐渐减少。其实，沉积物的供给量与地面的下沉量无法始终保持平衡，许多古生物学家都发现，在厚厚的沉积层中，只有顶部和底部含有生物遗骸，其他部分往往没有。

与所有地方的整套地层类似，单独地层的堆积也会出现间断。当我们发现（经常出现这种情况）某个地层是由不同矿物构成时，我们便会猜测沉积过程是间断的。即使我们认真研究某个地层，也无法推测这个地层的沉积花费了多少时间。许多事例说明，只有几英尺厚的岩层常常代表了其他地方几千英尺厚的堆积地层。如果不了解这个情况，人们将会怀疑薄薄的岩层能够代表久远的时间。我们看看其他类似的例子：一个地层的底部上升之后被侵蚀掉，然后下沉，接着被上面的岩层覆盖住。这个事实说明，地层在堆积时期存在人们常常忽视的间断。在另一种情况中，我们能够发现显著证据：巨大的树木化石挺立着，就像是活着时一样，这说明沉积时期有漫长的间断和水面升降变化，如果不是发现了这种树木，人们大概不会想到这些事情。例如，莱伊尔爵士和道森博士发现，新苏格兰存在着大约1400英尺厚的石炭纪地层，里面含有古代树根的层位，彼此交叠在一起，将近70个层面。因此，如果在某个地层的上部、中部、下部发现了同一物种的化石，这或许说明在地层的沉积时期，这种动物经历了多次灭绝和多次重现。所以，在某个地层的沉积时期，如果某个物种出现了显著变异，在地层剖面中不会找到中间类型。不过，那些突然变异的形体（尽管变异可能是非常微小的）能够长久保留下来。

我们需要注意，博物学家没有明确的标准区分物种和变种。他们认为各个物种之间都有细微区别，当他们遇到两个差异比较大的类型时，而且没有中间类型可以将它们连在一起，于是将两个类型定义为两个物种。上述内容让我们明白，我们在地层的断面中难以找到中间递变类型。如果B和C是两个物种，在下层岩石中发现了第三个物种A，这时，即使A是B、C的中间类型，如果没有过渡类型将它们连接起来，人们一般会将A单独列为物种。我们在前文说过，A也许是B、C的原始祖先，但无须在各个方面呈现出两者的中间性状。因此，我们也许可以在某个地层的顶部和底部发现一个物种及其变异后代，除非我们能够找到一些中间过渡类型，否则难以断定它们的血缘关系，所以将它们看作不同物种。

许多古生物学家在判断种别时会采用不明智的方法，仅仅根据非常小的差异做决定，尤其是标本来自于同一地层的不同层位时，他们总是将其列为不同物种。某些经验丰富的贝类学家已经将多比内（D'Orbigny）等学者划分过细的许多物种降级为变种，这种观点可以作为物种演变的理论证据。许多博物学家在研究了第三纪末期沉积成的贝类后说，那里的许多贝类与现存的物种一样；然而，著名的博物学家阿加西斯和皮克特（Pictet）认为，虽然第三纪中的某些物种与现存物种差别很小，但应该划分为不同物种。因此，如果我们赞同这两位博物学家的说法，即反对大多数博物学家的意见，承认第三纪的某些物种与现存物种不同，这样就有了物种一直出现微小变异的证据。如果我们仔细观察一套地层中的各个层位，将会发现其中的化石尽管是不同的物种，但倘若与更远地层中的物种相比，它们之间的关系就会近得多。所以，我们在这里再次发现了物种渐进演变的证据，我会在下一章中仔细讨论这个问题。

根据前文所说，我们进行合理推测：繁殖迅速而迁徙少的动植物的变种最先出现在局部地区，直到在一定程度上变异之后，这种局部变种才会慢慢扩散，进而将其祖种消灭掉。根据这种说法，如果想在任一地层中找到两个物种之间的过渡类型是非常困难的，因为连续变异常常局限在某个地区，而大多数海相动物的分布范围非常广泛。我们已知，对于植物来说，分布广泛的物种常常容易形成变种。因此，最广泛分布的贝类和其他海相动物很容易出现变种，开始是地方性变种，然后慢慢形成新物种。所以，我们在各个地层中找到物种中间过渡类型的机会变得更加渺茫。

最近，福尔克纳博士（Dr. Falconer）的重要研究得出相同的结论。他认为，每个物种的变异时间都是很长的，但假如与它们没有变异的时间进行比较，又会显得非常短暂。

我们需要记得，即使今天我们有许多标本做研究，同样难以用中间变种将两个类型联系起来，因此，如果想要知道两个类型是否是同一个物种，我们只有收集大量的标本，但这是很难做到的。也许，我们确实无法用许多中间过渡类型将两个物种联系起来。为了更好地了解这个事实，我们可以想想下列问题：未来的地质学家是否可以证明，牛、羊、马、狗的各个变种来自于一个或者几个原始祖先呢？在北美海滨生存的某些海蛤，是一个物种的变种还是表示多个物种呢？某些贝类学家认为它们是物种，而另一些贝类学家认为它们是变种。如果想要回答这些问题，未来的地质学家需要找到大量的中间过渡类型，而这件事情太难做到了。

某些学者认为物种不会演变，他们的证据是地质学上无法找到中间过渡类型，我们会在下一章讨论这种观点的错误性。卢伯克爵士说："每个物种都是其他亲缘类型的中间环节类型"。如果某个属包含20个物种（现存的和已灭绝的），假如4/5遭到破坏，那么，剩余的物种之间的差异将会更加显著。如果这个属中的两个极端类型灭绝了，这个属与近缘属之间的差异会变得更大。地质研究没有发现这种情况：以前存在过的许多中间递变类型，它们类似于现存的变种，之间有着微小差异，将现有物种和灭绝物种联系在一起。虽然这件事情无法做到，但一直作为反对我的观点的证据反复提出来。

现在，我们借助于一个假设的例证，将上述所说的地质记录不完整的原因总结一下。马来群岛和欧洲的面积大约相等，也就是从北角（North Cape）到地中海和从英国到俄罗斯的范围。美国地层面积除外，马来群岛的面积大约等于全世界精确测量过的地层面积。戈德温·奥斯汀先生（Mr. Godwin Austen）认为，无数的浅海将马来群岛上的许多大岛屿隔开，这种现象类似于远古时期地层沉积时的欧洲，我完全同意他的观点。虽然马来群岛是全世界生物最繁盛的地区之一，但如果用生存在这里的物种代表自然历史的话，那将会是多么不完全！

不过，我们依然相信，在假设的马来群岛的沉积层中，陆相生物的保存很不完全。真正的滨海生物或者生活在裸露的海底岩石上的生物，能够埋藏在那里的很少，而且埋藏在砾石和沙子中的生物难以长久保存。如果海底没有堆积的沉积物，或者沉积物的堆积速度很慢，无法保护生物不腐烂，这样不能将生物遗骸保存下来。

与中生代相似的地层，马来群岛含有生物化石且厚度巨大的地层，只能形成于地面下沉时期。地面下沉的各个时期之间，有着长久的时间间隔；在间隔期间，地面或许保持静止，或许缓慢上升；上升时期，靠近海岸的化石层一边堆积，一边被海浪作用毁坏，而且两者的速度相似，类似于南美洲海岸的情况。在上升时期，沉积层在整个马来群岛的浅海中堆得非常厚，而且后来的沉积物难以将其覆盖，所以无法长久保持。在下沉时期，无数生物可能会灭绝；在上升时期，许多生物可能发生变异，但这个时期的地质记录更不完整。

整个群岛或者某个部分下沉时间（即沉积物的堆积时间）是否会比物种的平均生存时间长，这个问题还没有答案。然而，这两个事件在时间上的配合，对物种之间的递变类型的保存是必要条件。假如这种递变类型无法保存下来，中间变种可能会被当作新物种。水平面的颤动可以会切断漫长的下沉时期，气候在这个时期也会发生变化，这时，群岛中的生物将会向外移动，所以任何地层中都不会保留生物变异的详细资料。

这个群岛的海相生物已经超越了群岛的分布范围，向外扩展了几千英里；以此类推，我们相信这些分布广泛的物种常常容易形成新变种，尽管它们也是物种的一部分。开始时，这些新变种会被局限在某个地方，但当它们出现某种优势时将会慢慢扩散，并且逐渐排挤掉它们的祖种。等到这些变种回到原来的产地时，由于它们的性状与祖种有所不同（虽然差异不是很大），而且它们和祖种位于同一地层中的不同亚层中，所以许多古生物学家会将这些变种列为不同物种。

如果上述内容在某种程度上是对的，我们在地层中将会无法找到差别很小的中间类型。根据我的学说，这些中间类型可以将同一群中的物种（过去的和现有的）连接起来，就像是一条生命锁链。我们希望找到一些生命锁链，也确实找到了一小部分，锁链中的物种关系有的近一些，有的远一些。然而，对于锁链中的物种来说，即使它们的关系非常密切，如果是在同一地层中的不同层位找到的，古生物学家依然会将其列为不同物种。我想说，如果不是每个地层最上层和最下层保存下来的生物化石缺少中间类型，我的学说也不会遭受这样的怀疑，但我认为在保存得最好的地质剖面中，化石记录依然十分贫乏。

整群相关物种的突然出现

阿加西斯、皮克特、赛德威克（Sedgwick）等古生物学家多次强调某些地层中会突然出现整群物种，以此对抗物种演化理论。如果同属或者同科中的许多物种确实是同时产生的，那么，这将会对以自然选择为基础的进化学说产生致命的威胁。因为根据自然选择演化理论，同类生物来自于同一个原始祖先，它们的演化过程必然是非常缓慢的，而且原始祖先肯定在很久以前就存在了。不过，我们常常高估地质记录的完整性，常常因为某属或者某科没有出现在特定时期，就误以为它们没有在那个时期存在过。经验常常让我们相信，在所有的情况下，肯定性的古生物证据非常可靠，但否定性的证据没有任何价值。

我们常常遗忘，与仔细考察过的地层相比，整个世界是多么广大；我们还会忘记，某些物种在蔓延到古代欧洲或者美国群岛之前，也许已经在其他地方生活了很长时间，而且已经繁盛起来。我们没有想到，在许多时候，连续地层的间断时期可能比沉积时期还要长。在漫长的间断时期，某个亲种已经可以繁衍许多子种，而这些物种成群出现在后来的地层中，像是突然出现一样。

接下来，我们回顾一下以前讲的内容，当一种生物需要适应新的生活方式时，例如适应空中的飞翔，可能需要很长的时间，这就导致它们的过渡类型能够在一个地方保存很久，但只要这种适应可以成功，并且少数物种具有了很大的生存优势，那么，在短期内将会出现许多变异类型，并迅速传播，遍布整个世界。皮克特教授在评价本书时，以鸟类为例讨论了早期的过渡类型，他没有发现假设原始鸟类的前肢不断变异对鸟类的好处。我们观察南极的企鹅将会发现，它的前肢"既不是真正的臂，也不是真正的翅膀"，那是处于中间状态吗？在生存竞争中，这种鸟有了自己的地盘，繁殖了无数个体，形成了多个种类。虽然我不敢断言，企鹅让我们发现了鸟翅的中间过渡类型，但我们相信，翅膀的演变对所有的变异后代有利，它们可能先像呆鸭一样在水面拍打翅膀，最终能够在空中滑翔。

现在，我用几个例子解释上述内容，同时说明整群物种突然产生的假设多么荒谬。皮克特在关于古生物的著作中，从第一版（1844年-1846年）到第二版（1852年-1857年）的时间里，便大大改变了几个生物群出现时间和消失时间的结论，在第三版中可能还会出现巨大修改。我再说一件大家都知道的事实，几年前出版的地质著作都认为哺乳动物出现在第三纪早期。然而，现在已知的含有哺乳动物最多的沉积物中，有一处是中生代中期；而且，在接近中生代早期的新红砂岩中，也存在真正的哺乳动物化石。居维叶反复说，第三纪的所有地层中都不存在猴子化石。然而，在印度、南美洲、欧洲第三纪的地层中发现了猴类灭绝种。如果不是在美国的新红砂岩中偶尔发现了足印化石，谁能想到当时至少存在30种像鸟的动物（有些体形很巨大）呢。不过，在这些岩层中没有发现像鸟动物的遗骸。前不久，某些古生物学家认为整个鸟纲出现在始新世时期。现在，根据欧文教授的权威意见得知，有一种鸟类存在于上绿砂岩层沉积时期。最近，人们发现一种奇怪的鸟，它的名字是始祖鸟，长长的尾巴很像蜥蜴，尾巴上每一节都有一对羽毛，翅膀上有两个可以动的爪子，发现于索伦霍芬的鲕状灰岩中。始祖鸟的发现表明，我们对以前生物的了解太少了。

我们再看一个印象深刻的例子。我在关于无柄蔓足类化石的著作中说过，由于现存和灭绝的第三纪物种的数目非常多；由于分布在全世界、两级到赤道等地的许多生物的数目庞大；由于第三纪地层中的标本保存得非常完整，而且标本（甚至是破碎的瓣壳）容易识别，所以我得出这样的推论：假如中生代已经有无柄蔓足类动物，一定会保留下来，而且被人们发现。不过，因为在这个时期的地层中没有找到无柄蔓足类动物化石，所以我推测这群物种是在第三纪初期形成的。这件事让我觉得非常困扰，因为我相信又出现了一个大型物种群的例子。然而，当我的著作快要出版时，著名的古生物学家波斯开（Bosquet）在比利时白垩纪地层中发现了无柄蔓足类动物化石标本，并寄给我一张完整的图片，这张图给我带来很大的影响。无柄蔓足类属于藤壶属，这是一个分布广泛的普通大属，而在第三纪以前的地层中从来没有发现过该属化石。最近，在上白垩纪的地层中，伍德沃德先生发现了无柄蔓足类的亚科四甲藤壶（Pyrgoma）。因此，已有证据显示，这类动物曾经生活在中生代。

古生物学家常常说的整群物种突然出现的例子是硬骨鱼类。根据阿加西斯的观点，这些生物最早出现在白垩纪。现在的许多鱼类都是硬骨鱼类。不过，某些侏罗纪和三叠纪的类型也被认为是硬骨鱼类，甚至还有一些古生代类型。如果硬骨鱼类真是突然出现在北半球的白垩纪初期，那是值得关注的事情。不过，这并不是难以解决的问题，除非能够证明，在白垩纪初期，世界上的其他地方也出现了硬骨鱼类。目前，赤道以南地区没有发现任何鱼类化石，这一点无须多言。阅读了皮克特的古生物学才明白，在欧洲好几套地层中仅仅发现了几种硬骨鱼化石。现在，少数几个鱼种分布在有限的区域中。以前，硬骨鱼类可能分布在有限的区域，等到它们繁盛之后，慢慢扩散到周围海域。我们无法假设，过去地球上的海洋与现在一样，南北都是连通的。现在，如果马来群岛成为了陆地，印度洋的热带区域将会成为封闭的巨大海盆，在这个海盆中，各种海相生物都可以迅速繁殖，开始它们局限在这片海域中，等到一部分生物能够在更冷的气候中生存时，它们就会向远处的海洋中迁移。

由于我们对地质知识的了解非常贫乏，而且最近几十年的发现更新了古生物学知识，我觉得想要针对全世界生物的继承问题下结论，未免有些草率，这就好像一位博物学家在澳洲荒原上考察几分钟，就贸然讨论当地的生物数量和分布范围一样。

整群物种在已知最古老的含化石地层中突然出现

我们来看其他类似的难题。在这里，我所说的是几个主要物种突然出现在已知最古老的含有化石的岩层中的事情。上述论证让我明白，同群的现存物种来自于一种原始祖先，这个观念也能用来描述最早出现的已知物种。例如，寒武纪时期的三叶虫类（Trilobites）是由某种甲壳类动物演化而来，这种甲壳类动物生活在远远早于寒武纪时期的时代，而且与已知动物截然不同。有些古老动物与现有物种非常相似，如鹦鹉螺（Nautilus）、海豆芽（Lingula）等。根据我的学说，不能将这些古老物种看作是后来同类物种的原始祖先，因为它们没有表现出中间性状特征。

因此，假如我的学说正确，那么，在寒武纪的底层沉积之前有一个漫长时期，这个时期的时间和从寒武纪到现在一样长，甚至更长。在这么长的时间内，生物已经遍布全世界了。在这里，我们遇到一个难题，那就是在适合生物居住的条件下，生物所经历的时间是不是很久远呢？汤普森爵士（Sir W. Thompson）说，地壳凝固时间大于两千万年，而小于四亿年，大约在九千八百万年到两亿年之间。这个时间的范围太大，说明这些数字不是准确的，而且还涉及到其他因素。克罗尔先生估计，从寒武纪到现在的时间大约是六千万年。然而，从冰河时期开始，生物的变化非常小，与寒武纪之后生物发生的巨大变化相比，六千万年好像太少；对于寒武纪早期的动物演化来说，之前的一亿四千万年也是不够的。就像汤普森爵士所言，在遥远的远古时期，自然条件的变化比现在更加剧烈，因此，这种自然变化会促使当时的生物以同样的速度变异。

在寒武纪之前的时代中，为什么没有发现含有化石的沉淀物，我并不清楚。莫企逊爵士等地质学家依然相信，寒武纪底部的生物遗迹代表着生命的开始。莱伊尔和福布斯不赞同这个说法。我们要知道，人们只是仔细研究过世界上的一小部分地区。前不久，巴兰得（M. Borrande）在已知的寒武纪地层下面发现了更底的地层，里面含有许多物种。现在，希克斯先生（Mr. Hicks）在南威尔士下寒武地层下面发现了岩层，里面含有三叶虫、软体动物、环节动物。在最下面的岩层中，里面含有的磷酸盐结核和沥青物质表明那时可能已经出现生命了。众所周知，加拿大的劳伦纪（即前寒武纪）地层中含有始生虫（Eozoon）。加拿大寒武系的下面还有三大系列地层，最下面的地层中存在始生虫。洛根爵士（Sir. W. Logan）说："这三大地层的总厚度非常厚，或许比从古生代底部到现在的岩石的厚度之和还要厚。这样一来，即使是巴兰得所说的原生动物出现的遥远时期，即古生代开始之时，如果与三大岩层所代表的时间相比，原生动物的出现像是近期的事情。"始生虫是最低等动物，但在原始动物中它是高级的；它曾经大量存在，就像道森博士所言，这种动物以微小生物为食，而这种微小生物也曾大量存在。因此，我在1859年提出的生物出现于寒武纪之前的推断，与后来洛根爵士所说的观点相同，现在已经被证实是正确的。虽然如此，我们还是无法解释寒武纪之前为什么没有富含化石的厚厚地层。如果说最古老的岩石已经被完全侵蚀掉，或者岩层中的化石经过变质作用完全消失，似乎不太可能，如果真是这样的话，我们会在相邻的地层中发现化石残余。根据关于俄罗斯和北美广大的寒武纪地层的记录可知，"越是古老的地层越容易遭受侵蚀和变质作用"的说法不一定正确。

现在，这种情况难以解释，所以成为了反对我的学说的强有力证据。我用下列假说表示，这个问题在未来可以解决。由于欧洲和美国的某些地层中的生物遗骸好像不是深海动物，由于某些构成地层的沉积物有好几英里厚，我们推测在沉积时期，那些提供沉积物的大岛或者大陆位于现在欧洲和北美洲大陆附近。后来，阿加西斯等人赞同这种说法。不过，我们不知道在连续地层的间断时期情况是怎样的，欧洲和美洲在沉积时期是干燥的大陆，还是不含沉积物的浅海底，或者是难以预测的深海底，根本一无所知。

现在海洋面积大约是陆地面积的三倍，其中还有一些岛屿；然而，除了新西兰之外，没有一个岛屿存在古生代地层或者中生代地层的残片。因此，我们推测：古生代和中生代时期，现存大洋范围内不含大陆和大陆型岛屿；如果存在大陆和大陆型岛屿的话，一定存在它们剥落、崩裂的沉积物形成的古生代地层和中生代地层；在漫长的时间中，难以避免水平面的上下颤动，从而某一部分地层会隆起。如果我们由此推测，现在是海洋的地方一直是海洋，而现在是大陆的地方一直是大陆，而且寒武纪之后受到了海平面的巨大影响。我有一部著作是关于珊瑚礁的，我根据书中所附的彩色地图得出这样的结论：现在，各个大洋属于主要的下沉区域，各个群岛属于水平面上下颤动区域，各个大陆属于上升区域。不过，我们不能认为世界一直是这样的。在水平面上下颤动时，上升的力量占据优势，所以形成了大陆；但是，在漫长的时间中，难道这些优势运动不会发生变化吗？在寒武纪之前的遥远时代中，也许大陆的位置是现代的海洋，而广阔的海洋是现在的陆地位置。

我们不能这样认为，如果太平洋海底变成了陆地，我们就能找到寒武纪之前的沉积层。因为这种地层可能下沉到靠近地心的地方，承受着海水的巨大压力，所遭受的变质作用要比靠近地表的地层大得多。世界上的某些地区（如南美洲）有大面积裸露出来的变质岩层，这些地区肯定经历了高温、高压作用，我觉得要特别解释这些地区。在上述地区中，我们也许能够发现寒武纪之间的地层经历的变质作用和侵蚀程度。

本章主要讨论了三个难点：第一，虽然我们在地层中发现了现存物种和以前物种的中间类型，但没有发现可以将它们连接起来的大量中间过渡类型；第二，在欧洲的地层中，几个成群物种突然出现；第三，现在得知，寒武纪地层下面没有富含化石的厚厚地层。这几个难点的重要性显而易见。最优秀的古生物学家（例如居维叶、阿加西斯、巴兰得、皮克特、福尔克纳、福布斯等）和最杰出的地质学家（莱伊尔、莫企逊、赛德维克等）都曾反复强调物种的不变性。但是，现在莱伊尔爵士以权威身份支持相反观点了，许多古生物学家和地质学家开始怀疑原来的信念。只有认为地质记录非常完整的学者，还在反对我的学说。我觉得，根据莱伊尔的说法，地质记录是一部保存不完整、用不停变化的方言写成的世界历史；我们仅仅发现了这部历史的最后一卷，只是讲述了两三个国家而已。在最后一卷中，保存了一些零碎的章节，每一页只有寥寥几行字。每一个字都是不停变化的方言，在前后章节中有着不同的意义，这些文字可以表示误以为突然出现在地层中的生物类型。根据这种说法，上述难点将会变得简单，甚至完全消失。

第十一章　古生物的演替

新物种陆续缓慢出现

现在，我们分析一下生物在地质上演化的事实和法则，究竟是物种不变的传统观点正确呢，还是动物经过变异和自然选择不断演化的观点正确呢？

无论是在水中还是在陆地上，新物种的发展都是非常缓慢的。莱伊尔曾经说，在第三纪的某些时期，在这方面有着显著的证据；而且，每年都会发现新物种，有利于填补各个时期的空白，在灭绝物种和现存物种之间建立协调关系。在最新的地层中（如果用年当作计时单位，肯定属于古老时期），有一两个物种已经灭绝，也有一两个新生物种，或者是首次出现的地方性物种，或者第一次出现在地球表面。中生代地层的间断很多，但正如布朗所言，各个地层中所埋藏的所有物种不是同时出现或者消失的。

对于不同纲、不同属的物种来说，变化的速率和程度有所区别。在第三纪早期的地层中，在灭绝的种属中，能够找到一些现存的贝类。福尔克纳曾说过类似的例子，在喜马拉雅山的沉积物中发现了一种现存的鳄鱼，它与许多已经灭绝的哺乳动物、爬行动物在一起。志留纪的海豆芽与现有物种之间的差别非常小，而志留纪的其他软体动物和所有甲壳动物都发生了巨大变化。与海相动物相比，陆相动物的变化速率比较大，瑞士曾经出现过这种例子。我们通过某些理由确定，高等动物比低等动物的变化要快，尽管这个规律会出现意外情况。恰如皮克特所言，在各个连续地层中，生物的变化量有所区别。不过，假如我们将有所关联的地层进行比较，将会发现所有物种都有了变化。如果一个物种在地球上消失了，我们不相信会重现相同的类型。对于后一条规律来说，巴兰得的"殖民团体（Colonies）"是一个例外情况，这种"殖民团体"在某个时期侵入到古老地层中，让过去存在过的动物群体重现；然而，莱伊尔解释，这是动物从其他地区迁入的情况，这个说法更令人满意。

这几个事实符合我的学说。学说中不包括神创论中的各种规律，也就是不认为某个地区中的所有生物会同时地、突然地、同等程度的变异，变异过程非常缓慢，在一个时期内，通常只有极少数物种变异，因为物种的变异性完全独立，与其他物种的变异性无关。物种的变异或者个体差异是否会经过自然作用进行积累，从而变成永久性变异，则是由多种偶然因素决定的，例如变异性质、自由交配的难易程度、地方性自然条件的变化、新物种的迁入、竞争强度等。因此，一个物种保持原状的时间要比它发生变异的时间长，即使发生变化，变化程度也比较小，这是显而易见的。在各个地区，我们在现存生物中能够发现这种情况；例如，马特拉岛陆相贝类和鞘翅类昆虫与它们在欧洲大陆的近亲相比，有着巨大差异；不过，该岛的海相贝类和鸟类毫无变化。根据上一章的内容，高等动物与周期的环境有着密切联系，我们能够明白，为什么高等动物和陆相生物的变异要比海相生物和低等生物快得多。当某个地区的大多数生物已经出现变异或者改良时，根据竞争原理和生物之间的竞争关系可知，无论何种生物，如果不出现某种程度的变异或者改良，可能会灭绝。因此，如果我们观察一个地区很长时间，便会明白所有生物都要变异的原因，因为不变异就意味着灭亡。

在相同的时间内，同一纲的各个物种出现的平均变异量相同。不过，由于沉积物的沉积情况决定了富含化石、历时久远的地层的形成，所以现在的地层都是经过很长时间且间隔不等的时间形成的，结果导致地层中的生物化石出现不同的变异量。根据这个说法，每个地层可以用不断变化的戏剧表示，偶尔展现出来一幕。

我们非常清楚，为什么一个物种灭绝之后，即使出现相同的环境也不会重现。因为虽然一个物种的后代能够适应其他物种的环境，从而排挤这个物种（显然，这种情况总是出现）；不过，新类型和旧类型绝对不同，因为它们从各自祖先那里继承的特征不同，既然两种生物不同，它们的变异方式肯定不同。例如，如果扇尾鸽已经灭绝，养鸽人也许能够培育出新品种，与扇尾鸽非常相似；同理，对于原种岩鸽来说，我们相信，改良后代会逐渐取代它，使其灭亡。因此，从其他鸽种或者家鸽中培育出与现存扇尾鸽一样的品种，这是难以实现的，因为变异会有所区别，而新变种可能从祖先那里继承了某些差异。

物种的集合就是属或者科，它们的出现规律和灭绝规律与单个物种所循序的规律相同，它们的变异快慢不同，变异程度有所区别。对于一个物种群来说，灭绝之后不会重现；也就是说，无论物种延续多久，总是连续存在。关于这条规律，虽然有例外情况，但非常罕见，福布斯、皮克特、伍德沃德等人（他们极力反对我的学说）都承认这个规律。而且，这个规律完全符合自然学说。无论同一群的物种延续多长时间，它们都是来自于同一个祖先代代相传的变异后代。例如海豆芽属，从早寒武纪一直到现在，每个时期都会出现该属的新物种，世代顺序将它们连接起来。

我们在上一章说过，成群物种有时会突然出现发展假象，我已经解释过这一点了。如果这件事情是真的，我的学说将会遭遇致命威胁。不过，这些事情绝对是例外情况。一般规律是，物群数目慢慢增加，等达到最大限度之后，开始慢慢减少。如果用一条线表示一个属内的物种数目与存在时间，或者一个科内的物种数目与存在时间，线段的长度表示物种或者属出现的连续地层，线段的宽度表示物种或者属的多少；不过，线段下端有时会让人们产生误解，呈现出来的不是尖细而是平截；随后，线段上升并慢慢变粗，同一粗度能够保持一段距离，最后慢慢变细直到消失，表示这个物种或者属已经灭绝。在这种情况下，某个类群的物种数目不断上升，完全符合我的学说，因为同科的属或者同属的种只能慢慢增加。近缘物种的出现和变异的产生一定是缓慢进行的，一个物种开始形成两三个变种，这些变种逐渐形成物种，然后慢慢形成其他变种，以此类推，直到形成一个大群，就像从一棵大树的主干上分出许多枝条。

灭绝

在上文的论述中，我们曾经讨论过物种和物种群的消失。根据自然选择学说，旧物种的灭绝和新物种的产生之间有着密切联系。曾经认为地球上的所有生物在连续时期由于灾难多次消失的旧概念已经被否定，埃利·得博蒙（Elie de Beaumont）、莫企逊、巴兰得等地质学家也不再坚持这种观点，根据他们平时的观点，自然会得出这个结果。相反，我们通过研究第三纪地层发现，物种和物种群都是逐渐消失的：开始在一个地点，然后在其他地点，最后扩散到全世界。不过，在特殊情况下，例如海峡断裂促使许多新生物进入邻海，或者海岛的下沉加快灭绝过程。不管是单一物种，还是成群物种，它们的持续时间都不相同；正如我们所见，有些物种群从最早一直持续到现在，有些物种群早已灭绝。如此看来，好像没有规律决定某个物种或者某个属的存在时间。我们相信，物种群的灭绝过程要比形成过程慢得多。如果用前面所说的线段表示物种群的出现和消失，那么，线段上端变细的速度（代表物种灭绝过程）要比线段下端变细的速度（代表物种的出现和早期数目的缓慢增加）慢。不过，在某些时候，成群物种的灭绝就像中生代末期菊石的灭绝一样，突然出现。

以前，物种的灭绝是一个难解之谜。有些学者假设，既然生物个体存在寿命，物种也会存在期限。对于物种的灭绝，我感觉非常诧异。在拉普拉它，当我发现乳齿象（Mastodon）、大懒兽（Megatherinm）、剑齿兽（Toxodon）等灭绝动物的遗骸，竟然与马的一颗牙齿埋藏在一起，而且它们与现存的贝类一起出现在最近的地质时代中，这让我无比震惊；西班牙人将马引入南美洲之后，马就成为野生的了，并且迅速繁殖，不久便占领了整个南美洲。于是，我不明白，在如此适宜马生存的环境下，以前的马为什么会灭绝呢？然而，我的惊讶毫无道理。不久后，欧文教授发现，虽然这颗马齿与现存马的牙齿很像，实际上是早已灭绝的马的牙齿。如果现在依然存在这种马，所有的博物学家都不会诧异它的数量之少，因为各纲都只有极少数的物种保存下来。如果要问，为什么物种的数量非常少呢？因为它们的生活中有许多不利因素。不过，到底是什么因素，我们无法确定。假如那种化石马现在依然少量存在，根据它与其他哺乳动物的类比，参考南美洲家马的驯化历史，我们推测，如果它处于合适的环境中，很快就会遍布整个美洲大陆。然而，我们不清楚究竟是什么阻碍了它的繁殖速度，是一种因素还是多种因素，在马的哪个时期发挥作用；也不清楚各个因素的作用程度。假如这些因素变得对化石马的生存不利，无论变化多么缓慢，它都会慢慢衰减，最终走向灭绝，而生存竞争中的胜利者会占据它的位置。

人们轻易就会忘记，每种生物的繁殖都会受到难以发现的不利因素的制约。这种因素让物种越来越少，最终灭绝。关于这个问题，人们知道得非常少，人们常常对体型巨大的动物（如乳齿象、恐龙等）的灭绝惊讶不已，好像庞大的体型是在生存竞争中取胜的保证。事实正好相反，欧文说过，在特殊时期，由于身体庞大，需要的食物比较多，容易导致其灭绝。在印度和非洲，人类出现之前，一定有若干因素阻碍了现代象的繁殖速度。著名的分类学家福尔克纳博士说，昆虫对象的折磨是阻碍其繁殖的重要原因，导致象逐渐衰弱。在观察阿比西尼亚的非洲象时，布鲁斯（Bruce）得出一样的结论。在南美洲的某些地区，昆虫和吸血蝙蝠决定了当地体型庞大的四足兽的生死存亡。

在第三纪地层中，我们发现许多物种逐渐减少最后走向灭绝的例子。同时，我们非常清楚，由于人类作用导致某些动物也是如此。在这里，我再次重复在1845年提出的观点，那就是动物在灭绝之前会逐渐减少。当一个物种变得稀少时，我们不会觉得奇怪，但当它灭绝时会非常诧异；正如疾病是死亡的警钟，有人生病时，我们不会觉得奇怪，但当病人死亡时会感觉惊讶，甚至以为他是死于横祸。

下列信念是自然选择学说的基础：每个新变种之所以会变成新物种，并且延续下来，因为它比竞争者具有优势；而劣势物种的灭绝好像是必然结果。同理，家养动物也是这样，当一个新变种培育成功后，开始它会排挤周围变异比较小的变种，等到新变种占据巨大优势后，将会传播到各个地方，类似于短角牛的情况，在各地取代原来的品种。因此，新类型的出现和旧类型的产生有着密切联系，不管是自然形成还是人为造就。在一定时期内，繁盛的物种群中生成的新物种数目要比灭绝的旧物种的数目多。不过，我们明白，物种不会一直增加，至少在最近的地质年代中是这样。近代情况告诉我们，新类型的产生加速了旧类型的灭绝。

一般来说，各个方面相似的类型的竞争最激烈，我们在前面已经说过。因此，某个物种的变异后代常常导致亲代灭绝；而且，假如某些新类型是由某个物种发展而来，那么，这个物种的亲缘物种（也就是同属物种）最容易灭绝。同理，同一物种传衍下来的许多新物种组成的属，将会排挤掉同科内原来的属。不过，常常出现这种情况，某个群的一个新种将另一个群的一个物种取代，导致其灭亡。假如许多近似类型是由侵入者发展而成，那么，一定有许多类型失去自己的位置，尤其是那些近似类型，由于继承了祖先的某些劣势而被排挤。不过，入侵者取代的那些生物，无论是同纲还是异纲，总有少数动物能够延续很长时间，因为它们可以适应特殊环境，或者生存在遥远的隔离地区，不必面对激烈的生存竞争。例如，三角蛤属（Trigonia）是中生代贝类的一个大属，它的某些物种依然生活在澳洲的海洋中；硬鳞鱼类（Ganoidfishes）曾是将要灭绝的种群，但现在仍有少数物种生活在淡水中。由此可知，一个物种群的灭绝要比它的形成慢得多。

关于整科物种或者整目物种突然灭绝的情况，如古生代末期的三叶虫和中生代末期的菊石，我们在前面说过，连续地层之间存在着长久的间隔期，而物种在间隔期中的灭绝速度十分缓慢。此外，如果一个新物种群的许多物种突然进入一个地方或者占领某个地区时，大多数老物种会以相同的速度灭绝，这些老物种常常是具有某种劣势的近似物种。

因此，在我看来，单一物种和成群物种的灭绝方式完全符合自然选择学说的观点。我们无法诧异物种的灭绝，如果真要觉得诧异的话，还是诧异我们凭借想象得出的物种生存所依赖的各种复杂的偶然因素吧！每个物种都有过度繁殖的趋势，而且存在着我们难以察觉的抑制作用。假如我们忘记了这一点，那就难以理解自然界中的生物组合的奥秘。当将来我们需要解释为什么这个物种的数目不如那个物种的数目多，为什么这个物种能够在某个地区驯化成功，而另一个物种不能时，我们才会因为无法解释单一物种或者整群物种的灭绝感觉惊讶！

全世界生物演化几乎同时进行

全世界生物演化几乎是同时发生的事实比任何古生物学的发现都令人激动。因此，即使在相距遥远、气候差异非常大的地区，例如南北美洲的赤道地区、火地岛、好望角、印度半岛等，虽然在那里没有发现白垩矿物的碎块，但我们发现了类似于欧洲白垩纪的地层。在这些遥远的地区，某些地层中的生物遗骸类似于欧洲白垩纪地层中发现的化石。这并不表示它们是相同物种，在某些情况下，根本不存在真正的相同物种，但它们是同科、同属、同亚属的物种，有时只有细微相同之处，例如表面上的装饰物。此外，在欧洲白垩纪地层的下伏和上覆岩层中发现的生物类型（欧洲白垩纪地层中没有发现），在遥远的地方按照同样的顺序依次出现。在俄罗斯、西欧、北美的古生代连续地层中，某些权威学者发现生物的相似平行发展现象；莱伊尔说，欧洲和北美洲的第三纪沉积地层就是这样。即使我们除去欧洲和北美洲共有的少数化石物种，古生代和第三纪相继出现的生物序列同样体现了明显的平行性，所以各个地层的相互关系得以确定。

不过，这些观察和世界各地的海相生物密切相关。对于有着遥远距离的陆栖生物和淡水生物来说，我们缺乏足够的资料判断它们之间是否存在平行演变现象。我们怀疑，它们是否经历过这样的平行演变：如果大懒兽、磨齿兽（Mylodom）、长头陀（马克鲁兽）、剑齿兽从拉普拉它前往欧洲，而不指明它们在地质上的位置，谁都不会想到，它们曾经与现存的海相贝类共存，还与乳齿象、马共存，因此，我们推测它们曾经生活在晚第三纪。

我们说过，海相生物的演化在全世界同时进行，这里的"同时"指的不是同一年或者同一世纪，或者严格的地质时间；如果将欧洲现存的海相生物与更新世（如果用年作为计时单位，这是一个包括冰河时期在内的长久时间）欧洲的所有海相生物与南美洲和澳洲现存的海相生物相比，即使是最优秀的博物学家也无法说出，究竟是欧洲的现存生物与南半球的生物相似，还是与欧洲更新世的生物相似呢？某些杰出的观察家认为，美国现存生物与欧洲晚第三纪生物之间的关系比它们与欧洲现存生物之间的关系更加密切；如果事实真是如此，北美洲海岸的沉积化石地层与欧洲晚第三纪的化石地层属于同一类。不过，对于遥远的未来而言，近代的海相地层（也就是欧洲、南北美洲、澳洲的上新世的上部地层）、更新世地层、真正意义上的现代地层，由于它们含有的化石遗骸相似，而且没有发现更加古老的下层中的化石类型，所以从地质上来说，它们属于同一时代的地层。

上述所说的生物在遥远地方出现广义的同时演变的事实，曾经让德·万纳义（MM. De. Verneuil）和达尔夏克（d'Archiac）等出色的观察家激动不已。他们在讨论欧洲古生代生物的平行演变现象时说："如果我们对这种奇特顺序非常感兴趣，从而将注意力放在北美洲，并且发现类似的一系列现象时，我们能够断定，物种的变异、灭绝和新物种的产生，绝对不是海流变化或者其他局部原因造成的，而是支配动物界的总法则在起作用。"关于这一点，巴兰得先生的意见相同。的确，如果将洋流、气候等物理条件的变化作为世界各地生物类型发生巨大变化的原因，显然是不合适的。就像巴兰得所言，我们要去寻找特殊规律。当我讨论现代生物的分布状况，观察到各个地区的自然条件与生物之间的微小关系时，我们能够更好地理解上述说法。

自然选择学说能够解释全世界生物出现平行演化的事实。新物种之所以能够出现，那是因为它们具有旧物种没有的优势，这些具有优势地位的物种能够形成新变种或者早期的新物种。关于这一点，植物中有着明显证据：最普通、分布最广泛、最容易产生变种的植物往往具有优势。实际上，这是十分自然的现象。那些具有优势的、变异的、分布广泛且开始排挤其他物种的物种，一定有机会向外扩展，而且容易形成新变种和新物种。不过，向外扩展的过程相当长，因为许多因素在发挥作用，例如气候条件、地理变化、偶然事变等。但是，随着时间的推移，具有优势的物种会慢慢扩散，并且在分布上获得成功。在相距遥远的陆地上，陆相生物的扩散要比连通的海洋中生物的扩散慢得多。因此，我们推测，陆相生物的演化平行程度不如海洋生物的密切，而我们观察到的情况也是如此。

　　因此，我觉得，生物类型的平行发展性指的是全世界生物类型具有同时演变的次序，这与新物种的形成原理（优势物种分布广泛、变异多）完全一致。这样形成的新物种本身就具有优势，因为它们与亲种和其他物种相比，具备优越条件，因此会继续向外扩展，不断变异并形成新类型。那些被新类型打败的旧类型可能是相似种群，全部具有某种劣势。所以，当新物种群的分布范围遍及全世界时，旧物种群便会消失。因此，世界各地生物类型从出现到消失的演替都是同时进行的。

　　关于这个问题，还有一点需要注意，我相信富含化石的厚厚地层形成于下沉时期；而不含化石的地层形成于有着很长空白的间隔时期，即海底静止或者上升时期，或者沉积的速度无法掩埋生物遗骸的时期。在长长的空白时期，各个地区的生物都会大量变异和灭绝，也有来自于其他地区的迁移物种。我们相信，地质运动会对许多地区产生影响，所以在广阔空间中可以同时形成沉淀。不过，我们不能断定，这个情况永远不变，也无法断定广大地区总是受到相同地质运动的影响。假如两个地区的地层是同时（不是绝对同时）沉积而成，根据前文内容可知，这两个地层中存在着同样的生物类型的演变。

　　我认为，欧洲可能出现这种情况。在关于英法两国始新世地层的著作中，普雷斯特维奇先生（Mr. Prestwich）曾注意到，两国连续地层之间表现出紧密相连的平行现象。不过，当他将英法两国的某些地层进行比较时，发现两地同属的物种数目大致相同，但具体物种类型有所差异。我们只能假设一个海峡将两个海隔离，导致生活在两个海中的物种群不同，否则，难以解释两国物种的差异，因为英法相距非常近。关于晚第三纪地层，莱伊尔进行了近似的解释。巴兰得说，波希米亚和斯堪的纳维亚志留纪的连续地层之间表现出总体平行现象，但他观察到两地物种有着巨大不同。如果这几个地层不是绝对同时沉积而成——这个地区正在沉积，而另一个地区处于长久的间断时期——并且两个地区的物种也在沉积时期和间断时期缓慢交替。这时，根据生物类型的演变状态，大致可以将两个地区的各个地层排列出相同的顺序，带给人们绝对平行的假象。虽然两个地区的各个地层的相应层次一样，但含有的物种有所不同。

灭绝物种之间的亲缘关系及其与现存物种之间的亲缘关系

现在，我们分析一下灭绝物种和现存物种之间的亲缘关系。全部物种可以分为几个大纲，生物传衍原理能够解释这个事实。根据一般规律，物种越古老与现存物种之间的差异越大。不过，正如巴克兰所言，不是将灭绝物种归纳到现存类群中，就是将它们归纳到灭绝和现存之间的类群中。灭绝的生物类型可以填补现存的属、科、目中的空白，这是毋庸置疑的事实。不过，人们常常忽略甚至否定这个说法，所以需要举例进行说明。如果我们分开研究同纲中的现存物种和灭绝物种，不如将两者结合在一起得到的生物系列的完整程度高。欧文教授在论文中，常常用概括型（Generalized forms）一词称呼灭绝生物；而阿加西斯在论文中，常常使用预示型或者综合型（Prophetic or Synthetic types）等词，其实，这些词语全部表示中间类型或者环节类型。著名的古生物学家戈德里（M. Gaudry）在阿提卡（Attica）发现许多哺乳类动物化石，这些化石属于现存属之间的类型。曾经，居维叶认为在哺乳动物中，反刍类（Ruminant）和厚皮类（Pachyderm）是差别最大的两个目。然而，根据许多挖掘出的过渡类型化石，欧文将原来的分类方法进行修正，将一部分厚皮类归纳到反刍类中去。例如，借助于中间递变类型，猪和骆驼之间的间隔消失了。现在，将有蹄类（Ungulata，或者长蹄的四足兽）分为偶蹄和奇蹄两大类，而南美洲的长头驼在两者之间建立了联系。谁都不会否认，三趾马（Hipparion）是现代马和古代有蹄类的中间类型。杰尔韦教授命名的南美洲印齿兽（Typotherium）是哺乳动物中最奇特的环节类型，它无法归纳到现存的任何一个目中。海牛类（Sirenia）是哺乳动物中的特殊种群，现存的儒艮（Dugong）和泣海牛（Lamentin）的显著特征是没有后肢。不过，弗劳尔

（Flower）教授说，已经灭绝的哈海牛（Halitherium）含有骨质组成的大腿骨和盆骨内显著的关节。因此，它比较像有蹄的四足兽。对于身体的其他构造而言，海牛类很像有蹄类。此外，鲸鱼类与其他哺乳动物有着显著区别。不过，某些博物学家将第三纪的械齿鲸（Zeuglodon）和鲛齿鲸（Squalodon）单独列为一目，而赫胥黎教授肯定它们是鲸类，并且与海相食肉类一起构成过渡环节类型。

赫胥黎还说，鸟类和爬行类之间的巨大间隔通过难以预料的方式将大部分连接在一起，一端是鸵鸟和早已灭绝的始祖鸟，另一端是恐龙类中的细颈龙（Compsognathus）。恐龙类包括陆地上最庞大的爬行类。关于无脊椎动物，权威专家巴兰得说，虽然可以将古生代动物的类别归纳到现有的类群中，但在古老的时代中，各个类群之间的差别不如现在明显。

某些学者反对将一个灭绝物种或者物种群作为两个现存物种或者物种群的中间类型。如果"中间类型"一词指的是一个灭绝类型的性状介于现存两个物种之间的话，那么，这种反对有一定的道理。然而，在分类系统中，某些化石的确介于现存物种之间，某些灭绝属介于现存属之间，甚至某些灭绝科介于现存科之间。最常见到这种情况——有着巨大差异的物种群出现的情况，例如鱼类与爬行类之间，如果这两个物种现在的20个特征有所不同，那么，它们在古代有差别的特征要少一些，所以对于这两个物种群来说，它们在古代的亲缘关系更近。

人们认为，生物类型越古老，它将现存两个有着巨大差异的物种群联系起来的可能性越大。显然，这个规律只适用于地质时期有着巨大差异的物种群；然而，这个规律的正确性难以证明，因为就算是现存物种，例如美洲肺鱼，有时也会发现它与几个有着较大差异的物种之间存在亲缘关系。不过，如果我们将古代的各类生物（如爬行类、两栖类、鱼类、头足类、始新世的哺乳类等）与现代种属相比，我们将会发现这个规律的正确性。

现在，我们分析一下上述事实和推理，看看在多大程度上符合生物的遗传演化理论。由于这个问题比较复杂，所以我们要借助第四章中的树状图。我们假设带有数字的字母表示属，从属中衍生出来的虚线表示各个物种。当然，这个图形非常简单，能够表示的属和种的数目非常少，但这些没有关系。如果图形中的横线表示连续地层，而最高横线下面是已经灭绝的物种。现存属a^{14}、

q^{14}、p^{14}构成一个小科；b^{14}和F^{14}是一个近缘科或者近缘亚科；o^{14}、e^{14}、m^{14}构成第三个科。这三个科和许多已经灭绝的物种的共同祖先是A，所以它们构成一个目，因为它们从A那里获得了某些共同特征。根据此图所表示的遗传性状不断出现分歧的原理，对于任何类型的生物来说，越是近代类型与古代原始祖先的区别越大。因此，我们可以理解"最古老类型与现存类型之间有着巨大差异"的规律。不过，我们不能因此推断一定会出现性状分歧，这是由物种后代在自然组合中的位置决定的。因此，随着生活环境的变化，某个物种也会发生改变，并在很长的时间内保持原有的基本特征，类似于生活在志留纪的某些类型。第四章树状图中的F^{14}就是典型代表。

恰如上述所言，从A传衍下来的许多物种，灭绝物种和现存物种一起构成了一个目；由于不断出现灭绝物种和性状分歧，所以将这个目分为若干科和亚科；假设这些科和亚科中有些已经灭绝，有些一直传衍到现在。

我们通过观察第四章的图发现：在一套地层中，如果多个已经灭绝的物种位于地层的下部，那么，地层上面的三个现存科之间的差异比较小。例如，如果已经挖掘了a^1、a^5、a^{10}、F^8、m^3、m^6、m^9等属，那么，现存的三大科能够紧密联系在一起，甚至可以合并为一个大科，类似于反刍类和某些厚皮类的事实。不过，某些人不承认灭绝属的中间性质，反对借助于灭绝属在三个现存科之间建立联系，这种观点有一定的道理，因为这些灭绝属不是直接的中间类型，而是通过许多有着巨大差异的类型迂回地连接在一起。如果许多灭绝类型都处于该图的一条横线上（即某个地层中），例如位于第六条横线之上，而在横线之下（即地层下面）没有发现什么类型，这样一来，a^{14}等属和b^{14}等属的两个科合并为一个大科，原来的三个科变为两个科，两个科之间的差异要小一些。此外，在最上面的线上，八个属（从a^{14}到m^{14}）形成了现存的三个科，假如它们之间存在六个主要特征用来区分，那么，在第六条线所表示的地质时期，它们的区别特征要比六小，因为进化早期的分歧程度比较低。因此，对于古老属和灭绝属来说，它们的性状处于变异后代或者旁系亲族之间。

在自然界中，物种群的演化过程远远比图中显示出来的复杂，因为实际物种群的数目非常多，而且持续时间不同，变异程度也有差异。由于我们知道的地质记录仅仅是最后一卷，而且很不完整，所以我们无法将自然界中的广大间隔填满，让不同的科或者目联系在一起。我们只能判断在已知地质时期有过巨大变化的物种群，它们在古老地层中的差异比较小。因此，对于同一物种群的各个类型来说，古老类型之间的差异要远远小于现存类型的差异。关于这种情况，最著名的古生物学家已经证实常常出现。

这样，生物遗传演化的学说能够解释灭绝类型之间、灭绝类型与现存类型之间的亲缘关系，其他学说无法做到这一点。

显然，根据上述学说，生活在地球史上的地质时期内的生物，将是该时期前后的生物群的中间类型。因此，在第四章的图中，第六时期（第六条横线）的生物是第五时期生物的变异后代，同时是第七时期变异生物的祖先，所以它们的性状处于前后两个时期的生物之间。不过，我们不能否认这样的情况：某些早先类型已经完全灭绝；任何地区都难以避免来自其他地区的新类型；在连续地层的长期间断时期，物种能够出现巨大变异。在上述条件下，每个地质时期生物群的性状特征处于前后两个时期的动物群之间。我们来看一个例子：古生物学家发现泥盆系地层之后，马上断定这个系的生物化石特征处于上覆石炭系化石和下伏志留系化石之间。不过，每个时期的动物群并非绝对表现出中间性状，因为连续地层中的间隔时期长短不一。

整体而言，每个时期的生物群性状介于前后两个时期的生物群之间，这是无法否定的事实，尽管有些属是例外。例如，福尔克纳博士曾经按照两种方法为乳齿象和普通象排列：第一种是根据它们的亲缘关系，第二种是根据它们的生存时代，但两种方法得到的结果不同。具有极端性状的物种，并非都是最古老物种或者最近物种；具有中间性状的物种，也并非绝对是中间时期物种。然而，在特殊情况下，如果物种从出现时期到灭绝时期的记录是完整的（实际上，不会出现这种情况），我们相信，先后出现的各个类型的持续时间不同。一个古老类型的存在时间可能比后来出现的各种类型的存在时间长，尤其是生活在隔离地区的陆相生物。我们用例子解释一下：假如按照亲缘关系，将家鸽的灭绝品种和现存品种排列成谱系，这种排列顺序也许不符合各个品种的出现顺序，更不符合灭绝顺序，因为祖种岩鸽现在依然存在，而岩鸽与信鸽之间的许多变种已经灭绝。鸽子的一个重要特征是喙的长短，喙最长的信鸽的出现时间要比喙最短的短嘴翻飞鸽早。

古生物学家都承认，两个连续地层的化石之间的关系要比相距遥远的两个地层中的化石关系更加密切，这个观点与中间地层的生物遗骸具有中间性状的说法相通。皮克特举例说，虽然白垩纪各个时期地层中的生物遗骸是不同物种，但非常相似。由于这个事实具有普遍性，促使皮克特教授不再坚持物种不变的信念。只要是熟悉现存物种分布情况的人，绝对不会用古代各个地区的地理条件近似去解释相连地层中的不同物种的相似之处。我们需要明白，全球生物（至少海相生物如此）几乎是同时发生变化，而这种变化是在气候各异的条件下出现的。思考一下，整个冰河时期都属于更新世时期，气候有着巨大差异，但更新世的海相生物受到的影响非常小。

虽然紧密相连的地层中的生物遗骸属于不同物种，但它们之间非常相似。根据遗传演化学说，其中的意义非常明显。因为各个地层的沉积常常中断，而连续地层还会出现长长的空白间断期。就像我在前文所说，我们在一两个地层中，绝对无法找到最初物种和最后物种的全部过渡类型；不过，在间断时期之后（以年为计时单位时间很长，但以地质时期计算并不太长），我们应该能够找到近似类型，甚至是某些学者所说的代表种类型。总之，正如我们的期待，我们发现了物种缓慢变异的证据。

古代生物的进化状况与现代生物的比较

我们在第四章中已经说过，衡量生物进化程度和完善程度的标准是生物成熟之后各个器官的分化程度和专门化程度。我们知道，器官的专门化对生物来说是有利的，所以自然选择促使生物构造向着专门化发展，越来越完善。从这个意义上而言，生物变得更加高等。尽管自然选择让许多生物保留了原有的简单器官，便于适应简单生活，在特殊情况下，器官甚至会退化或者简单化。不过，这种退化生物能够很好地适应环境。此外，新物种要比祖先更加优良，因为在生存竞争中，新物种一定要战胜与之密切相关的老物种。由此可知，如果气候条件相似，现存生物与始新世生物进行斗争，前者一定会胜利，就像始新世生物能够打败中生代生物，中生代生物能够打败古生代生物一样。这样一来，根据生存斗争的法则和器官专门化的标准，我们可以推测近代类型的生物要比古老类型的生物高级。事实真的如此吗？许多古生物学家都会给出肯定的答案，这个回答是正确的，尽管很难验证。

从很早的地质时期开始，某些腕足类的变化非常小；某些陆栖动物和淡水贝类出现之后,始终保持原有形态,但这些事实与上述结论没有真正矛盾。卡彭特博士(Dr. Carpenter)说,从劳伦纪(前寒武纪的某个时期)以来,有孔虫类(Foraminifera)的构造没有出现任何变化。这个问题很容易解释,因为这些生物的构造适宜简单的生活方式,所以要一直保持下去。关于这个目的,低等构造的原始生物是最佳选择。如果将生物构造进化看作必要条件,上述事实严重威胁到我的学说。如果可以证明有孔虫类产生于劳伦纪,或者腕足类产生于寒武纪,那么,同样会威胁我的学说,因为在这种情况下,这些生物没有足够的时间进化到符合环境的标准。根据自然选择学说,只要进化到某个特定标准之后,便不需要再进化,虽然在各个时期中可能会出现微小变异,以便适应不断变化的生活条件,保护自己的地位。上述事实的关键在于:我们是否真正清楚世界的年龄呢?各种生物是何时出现的呢?这些问题会有更大的争议。

整体而言,生物构造是否进化,在各个方面都是一个非常复杂的问题。由于任何地质时期的记录都不完整,所以难以追溯到远古时期,难以确定在漫长的时间中生物构造是否有了巨大进化。即使是现在,对于同一纲的各个类型来说,在哪个物种是最高等的问题上,博物学家有着很大的争议。例如,某些人认为板鳃类(Selaceans,即鲨鱼类)某些重要构造类似于爬行类,所以断定它们是最高等鱼类;另外一些人认为硬骨鱼才是最高等鱼。硬鳞鱼位于鲨鱼和硬骨鱼之间。现在,硬骨鱼的数目最多,但只有鲨鱼和硬鳞鱼两类。在这种情况下,由于标准不同,所以形成了不同的结果,有人认为鱼类构造进化了,而有人认为鱼类构造退化了。不同类的生物无法进行比较,谁能确定乌贼和蜜蜂哪一个更高等呢?著名学者冯贝尔说,虽然蜜蜂是另一类型,但它比鱼类构造高等。我们推测,在激烈的生存斗争中,本纲地位比较低的甲壳类可以战胜软体动物中的高等头足类;虽然甲壳动物没有高度进化,但如果用优胜劣汰法则衡量,甲壳动物在无脊椎动物中的地位很高。如果想要知道哪种类型最先进,不仅要比较两个时期某个纲中的最高等生物(尽管这是判断高低等级的重要因素),还应该比较两个时期某个纲中的所有成员,无论是高等生物还是低等生物都要比较。古时候,软体动物中的最高等头足类和最低等腕足类都非常繁盛(现代生物学将腕足类单独列为一门,不再属于软体动物),如今这两类动物都大大减少了,其他中间类型却大大增加;因此,某些博物学家认为现在的软体动物退化了。另一方面,有人举例说明腕足类的数目大大减少,虽然现存头足类的数目有限，但结构比古时的头足类进化很多。我们还应该比较两个时期的动物在世界中所占的比例。例如，现存五万种脊椎动物，如果过去的某个时期仅仅有一万种，那么，高等动物的增加（表示低等动物的减少）可以看作世界生物构造进化的标志。因此，我们明白，在这种情况下，想要正确比较各个时期动物群的构造，将是多么困难啊！

仔细研究一下现存的动物群和植物群，我们将会更加清楚地认识到上述困难。近几年，欧洲生物进入新西兰之后，繁殖速度非常快，不久就占据了土著生物的生存地盘，由此可知，如果将英国所有的动植物都迁移到新西兰，其中的许多生物会慢慢适应新西兰的环境，并导致大量土著类型灭绝。另一方面，由于缺乏南半球生物在欧洲成为野生种的实例，我们怀疑，如果将新西兰所有的动植物迁移到英国去，它们是否能够生存，甚至抢夺英国本土生物的地盘呢？从这方面来说，新西兰生物的等级要比英国生物的等级低。然而，即使是经验丰富的博物学家在分析两个地区的生物时，也难以预料到这种结果。

阿加西斯等学者断定，在某种程度上，古代生物的胚胎与现代同纲生物的胚胎非常相似；而灭绝物种在地质上的传衍情况类似于现存物种的胚胎发育情况。这个说法与我的学说一致。我们在下一章中将会解释，生物成体与胚胎之间的差异是由于变异出现在相应的时期，而不是出现在胚胎发育早期。在这个过程中，胚胎几乎不会发生变化，而生物体在传衍的世代中差异不断增大。因此，胚胎体现了生物变异较少时的状况。这种说法也许正确，但难以证实。例如，观察一下最古老的哺乳类、爬行类、鱼类等纲的化石，虽然它们之间的差异要比现存同纲生物的差异小一些，但难以找到具有脊椎动物共同胚胎特征的生物，除非在寒武纪地层的下面能够找到富含化石的地层，但找到这种地层的机会非常渺茫。

晚第三纪同一地区同一类型生物的演替

克利夫特先生（Mr. Clift）说，曾经在澳洲山洞中发现的哺乳动物化石类似于该洲现存的有袋类动物。在南美洲，存在着类似情况，在拉普拉它河谷发现的巨大兽甲很像犰狳类（Armadillo）的甲片，即使是普通人也能发现这一点。欧文教授曾说：拉普拉它地区埋藏着大量哺乳动物化石，大多数属于南美洲类型。在巴西山洞中，伦德（M. Lund）和克劳森（Clausen）收集了许多骨骼化石标本，从而明确地显示了这种相似关系。这些事实给我留下深刻印象，我在1839年和1845年说过"类型演替规律"，也就是"同一大陆上的灭绝物种与现存物种之间有着近似关系"。后来，欧文教授将此规律进行推广并用来解释欧洲的哺乳动物，还复原了新西兰早已灭绝的巨鸟。巴西山洞中的鸟类化石，存在着类似情况。伍德沃德先生说，这个规律能够用在海相贝类中，只是许多软体动物分布广泛，导致这个规律不太显著。当然，还有其他例子，如马德拉地区陆相贝类的灭绝种与现存种的关系，亚拉尔里海咸水贝类的灭绝种与现存种的关系等。

同一地区同一类型生物的继承发展规律，到底体现了什么呢？假如某些人比较了澳洲和南美洲同一纬度的气候，然后想用自然条件不同解释两洲生物的不同；或者用第三纪晚期自然地理条件相同解释各个大陆同一类型生物的一致性，未免太过草率。当然，不能认为有袋类动物仅仅产自于澳洲，而贫齿类动物出自南美洲，这是不变的法则。我们知道，许多有袋类曾经生活在古代欧洲，而美洲的哺乳动物的分布情况，以前和现在有着巨大不同。以前生活在北美洲的生物群具有现代南美洲生物群的特征，而以前南北美洲生物群的关系要比现在更加密切。福尔克纳和考特利（Cautley）的发现告诉我们，印度北部和非洲的哺乳动物的关系，以前要比现在更加密切。海相动物在分布上也有类似情况。

根据遗传演化学说，同一地区同一类型生物持久地（而非永久不变）继承演化的规律很容易解释，因为世界各地的生物都有将其相似且又有微小变异的后代保留下来的趋势。如果两个大陆上的生物有着巨大差异，那么，它们的后代将会以相同的方式发生更大的变异。然而，经过很长时间之后，尤其是巨大的地理变迁，并且大量生物进行迁移，入侵的优势类型会打败弱小类型，所以生物的分布便会发生变化。

有些人开玩笑说，我们是否可以假设树懒、犰狳、食蚁兽等动物是由以前生活在南美洲的大懒兽等巨大怪物退化而来。这种想法是错误的，因为这些动物没有留下后代就已经灭绝了。不过，在巴西山洞中发现的许多灭绝物种，在多个方面类似于南美洲的现存物种，其中的某些物种也许是现存物种的祖先。我的学说一直在强调，同属的所有物种都来自于共同祖先。因此，假如某个地层中存在六个属，而每个属拥有八个物种，在该地层之后的地层中发现了六个类似属，并且每个属都有八个物种。这样一来，我们推测：一般来说，老属中的一个物种留下后代，并形成了新种，而老属中的其他七个物种都已经灭绝，而且没有留下任何后代。其实，更加普遍的现象是：六个老属会保存下来两三个属，而每个属可以保留下两三个物种，其他的属和物种会全部灭绝。此外，不繁盛的目（如南美洲的贫齿类）会逐渐衰弱，数目越来越少，只有极少的属或者物种能够保留下变异的嫡系后代。

上一章与本章摘要

我已经表示，地质记录非常不完整，只是对地球上的极少数地区进行过详细考察。只有几个纲的生物以化石形式大量保存下来。现在，将博物馆中收藏的动物标本和物种数目与某个地层中所出现的所有动物的数目相比，简直少得可怜。许多连续地层之间存在着长时期的间断，因为只有在海底下沉时期才能形成富含化石的厚重地层，而且能够抵抗未来的侵蚀作用。在海底下沉时期，有许多物种会灭绝；在海底上升时期，物种会出现许多变异，但地质记录保存较少。每个地层都不会一直沉积，而各个地层持续的沉积时间不如物种的平均寿命长。对于任何地区或者任何地层来说，新类型的出现与生物迁徙密不可分。最广泛分布的物种是变异频繁、常常产生新种的物种。最初，变种是地方性的。最后一个要点是：每个物种的形成都会经历许多中间过渡类型。这个过渡时期以年作为计时单位非常长久，但如果与物种保持原状的时间相比，显得非常短暂。将上述原因综合起来，我们很容易解释，为什么无法找到许多中间类型（虽然找到一些环节类型）将灭绝种与现存种联系起来。我们需要牢记，人们可能发现两个类型之间的任何环节类型，但如果无法找到整个演化链条，这个中间环节类型将会被列为新物种，因为我们缺乏区分物种和变种的正确标准。

只要是反对"地质是不完整"说法的人，肯定不会赞同我的学说。他会产生这样的疑问：在同一套地层的各个连续层位中，构成近缘物种或者代表物种的中间过渡类型在什么地方呢？他不会相信连续地层中存在着长时间的间断时期。当他考察地层时（如欧洲的地层），往往会忽视地层迁徙带来的影响。

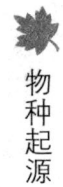

他会强调,成群生物会突然出现(这往往是假象)。他还会说:在寒武纪之前生存的生物遗骸在什么地方呢?现在,我们非常清楚,当时至少存在过一种动物。不过,关于这个问题,我只能根据假设回答,即现在是海洋的地区很早之前就是海洋;现在可以升降的大陆地区,从寒武纪开始已经存在。然而,寒武纪之前的远古时期,世界景观与现在有着巨大区别。至于更加古老的大陆,构成它的地层有些变成了变质岩,有些被埋藏在海洋底下。

如果解决了这些问题,其他古生物学上的事实与遗传演化学说一致。因此,我们非常清楚,为什么新物种会缓慢形成,为什么不同纲的物种并非同时、同速度、同程度进行变异。然而,在很长时间内,一切物种都会发生变异。新类型产生的必然结果就是老类型的灭绝。我们也明白,为什么物种灭绝之后无法重现。物种群的数目缓缓增加,它们的延续时间各不相同,因为变异过程非常缓慢,还会受到各种偶然因素的影响。只要是大物种群中的优势物种,便会繁衍许多变异后代,以此形成新亚群和新物种群。等到新物种群形成之后,由于劣势群中的物种从共同祖先那里继承了劣势,所以会全部灭绝,不会留下自己的变异后代。不过,成群物种的灭绝是一个非常缓慢的过程,因为常常有少数动物生活在隔离区。当一个物种群灭绝之后,绝对不会重现,因为世代传衍的锁链已经断掉。

我们明白,为什么分布广泛、变种较多的优势类型,它们的变异后代具有扩散到全世界的趋势,因为在生存斗争中,这种后代能够打败劣势种群,甚至是消灭它们。因此,经过很长时间之后,世界上的生物好像同时发生进化。

我们也明白,为什么古代生物和现代生物仅仅分为几个大纲。我们还了解,由于总会出现性状分歧,越是古老的生物与现存生物的差异越大;为什么古代灭绝类型可以填充现存类型之间的形态学差异,让两个物种的关系变得更近,甚至将两个物种合二为一。越是古老类型,它们在现存物种之间的中间地位越高,因为古老类型与现存差异巨大的物种群的共同祖先的亲缘关系比较近,性状比较相似。灭绝类型几乎不会处于现存类型之间,而是通过其他类型间接地处于现存类型之间。我们非常清楚,为什么紧密相连的地层中的生物遗骸很相似,因为世世代代的遗传演化将它们联系在一起。我们还知道,为什么中间地层中的生物遗骸能够表现出中间性状。

在地球的发展史上,各个时期的生物在生存斗争中战胜自己的祖先,所以后代要比祖先高等，构造更加专门化，这还可以解释生物构造总体上是进化的现象。在某种程度上，古代的灭绝生物类似于近代同纲生物的胚胎，我的学说可以简单地解释这种奇怪的事实。在较晚的地质时期，同一地区同一生物构造的遗传演化已经可以用继承原理解释，而不再是神秘的事情。

  如果人们相信地质记录不完整的说法，关于自然选择理论的异议便会减少，甚至是完全消失。另一方面，我觉得所有的古生物学规律都明确表示，普通的生殖方式形成了物种。改良之后的新类型会取代旧类型，因为新类型的生存能力更强。

第十二章　生物的地理分布

影响现存生物分布状况的几个因素

当我们讨论生物在世界上的分布情况时，首先感到惊奇的是，各地生物的相似与否无法通过气候和自然地理条件进行解释。近几年，几乎研究这个问题的学者都得出一致结论。美洲的情况就能轻易证明这个结论的正确性，因为除了北极和北温带，所有学者都认为美洲与欧洲的区别是地理分布上的主要区别。然而，假如我们在美洲大陆旅行，从美国中部一直走到最南端，我们遇到多种自然地理条件：湿地、沙漠、高山、草原、森林、沼泽、湖泊、大河等，几乎经历了各种气候。美洲和欧洲的气候、自然地理条件非常相似，至少存在适合某种生物生存的环境。毋庸置疑，在欧洲有几个地方的气候比美洲任何地方都热，但在这里生活的动物与周围的动物没有区别，因为某些动物只能在稍微特殊的一小块地方生存的事例非常罕见。虽然欧洲和美洲的自然条件差异很小，但两地生物有着巨大区别。

在南半球，假如我们比较分布在纬度25°到35°之间的澳洲、南非洲、南美洲的广阔大陆，我们会发现某些地方的自然条件非常相似，但它们拥有的生物群有着巨大差异，其他地方都无法与这三大洲进行比较。我们再将南美洲南纬35°以南的生物与南纬25°以北的生物进行比较，尽管两地之间有着十几度的差异，自然条件也很不相同，但两地生物的关系比较近。我们还能列举海相生物的例子。

当我们研究生物的地理分布时，第二惊讶的是障碍物。无论是何种障碍物，只要会影响生物的迁徙，就与各地生物的差异密不可分。从欧洲和美洲的陆相生物性状的巨大差异中可以看出这一点。不过，两大洲的北部是一个例外，那里的陆地几乎连成一片，气候只有细微不同，北温带生物能够自由迁入，类似于现存的北极生物。通过相同纬度下的澳洲、非洲、南美洲生物的巨大差异，我们能够发现类似情况，因为这三个地区的隔离程度最高。在其他大陆上，我们发现同样的情况：在连绵起伏的山脉、广阔无垠的沙漠、波澜壮阔的河岸边，我们能够找到不同生物。显然，山脉、沙漠等障碍物比海洋隔离的大陆容易跨越，而且比海洋存在的时间要短。因此，同一大陆生物之间的差异要比不同大陆生物之间的差异大一些。

海洋也拥有相同的规律。生活在南美洲东西两岸的生物，只有少数贝类、甲壳类、棘皮动物是共有的，其他生物有着巨大区别。不过，京特博士近期发现，巴拿马地峡两岸的生物大约有30%相同，这个事实让许多博物学家猜测这个地峡曾是连通的海洋。美洲海岸的西部是广阔无垠的太平洋，没有可供迁徙生物休息的岛屿，这也是一种障碍物。越过太平洋之后，我们会发现太平洋东部的岛屿上生活着各种各样的动物群。因此，从南到北一共形成了三种海相动物群系（一种是南美洲东岸大西洋动物群，一种是南美洲西岸太平洋动物群，一种是太平洋东部诸岛动物群）。然而，由于障碍物（大陆或者大洋）的阻挠，这三个动物群系有着巨大区别。相反，如果沿着太平洋热带部分的东部诸岛向西走，不仅没有障碍物，还有许多岛屿可供休息；或者是连绵不断的海岸线，绕过半个地球到达非洲海岸；在广阔的空间中，不存在有着巨大区别的海相动物群。虽然在上述所说的三种海相动物中，共有的海相动物仅仅几种，但从太平洋到印度洋，许多鱼类是共有的，即使在截然不同的子午线上也存在许多共有贝类。

第三件事我们已经说过，虽然不同地区的物种类型不同，但同一大陆或者同一海洋的生物之间有着亲缘关系。这是最普通的规律，我们能够找到许多实例。例如，当一位博物学家从南向北考察时，一定会被近缘且不同物种生物群的更替顺序所震惊。他会听到不同种类的鸟发出近似的叫声，会看到结构相似但绝不相同的鸟巢，鸟卵的颜色也是近似但不同。麦哲伦海峡附近的平原上生活着一种美洲鸵属的鸵鸟叫做三趾鸵，而北面的拉普拉它平原上生活着同属的另一种鸵鸟。与生活在同纬度的非洲、澳洲的鸵鸟相比，这两种鸵鸟有着显著区别。在拉普拉它平原上生活着啮齿目（Order of Rodents）的刺鼠（agouti）和绒鼠（bizcacha），它们的习性类似于欧洲的野兔和家兔。它们的构造是典型的美洲类型。我们攀登上科迪勒拉山，能够发现绒鼠的高山种。我们观察流水，仅仅能够发现南美型的啮齿目的河鼠（Coypu）和水豚（Capybara），而没有发现海狸（beaver）或者麝鼠（musk-rat）。我们还能列举许多类似例子。如果我们研究一下距离美洲海岸很远的岛屿，无论它们的构造有多不同，无论它们的生物类型多么独特，但所有的生物都是美洲型。我们回顾一下过去的情况，就像上一章的内容，那时在美洲大陆和海洋中具有优势地位的物种全是美洲型。这些事实与时间、空间、同一地区的海洋和陆地紧密联系在一起，而与自然地理条件毫无关系。这种联系指的是什么呢？博物学家一定会进行研究。

很简单，这种联系就是遗传。就像我们所知，遗传这个因素可以让生物相似，也可以让变种相似。不同地区生物之间的差异主要是变异作用和自然选择造成的，其次是自然地理条件的影响。不同地区生物的变异程度是由过去很长时间内的生物优势类型迁徙遇到的障碍、迁入者的数量和性质、生物之间斗争形成的各种变异性质的保存状况决定的。对于生存斗争来说，在关于生物的所有关系中，生物与生物之间的关系是最重要的，正如前文所言。由于障碍物能够阻碍生物迁徙，所以它有着重要作用，类似于时间对于自然选择作用积累生物变异一样。只要是分布广泛的物种，它们的数量也会比较多，在自己的地盘中打败了许多竞争者。当它们向其他地区扩张时，有许多机会去争夺新地盘。在新地盘中，它们常常会面对新的自然条件，进一步发生变异。它们将会再一次进行改良，并繁衍出许多变异后代。根据遗传演化原理可知，为什么某些属的部分物种只会分布在某个地区，甚至整个属或者整个科都是如此，而这是普遍存在的情况。

我们在上一章已经说过，我们难以证明是否存在某种生物演化一定要遵循的规律。由于每个生物的变异都有独立性，而对于复杂的生存斗争而言，但某种变异有利于个体的生存时，自然选择作用才会将其保留下来，所以每个物种的变异程度各不相同。如果某些物种在老地盘上竞争已久，然后全体迁入一个与世隔绝的新环境中，那它们出现变异的可能性很小，因为迁徙和隔绝不会产生任何作用。这些因素只能让生物建立新关系，而且是生物与周围环境的关系比较小时才能起作用。正如上一章的内容，某些生物从远古时期以来一直保持着原有性状，所以某些物种在经过迁徙之后，性状特征没有发生显著变化，甚至是没有丝毫变化。

根据这个说法，同属物种一定来源于同一地点。虽然这些物种现存于世界各地，而且有着遥远的距离，但它们来自于一个共同祖先。至于那些经历了远古以来的地质时期却几乎没有变化的物种，它们肯定来自于同一个地区。因为远古时期以来的自然地理条件出现了巨变，可能存在任何大规模的迁徙。不过，在许多情况下我们相信，同一属的各个物种产生于较近的时期，这样一来，如果它们相距遥远，便会无法解释。同理，虽然同一物种的个体分布在不同的地方，甚至隔着遥远的距离，但它们一定来自父母形成的地方，因为我们在前面说过，不同物种的双亲难以产生同种个体。

物种单一起源中心论

现在，我们分析一下博物学家曾经讨论的问题，物种的起源是一个地方，还是多个地方呢。同一物种如何从一个地方迁徙到现在生活的各个地方，这一点很难解释清楚。不过，最简单的观点能够让人信服，即每个物种是在一个地方形成的。如果某些人反对这种观点，他们也会反对生物的世代繁衍和后代迁徙的事实，只能用某种神奇力量进行解释。人们承认，在许多时候，一个物种生存的地方总会连在一起。如果某种植物或者某种动物生活在相隔遥远的两个地区，或者生活的两个地区之间有着难以跨越的障碍物，这是特殊情况。与其他生物相比，陆相哺乳动物难以跨越大海迁徙的情况更加显著，所以截止到目前，尚未发现难以解释的同种哺乳动物分布在相距遥远的两地的例子。相同的四足兽类分布在英国和欧洲某些地区，关于这个现象，任何一个地质学家都觉得很容易解释，因为英国和印度曾是一体的。然而，如果同一物种能够在隔开的两地形成，那么，在欧洲、澳洲、南美洲的哺乳动物中，我们为什么无法找到共有的呢？由于这三大洲的自然条件相似，所以欧洲的许多动植物能够迁入澳洲或者美洲生存。而且，在相距遥远的南北极附近，某些原始植物完全相同。我觉得这种现象是，某些植物有多种传播方式，完全可以跨越广大的中间隔离地带进行迁移，而哺乳动物无法跨越这些障碍。关于各种障碍物的作用，只有当障碍物的一边形成了许多物种，而无法迁徙到另一边时，才能够清楚地显示出来。某些科、亚科、属，以及属内的部分物种，仅仅生活在某个地区。根据博物学家的观察可知，最天然的属或者物种之间关系比较密切的属，它们大部分分布在某个区域内，即使它们的分布范围比较大，这些区域也是相连的。当我们观察同一物种的个体分布时，如果它们最初不是出现在同一个地方，而是受到相反法则的支配，那么，这绝对是怪异的情况！

因此，我与许多博物学家的想法一致，认为每个物种最初产生于一个地方，然后在自然条件允许的情况下，根据自己的生存能力向外迁移。显然，在许多时候，我们无法解释一个物种从一个地方如何迁移到另一个地方。不过，在最近的地质时期内，地理环境和气象条件一定发生过变化，这样会破坏许多物种以前生存的连续区域。因此，这就迫使我们考虑是否存在许多例外情况，它们的性质是否严重，是否会威胁"物种最初产生于一个地方，然后逐渐向外扩散"的观点。如果想要讨论同一物种分布遥远的例外情况，确实非常困难；而且，有些例子很难解释。不过，我将会重点分析几个显著实例。首先，分析同一物种生存在相隔遥远的山顶上和南北两极的情况；其次，分析淡水生物的分布范围（下一章的内容）；最后，分析同一陆栖物种在大陆和相隔遥远的海岛同时存在的问题。关于同一物种生活在相距遥远的地方的实例，如果可以用"物种由一个地方向外迁移"的观点进行解释，那么，由于我们对过去气候、地理环境、生物迁移方式的了解非常少，所以"物种最初产生于一个地方"的说法比较可信。

在讨论这个问题时，我们还要考虑另一个问题，根据我的学说，由一个共同祖先传衍下来的同一属中的所有物种是否都是从一个地区向外迁移，在迁移的过程中是否会同时出现变异呢？如果某个地区的许多物种与另一个地区的物种非常相似，但又不是完全相同时，假如我们能够证明在过去的某个时期物种曾经从一个地方迁移到另一个地方，那么，将会大大支持我们的"单一地点起源论"的观点，因为根据遗传演化学说可以很好地解释这种情况。例如，在大陆几百英里外的海上，逐渐形成一个火山岛，经过很长一段时间，少数物种可能会从大陆迁移到岛上。尽管它们的后代出现某些变异，但由于遗传作用，它们与生活在大陆上的物种有着亲缘关系。这种例子很常见，根据物种独立创造的理论难以解释，我们以后还会分析这个问题。这个地区的物种与另一个地区的物种有着亲缘关系的说法类似于华莱士先生的观点，他曾经说："在时间和空间上，每个物种的形成与过去存在的相似物种是一致的。"现在，我们非常清楚，这种一致是遗传演化的作用。

物种是在一个地方形成还是多个地方形成的问题与另一个相似问题有所不同，这个问题是：所有的同种个体是来源于一对配偶或者一个雌性同体的个

体呢？还是来源于同时创造出来的许多个体呢？对于从不交合的生物（如果真的存在这种生物）来说，每个物种都是由连续变异的变种传衍而来。这些变种相互排斥，但绝对不会和同种个体或者变种个体混合在一起，因此，对于连续变异的每个阶段来说，同一类型的个体一定来源于同一个亲本。不过，在许多情况下，一定要由雌雄两性交配或者偶然杂交形成后代，这样在同一地区的同一物种的个体会由于相互交配保持一致的性状。许多个体会同时发生变异，而且大部分变异来自于世代遗传，而不是单一亲本。例如，英国的赛马与其他马不同，但它的优良性状不是来自于一对父母亲本的遗传，而是来自于世世代代的选择和训练。

上面提到的三个事实，也许是"物种单一起源中心论"最难解释的问题，在分析这几个问题之前，我们先来研究一下物种的传播方式。

生物的传播方式

关于这个问题，莱伊尔爵士等学者进行了详细论述，我在这里只是列举一些重要事实。气候变化对生物迁徙有着重要影响，某个地方的现在气候对生物迁徙是有害的，但在以前的某个时期也许是有利的。我会在下面仔细分析这个问题。对于生物的迁徙来说，陆地水平面的升降变化也有重要影响，例如，现在有一个狭窄的地峡将两种海相动物隔开，但这条海峡被海水淹没之后，两种动物将会混合在一起。现在是海洋的地方，过去可能某一部分是陆地，将大陆和海岛连接在一起，这样一来，陆相生物将从一个地方迁移到另一个地方。在现代生物存在期间，陆地水平面发生过巨大变化，关于这一点，每一位地质学家都赞同。福布斯先生认为，在近期内，大西洋的海岛曾和欧洲或者非洲相连。同样，欧洲曾与美洲相连。许多学者都假设，各个大洋曾经与大陆相通，而且大部分海岛与陆地相连。如果福布斯的观点是正确的，那在近期内，所有海岛都曾与大陆相连。这种观点可以解释同一物种分布在相隔遥远的地方的事实，解决了许多难点。不过，据我推测，在现代生物存在期间不会发生这么大的地理变迁。我觉得，虽然有证据显示海陆的变化很大，但没有证据表明各个大陆会出现如此大的变迁，从而使大陆与大陆相连，大陆与海岛相连。我承认，过去许多让动植物迁徙时休息的海岛如今已经沉没。在含有珊瑚的海洋中，存在着这种下沉海岛，还有遗留下来的珊瑚礁。将来，人们一定会认同"每个物种都来源于单一地方"的观点，我们也会更清楚生物的传播方式，那时我们将有能力推测过去大陆的范围。不过，我不相信，将来能够证明现在分离的大陆在近代曾经相连，而且还与许多现存岛屿相连。某些生物的分布情况及其他类似事实都与福布斯等人提出的近代海陆发生过巨大变迁的观点截然不同，例如许多大陆两侧的生物群有着显著差异，某些陆地和海洋的第三纪生物与该地区现存生物之间关系密切，海岛上的哺乳动物与附近陆地上的哺乳动物的相似程度部分由两者之间的海洋深度所决定等。此外，海岛上的生物特征和生物比例不符合大陆与海洋曾经相连的说法。而且，大部分岛屿是由火山岩构成，与它们是由大陆沉没后的残留物组成的观点相矛盾。如果海岛的前身是大陆山脉，那么，某些海岛应该是由花岗岩、变质岩、古代富含化石的岩石等构成，而不是由火山物质组成的。

现在，我们需要解释一下"偶然"的含义，更准确地说是"偶然的传播方式"。在此，我仅仅讨论植物的情况。在许多关于植物的著作中，常常会出现不适宜广泛传播的某种植物，但丝毫不清楚这些植物通过海洋进行传播的难易程度。在贝克莱（Mr. Berkeley）辅助我做实验之前，我不清楚植物种子对海水侵蚀作用有多大的抵抗力。我发现，87种植物中竟然有84种在盐水中浸泡28天之后，依然能够正常发芽；少数种子在盐水中浸泡137天之后，依然能够存活。需要注意的是，有些目的种子比较容易受到海水的侵蚀作用，例如我曾用九种豆科植物的种子进行实验，但只有一种能够抵抗海水的侵蚀。类似于豆科植物的田基麻科（Hydrophyllaceae）和花葱科（Polemoniaceae）的七种植物种子，在盐水中浸泡一个月之后，全部死亡。为了操作方便，我选择不带荚和果实的小型种子进行实验，它们浸泡几天之后会沉入水底，所以无论它们是否会遭受海水的侵蚀作用，全部无法漂浮着越过海洋。后来，我选择一些带荚和含有果实的比较大的种子进行实验，有些可以在水面上漂浮很长时间。大家都知道，新鲜木柴与干燥木柴的浮力大大不同，当洪水暴发时，带有果实或者荚种的干燥植物常常被冲到海洋中。我受到启发，将94种带有成熟果实的植物风干之后，然后在海水中进行实验。结果，大部分枝条沉入海底，只有一小部分在果实新鲜时能够在水面上短暂漂浮，但干燥之后能够漂浮很长时间。例如，成熟的榛子会沉入水底，但干燥后能够在水面上漂浮90天，而且还可以发芽。

有成熟浆果的天门冬（Asparagus）新鲜时能够漂浮23天，干燥后可以漂浮85天，以后种在土里还能发芽。刚成熟的苦爹菜（Helosciadium）种子浸泡两天便会沉入水底，但干燥之后能够漂浮90天，而且可以发芽。在这94种干燥的植物中，其中18种可以在海面上漂浮28天，有几种可以漂浮更长时间。在87种植物的种子中，有64种在海水中浸泡28天后，依然可以发芽。在另一组实验中，94种成熟果实的种子干燥之后，有18种可以在海面上漂浮超过28天。因此，根据这些实验我们得出：在各个地区的植物种子中，14%的种子在海水中浸泡28天后依然具有发芽能力。在约翰斯顿（Johuston）的著作《自然地理地图集》中，某些地方标示着大西洋海流的平均流速是33英里/昼夜，有些海流的速度高达60英里/昼夜。根据海流的平均速度可知，某些植物种子进入大海之后，14%可以漂浮924英里到达海面的另一端。搁浅之后，吹向陆地的风可以将这些种子带到适宜的地方，让它们发芽成长。

后来，马腾斯（M. Martens）进行了类似实验，改进实验方法，将许多种子放在一个盒子中，然后扔到海洋里，让盒子中的种子时而侵泡在水中，时而与空气接触，类似于漂浮的植物。他选用98类植物进行实验，大部分是大果实和海边植物的种子，也许可以延长种子的漂浮时间，增强抵抗海水侵蚀的能力。另外，他没有将这些植物进行干燥，我们知道，干燥植物漂浮的时间比较长。马腾斯得到的实验结果是，在98类植物的种子中，有18种在海面漂浮42天之后，依然拥有发芽能力。然而，我觉得，植物在波浪中的漂浮时间要比实验中种子的漂浮时间短。因此，我们可以假设：一个地区的植物中有10%的种子干燥之后能够漂浮900英里的海面，而且依然保持着发芽能力。大型果实要比小型果实的漂浮时间长，这是一个有趣的现象。根据德康多尔的观点，大型果实植物的分布范围常常受到限制，因为它们无法用其他方式进行传播。

有时候，植物种子还有其他传播方式。波浪常常将漂浮的木材冲到海岛上，甚至是大洋中心的岛屿上。太平洋珊瑚岛上的土著居民将漂浮植物的根部携带的石块收集起来制作工具，而这种石头竟然成为珍贵的皇家税品。我发现，当不规则石块卡在树根中间时，石块和树根的空隙中常常夹带小块泥土，将缝隙填充得严严实实，经过长期漂浮之后也不会减少。曾经，一棵生长50年的橡树根部填充着小块泥土，取出来后发现有三颗双子叶的植物种子发芽了，我相信这个说法是正确的。我还发现，如果海上漂浮的鸟类尸体没有被其他动物立刻吃掉，死鸟的嗉囊中可以有许多植物种子，长期保存着发芽能力。例如，将豌豆和巢菜的种子浸泡在海水中几天后会死亡，但将它们放在鸽子的嗉囊中，再将死鸽子放在盐水中浸泡一个月，嗉囊中的种子几乎全部拥有发芽能力。

鸟类可以有效地传播种子，许多事实证明多种鸟类能够被大风带着飞越海洋。在这种情况下，我们猜测鸟类的飞行速度大约是35英里/小时。某些学者认为速度要快一些。我从来没有发现，鸟的肠子可以将营养丰富的种子排出，而且有着坚硬外壳的种子通过火鸡的消化器官后，依然完好无损。在花园中，我两个月内在小鸟的粪便中找到12类植物的种子，看起来完好无缺，我尝试着种植大部分能够发芽。下列事实有着重要作用：鸟的嗉囊无法分泌消化液，所以种子的发芽能力不会受到损害。这样，鸟类食用食物之后，在几个小时甚至十几个小时内，谷粒无法全部进入嗉囊，而这段时间这只鸟儿可以顺风飞行500多英里。我们知道，老鹰捕食疲倦的鸟类，当这只鸟儿的嗉囊被老鹰撕裂之后，里面的种子就会散播出去。某些老鹰和猫头鹰将整个猎物吞下，十几个小时之后吐出小团食物残渣，经过研究发现，残渣里面含有能够发芽的种子。燕麦、小麦、粟、加那利草（Canary）、大麻、三叶草、甜菜的种子在不同鸟类的胃中停留12到21个小时之后，还可以正常发芽。有两粒甜菜种子在鸟的胃中待了2天14个小时之后，依然能够发芽。我发现，淡水鱼类可以吞噬许多植物的种子，而鱼常常被鸟吃掉，所以植物的种子可以从一个地方传播到另一个地方。曾经，我将多种植物的种子放在死鱼的胃中，然后将这些鱼给鱼鹰、鹈鹕（Pelican）等鸟类食用，几个小时之后，这些鸟类将裹着种子的残渣从口中吐出，或者随着粪便排出体外。这些种子有些具有发芽能力，有些已经死亡。

有时候，风会将飞蝗吹到距离大陆很远的地方。曾经，我在非洲海岸370英里远的地方找到一只飞蝗，听说有人在更远的地方发现过。罗夫牧师（Rev. R. T. Lowe）对莱伊尔爵士说，1844年11月，马德拉岛上空出现大量飞蝗，像是雪花一样遮天蔽日，用望远镜才能看到蝗群的最高处。在两三天内，蝗群一圈圈地飞翔，慢慢形成一个直径长达五六英里的巨大椭球形，在夜晚时降落在树木上，将树木全部遮住了。后来，它们彻底消失在海岛上了，就像出现时一样突然。现在，非洲南部纳塔尔（Natal）地区的一些居民相信，大群飞蝗常常光顾这里，它们排泄的粪便中就有植物的种子，导致某些有害植物影响

他们的牧场。韦尔（Weale）先生认为这是真的，曾经将一小包蝗虫的干粪便寄给我，我用显微镜找到几粒种子，播种之后长出7棵草，属于两个属中的两个物种。因此，突袭马德拉岛的蝗虫群可以看作植物种子的传播方式，这样可以将植物种子传播到遥远的海岛上。

虽然鸟类的喙和爪子比较干净，但偶尔会沾上泥土。有一次，我在一只鹧鸪的脚上取下61喱重的干黏土；另一次，取下22喱重的干黏土，而且在泥土中发现了类似于巢菜种子的石块。更有趣的是：一位朋友将丘鹬（Woodcock）的一条腿寄给我，胫部粘着9喱重的干土，干土中有一粒蛙灯芯草（Juncusbufonius）的种子，播种之后发芽开花了。居住在布莱顿（Brighton）的斯惠司兰先生（Swaysland）一直研究英国的候鸟，他常常将鹡鸰（Motacillae）、穗即（Wheatear）、石即（Saxicolae）等鸟类尚未在英国海滨着陆之前，将它们打下来，多次发现鸟的爪子上粘着小块黏土。许多事实表明，这种带有种子的小泥块非常普遍。例如，牛顿教授（Prof. Newton）曾将一只红足石鸡（Cuccabisrufa）的一条腿寄给我，上面粘着一块大约6.5盎司重的泥块，这块泥土保存三年后被打碎，放在玻璃罩中加水，泥土中生长出82棵植物，12棵单子叶植物（包括燕麦和一种茅草）和70棵双子叶植物，从叶子的形状推断，至少有三个品种。许多鸟类每年会随着大风迁徙，例如，几百万只鹌鹑（Guail）在飞越地中海时会将喙和爪子上粘得泥土中的种子进行传播，这是很明显的事实，我们有什么疑惑吗？我在后文会仔细讨论这个问题。

恰如我们所知，冰川偶尔会携带泥土、石头、树枝、骸骨等。显然，就像莱伊尔所言，在南北极地区，冰川有时会将植物的种子从一个地方运到另一个地方。在冰河时期，甚至是现在的温带地区，冰川也会搬运种子。亚速尔群岛上的植物与欧洲大陆植物的共同性要比其他岛屿中的高一些。华生先生说：根据纬度来说，亚速尔群岛上的植物表现出北方植物特征。我推测，亚速尔群岛上的某些植物是由冰河时期的冰川带去的种子长成的。莱伊尔爵士曾询问哈通先生（Mr. Hartung），是否在亚速尔群岛发现过漂石，他说曾见过花岗岩等岩石的碎块，而群岛上原本没这些岩石。因此，我们推测，以前的冰川将岩石带到这个群岛上时，少数北方植物也会被带来。

上述传播方式在一年年中不断发挥作用，经过几万年的积累，如果种子没有传播出去才是怪事！人们有时认为这些传播方式是偶然的，这种想法是错误的；洋流方向不是偶然的，定期信风的风向更不是偶然的；人们发现，任何传播方式都很难将种子带到极远的地方，因为种子在海水的作用下会丧失发芽能力，而且不能在鸟类嗉囊或者肠道中停留太久。不过，这些传播方式可以让种子跨越几百英里宽的海洋，或者从一个海岛来到另一个海岛，或者从大陆来到海岛，但无法从大陆传播到距离比较远的另一个大陆。相距遥远的大陆上的植物群不会因为传播方式混合在一起，它们将会保持自己的独立状态。根据海流方向得知，种子无法从北美洲传播到英国，但可以从西印度传播到英国的西海岸，只是经过海水的长期浸泡，种子即使不会死亡也不一定能够适应西欧的气候。每年都会有一两只陆鸟从北美洲来到爱尔兰或者英格兰的西部海岸。不过，它们传播种子的方式只有一种，那就是包裹在它们的喙或者爪子携带的泥土中，这是非常偶然的情况。在这种情况下，种子想要落在适宜的地方生根发芽，将会多么困难啊！但是，如果因为在近几百年中，像大不列颠那样生物繁盛的岛没有来自欧洲大陆或者其他大陆的迁徙植物（这一点难以证明），因而认为距离大陆比较远的贫瘠岛屿也无法接受传入植物，这种观点是错误的。如果100种植物种子或者动物迁移到一个海岛上，虽然这个岛上的生物远远没有大不列颠繁盛，而且能够适应新环境的仅仅是一个物种。但是，在长久的地质时期中，如果海岛正在上升，岛上没有许多生物，这种偶然传播方式的效果无法否定。在贫瘠的岛屿上，几乎不会出现害虫或者鸟类，所以传播到这里的种子只要能够适应气候，便很容易存活下去。

冰期时的传播

在几百英里宽的低地分隔开的山顶上，存在着许多一样的动植物。由于高山物种无法在低地生存，所以我们无法解释，同一物种为什么能够生活在相距遥远的隔离地区，因为我们尚未发现它们能够迁徙的事例。我们发现，阿尔卑斯山和比利牛斯山（Pyrenees）的积雪地带，欧洲最北部的地区生长着相同的植物，这是需要注意的事实。美国的怀特山（White Mountains）和拉布拉多（Labrador）的植物完全一样，就像阿沙格雷所言，它们类似于欧洲最高山顶上的植物，这是值得人们注意的事情。1747年，葛美伦（Gmelin）对同样的事实下结论说，同一物种可以在许多相隔遥远的地方被创造出来。如果不是阿加西斯等学者提醒大家观察冰河时期的生物分布，我们依然相信过去的说法。冰河时期的生物分布能够简单地解释这些事实。我们发现许多证据能够证明，在最近的地质时期，欧洲中部和北美洲都曾是北极型气候。通过苏格兰和威尔士的山脉上的冰川划痕、光滑表面、高处的漂石可知，最近地质时期的山谷中曾经满是冰川。这些痕迹表明了山岳以前的经历，欧洲气候出现过巨大变化，意大利北部古冰川时期遗留下来的巨大冰碛石上，现在生长着葡萄和玉米。美国的许多地区分布着冰川漂石和带有划痕的岩石，显示那里经历过寒冷时期。

福布斯发现，冰期气候对欧洲生物的分布有着下列影响：假设有一个新冰期慢慢到来，然后像以前的冰期一样逐渐过去，这样我们能够清楚地发现各种变化。严寒降临时，南方气候变得适宜北方生物生活，北方生物便会南移，将以前温带生物的位置占据。同时，温带生物也会南移，除非是遇到障碍物无法跨越，此时它们将会死亡。这时，高山被冰雪覆盖，高山生物向下迁移到平原地区。等到严寒达到顶点时，北极地区的生物群分布在欧洲中部，并且向南延伸到阿尔卑斯山、比利牛斯山，甚至是西班牙。现在的美国温带地区在当时分布着北极型的动植物，而且与欧洲的动植物相同，因为假设北极圈的生物南移，所以各个地方的生物类型一样。

当气候变得温暖时，北极型动物会向北移，接着是温带动物的北移。当山上的积雪从山脚开始融化时，北极型生物便会在解冻区生存。随着温度的上升，融雪的面积越来越大，越来越靠近山顶，北极型生物也会向着山顶靠近，而同类型的一部分生物会北移。因此，等到温度恢复时，原来生活在北美和欧洲平原的北极型生物一部分回到原来的地区，另一部分留在相隔遥远的高山顶端。

这样一来，我们便会明白，为什么相距遥远的地方（如北美和欧洲的高山上）有着相同的植物。我们还明白，为什么任何山脉的高山植物与它们正北方的植物有着密切关系。因为严寒来临和气候转暖时，动植物的迁移方向都是正南和正北。例如，华生先生提出的苏格兰高山植物，雷蒙德先生提出的比利牛斯山植物类似于斯堪维也纳北部的植物；美国的高山植物类似于拉布拉多的高山植物；西伯利亚的高山植物类似于俄国北极区的植物，等等。这些说法的依据是曾经存在的冰期。因此，我认为能够成功地解释欧洲、美洲的高山植物的分布情况，以及北极型植物的分布情况。当我们在相距遥远的山顶发现同一生物时，我们推测这里曾经历过寒冷气候，导致这些生物迁徙时经过高山之间的低地，但后来低地的温度变高，寒冷植物无法生存了。

随着气候的变化，北极型生物先向南移，然后向北移，所以在迁徙过程中没有遭遇温度的剧烈变化，由于这些生物是集体迁移，所以它们之间的关系没有大的变化。因此，根据本书反复强调的原理，这些类型不会发生大的变化。然而，在温度回升时，高山植物相互隔离，起初在山脚下，然后是山顶，但具体情况不同，因为并非所有的同种北极型生物都能够留在相距遥远的山顶上，而且长期保存下来。而且，冰期之前生存在山顶上的高山物种可能与新遗留的北极型物种混合在一起，它们还会受到山脉之间不同气候的影响。因此，这些遗留下来的物种之间的关系会受到影响，非常容易出现变异。其实，它们的确发生了变异：我们将欧洲几大山脉现存的高山动植物进行比较可以发现，尽管有很多相同物种，但有些成为了变种，有些成为了可疑物种或者可疑亚种，甚至有些成为了近缘物种，构成了山脉特有的代表种。

在上述情况中，我假设在设想的冰期开始时，北极地区的北极型生物与现在的情况一样。不过，我们还要假设，当时地球亚北极生物和少数温带生物相同，因为欧洲平原和北美洲的某些现存生物是相同的。有人可能会产生疑问，在真正的冰期开始时，如何解释亚北极生物与温带生物的相同程度呢？现在，大西洋和太平洋将美洲和欧洲的亚北极带生物和温带生物隔开了。在冰期中，这两个大陆生物栖息地的位置处于现今栖息地的南方，彼此之间隔着广阔的大洋。因此，人们会产生疑问：在冰期或者冰期之前，同一物种是怎样进入两个大陆的呢？我认为，冰期开始之前的气候是解释这个问题的关键。在晚上新世时期，地球上的生物种类与现存的生物种类相同，我们推测，当时的温度比现在高一些。因此，我们假设如今生活在北纬60°以南的生物，上新世时期生活在更北方靠近北极圈的地方；现在的北极生物当时生活在靠近北极点的小块陆地上。我们通过观察地球仪发现，在北极圈内，从欧洲西部穿过西伯利亚到美洲东部的陆地几乎是连在一起的。这种环形陆地可以保证生物在适宜的气候下自由迁徙。这样，在冰期之前，欧洲和美洲的亚北极生物和温带生物是相同的假设有了充足的证据。

我们通过上述理由相信，虽然海平面有着剧烈的上下颤动，但各个大陆的相对位置没有发生变化。将这个观点进行引申，便于推测更早、更温暖时期的状况。例如，在较早的上新世时期，在环形陆地上生存着大量相同的动植物；

冰期到来之前，随着温度的降低，欧洲和美洲的动植物开始南移。正如我的猜测，欧洲中部和美国现存的生物后代，大多数发生了变异。根据这种观点，我们可以明白为什么欧洲和北美洲的许多生物不同。由于这两个大陆之间的距离遥远，中间隔着大西洋，所以人们要注意这种情况。关于几个观察者提出的另外一个奇特事实，我们也有了深入理解，即欧美两大洲晚第三纪生物之间的关系要比现在密切，因为晚第三纪比较温暖，欧美两大洲的北部陆地大部分连在一起，有利于两大洲生物的迁徙，后来温度降低，生物无法从此处通行了。

上新世温度越来越低时，生活在欧洲和北美洲的相同生物开始从北极圈向南迁徙，这样一来，两大洲生物之间的联系被斩断了。在两大洲温暖地区生活的生物，很久之前就面临了这种隔离。北极动植物向南迁徙之后，一定会与美洲土著动植物发生竞争，并且相互混合；在欧洲大陆上，相同的事情正在发生。因此，所有情况有利于生物发生变异，变异程度绝对不是高山生物可比的。高山生物仅仅被隔绝在欧洲和美洲的山顶和北极地区，而且时代比较近。因此，如果比较欧美两大洲的现存温带生物，我们只能发现少数相同物种（虽然阿沙·格雷最近说，两大洲相同种类的植物要比估计的多）。不过，我们发现每个纲中的许多物种在分类上存在争议，有些博物学家认为是地理亚种，另一些博物学家认为是不同物种。当然，许多相似生物或者代表性类型被博物学家列为不同物种。

生物在海水中的分布类似于陆地上的分布，在上新世或者更早时期，海洋生物沿着北极圈内的连续海岸逐渐向南移动，我们根据变异学说可知，为什么完全隔离的海洋中存在许多相似生物类型。同理，我们能够解释，在北美洲东西两岸的温带地区，为什么灭绝生物与现存生物之间有着密切联系。我们还能解释其他现象，例如地中海和日本海的许多甲壳类（如达纳在著作中所提到的）、某些鱼类等海相生物之间有着密切关系，而现在亚洲大陆和广阔的海洋已经将地中海和日本海完全隔开了。

许多与物种密切关系相关的事实：北美洲东西两岸的海洋生物，地中海和日本海的生物，北美和欧洲的温带陆栖生物之间的相似关系等，创造学说不能解释清楚。我们觉得，即使这些地区的自然地理条件相似，但不一定能够产生相似的物种。假如我们将南美洲的某些地区进行比较，或者比较南美洲与澳洲的某些地区，我们将会发现，在自然地理条件相似的地区生活着不同物种。

南北冰期的交替

现在，我们需要分析更加直接的问题。我相信，福布斯的观点有着广泛的应用。在欧洲，从不列颠西海岸、乌拉尔山脉、比利牛斯山等地能够发现冰期遗留下来的痕迹。通过冰冻的哺乳动物和山上植物的性状推测，西伯利亚曾经遭受相似的影响。胡克博士发现，黎巴嫩（Labanen）永久性的积雪曾经将那里的山脉中脊完全覆盖。这里的冰川从400英尺的高度直接倾泻到山谷中。最近，胡克在非洲北部的阿特拉斯（Atlas）山脉的低地发现了大量的冰碛物。在距离喜马拉雅山900英里的地方，存在冰川遗留下来的痕迹。胡克博士在锡金（Sikkim）发现的古时遗留下来的冰碛物上生长着玉米。哈斯特博士（Dr. J. Haast）和赫克托博士（Dr. Hector）发现，新西兰曾经存在过冰川流到低地的情况。胡克博士发现在相距遥远的山上生长着同样的植物，说明这里曾经历过寒冷时期。从克拉克牧师（Rev. W. B. Clarke）写给我的信推测，澳洲东南角的山上有着冰川留下的痕迹。

我们分析一下美洲的情况：从北美洲东侧向南一直到纬度37°的地方，从北美洲西侧太平洋沿岸向南一直到纬度46°的地方，全部发现了冰川遗留下来的冰碛物。曾经在落基山上发现了漂石。南美洲的科迪勒拉山位于赤道上，冰川曾延伸到现存的雪线之下。在智利中部，我曾在保地罗（Portillo）山谷中发现岩石碎块（含有大砾石）堆积成的大山丘。显然，那里曾经出现过巨大的冰碛物。福布斯先生说，他曾在南纬13°到30°之间、12000英尺高的科迪勒拉山上，发现与挪威相似的有着很深擦痕的岩石、带有凹痕小砾石组成的石堆。在科迪勒拉山上，已经不存在真正的冰川了，即使是最高的山顶上。沿着大陆两侧向南走，也就是从南纬41°到大陆最南端，我们可以发现冰川活动的证据，那里存在许多漂石。

通过下列事实：冰川作用遍布南北半球；从地质意义来说，南北半球的冰期属于近代；从冰期的效果来看，南北半球的冰期持续时间比较长；近代冰川曾经从科迪勒拉山向下延伸到地平面。我得出结论：在冰期，全球的温度都在下降。现在，克罗尔先生想在著作中说明，冰河气候是由多种物种因素造成的，而这些物理因素是由地球轨道离心率的增加引发的。所有原因造成了一个结果——冰期，最重要的原因是地球轨道的离心率对海流的间接影响。克罗尔先生说，每隔一万年或者一万五千年冰期就会循环一次。经过很长的间冰期之后，由于偶然事件这种严寒会非常严重。在所有的偶然事件中，莱伊尔先生所说的海陆位置的相对变化是最重要的。克罗尔先生推测，最近一次冰期出现在24万年前，持续的时间大约是16万年，这个时期气候有着微小变化。至于更古老的冰期，某些地质学家推测，中新世和始新世曾经出现过。更久远无需讨论。不过，在克罗尔的结论中，最重要的是：当北半球变得寒冷之后，由于海流方向的变化，南半球的温度上升，冬季变得温暖起来。反之，当南半球变得寒冷时，北半球同样如此。在解释冰期生物的分布上，这个结论非常重要。对此，我深信不疑，但我要列举一个实例。

胡克博士曾说，对于南美洲火地岛的开花植物（在当地贫瘠的植物中占据一大部分位置）来说，除了许多类似的物种，还有四五十个物种与北美洲、欧洲的物种相同。我们知道，这几个地方距离遥远，而且位于南北两个半球上。在美洲赤道地区的高山上，许多物种与欧洲属的物种相同。在巴西的奥更山（Organ Mountains）的植物中，加得纳（Gardner）发现了一些欧洲温带属、南极属、安第斯山（Andean）属，全部是山脉之间低凹热带地区没有的植物。在加拉加斯（Caraccas）的西拉（Silla），洪堡先生发现了属于科迪勒拉山属的某些物种。在非洲的阿比西尼亚山上，生长着几种欧洲特有类型和少数好望角植物的代表物种。在好望角生长着自然迁入的少量欧洲物种，在山上生长着一些欧洲代表类型。胡克博士说，在几内亚湾的费尔南多波（Fernado Po）岛高地和相邻的喀麦隆山上生长着几种与阿比西尼亚山上和欧洲温带植物有关的植物。胡克说，罗夫牧师曾在弗得角群岛发现几种温带植物。相同的温带类型几乎沿着赤道穿越非洲大陆，一直延伸到弗得角群岛上，这是植物分布记录出现之后最令人惊讶的事实。

在喜马拉雅山和印度半岛各个隔离山脉上，在锡兰高地和爪哇的火山顶上，生长着许多一样的植物。某些地方的植物不仅是当地的代表物种，还是欧洲植物的代表类型，也就是山脉之间低凹炎热地区不存在的植物。爪哇高山上的植物与欧洲丘陵上的植物相同。令人惊讶的是，某些婆罗洲山顶上的植物是澳洲的特有类型。胡克博士说，这些澳洲植物有些沿着马六甲半岛分布，有些稀稀落落地分布在印度，还有一些向北一直延伸到日本。

曾经，米勒博士在澳洲南部的山上发现了一些欧洲物种，而在低地上发现了其他的欧洲物种。胡克博士说，在澳洲发现了许多欧洲植物，而这些植物是两大洲的热带地区不存在的。在著作《新西兰植物导论》中，关于这个岛上的植物，胡克列举了奇特的事实。因此，我们发现，热带地区的高山上生长的某些植物与南北温带平原上的植物有些是同一物种，有些是同一物种的变种。不过，我们需要注意的是，这些植物不是真正的北极类型，根据华生先生的说法，植物从北极向赤道地区移动时，高山或者山地植物群的北极特征逐渐减少。除了这些相同或者相似的类型，还有许多中间热带低地没有的植物属生长在遥远的隔离地区。

上述讨论针对的是植物，但陆相动物方面也有许多类似事实，海相生物同样如此。最高权威达纳教授曾说："新西兰的甲壳动物类似于大不列颠的甲壳动物，但这两地在地球上的位置相反，这是一件奇特的事情。"查理森爵士曾说，新西兰和塔斯马尼亚岛（Tasmania）的海岸上出现过北方鱼类。胡克博士还说，新西兰和欧洲有25种一样的海藻，但中间的热带海洋中不存在这些海藻。

根据上述内容，温带型植物生长在这些地方：横穿非洲的整个赤道地区，沿着印度半岛一直到锡兰和马来群岛。此外，温带生物还穿过了南美洲的广大热带地区等。由此可知，在以前冰河期的鼎盛时期，许多温带型植物迁移到这些大陆赤道地区的低地。当时，赤道地区海平面的温度比较低，类似于现在同一纬度五六千英尺高的地方的温度，甚至更加寒冷。在最寒冷时，热带植物和温带植物混合在一起生长，遍布赤道地区的低地。这种情况类似于胡克博士所说的现代喜马拉雅山四五千英尺高的低山坡上的混生植物，只是温带型植物比较多。此外，在几内亚湾的费尔南多波海岛的山上，曼先生发现在五千英尺高的地方生长着温带型植物。在巴拿马2000英尺高的山坡上，西曼博士（Dr. Seemann）发现热带型植物与温带型植物混合生长着，很像墨西哥的植物。

通过上述内容，克罗尔先生得出结论：当北半球处于冰期严寒时期时，南半球比较温暖。这种现象清楚地解释了南北半球的温带地区和热带高山地区的植物分布情况。假如以年作为计时单位的话，冰期一定很长久。不过，当我们想起有些动植物在几百年中驯化之后，接着扩散到各个地区时，那么，冰期的长短对于生物的迁移是足够的。当气候越来越寒冷时，北极型生物会向温带地区移动。根据上述事实，某些健壮、具有优势、分布广泛的温带生物会迁移到赤道地区的低地，而热带地区的生物会移向更南方的热带和亚热带地区，因为南半球的温度比较高。当冰期快要结束时，由于南北半球逐渐恢复原来的温度，赤道地区生活的温带生物不是回到原来的地方，就是逐渐灭亡，从而被返回的赤道型生物替代。不过，某些北温带生物在撤退时留在了附近的高原上。如果这些高原足够高，它们会永远生活在这里，就像是欧洲山顶上的北极型生物。即使气候有些不适宜，它们也会在这里生活，因为温度的上升非常缓慢，而植物拥有适应新环境的能力，它们还可以将这种抵抗寒冷和炎热的能力遗传给后代。

根据事物发展规律可知，当南半球是寒冷的冰期时，北半球会变得比较温暖，于是南温带的生物迁移到赤道低地。以前，生活在高山上的北方类型也会向着南方迁移，并且与南方类型相互混合。等到温度回转，南方类型会回到原来的地方，但有少数物种留在高山上，而且与山上迁移下来的某些北温带类型一起回到南方。因此，在南北温带地区和中间热带地区的高山上，某些少数物种完全一样。不过，这些遗留在山上或者另一半球的物种需要与许多新类型竞争，并且生活在有着微小差异的新环境中。因此，这些物种很容易变异，促使它们以变种或者代表种存在，实际情况同样如此。我们需要明白，南北半球都经历过冰期。这样才可以解释，在自然条件相似但有着遥远距离的南北半球的温度地区，生活着中间热带地区没有但非常相似的生物的现象。

有一个事实需要注意，胡克和德康多尔分别研究了美洲生物和澳洲生物后认为，物种（无论是相同的还是稍有变异的）从北向南迁移的数量要比从南向北迁移的数量多。不过，在婆罗洲和阿比西尼亚的山上，我们发现少数南方类型生物。我觉得，之所以从北向南迁移的物种数量比较多，那是因为北方陆地比较宽广，北方类型在北方陆地的数量多；结果，在自然选择和生存竞争的作用下，与南方类型相比，北方类型的进化程度比较高，具有更大的优势。因此，当南北冰期交替时，南北两大类型生物在赤道地区相会，北方类型比较强，不仅能够保住在山上的位置，而且以后还能与南方类型一起南移，但南方类型无法像北方类型一样。现在，情况依然没有变化，我们发现欧洲生物遍布拉普拉它和新西兰，在澳洲也是一样（情况微弱一些），当地土著生物受到严重排挤。另外，在最近两三百年中，虽然有些容易黏附种子的皮革羊毛等物品从拉普拉它大量运往欧洲；而在最近四五十年中，从澳洲运往欧洲也有许多；不过，极少数的南方类型能够在北半球的某些地方驯化成功。然而，在印度的尼尔盖利山（Neilgherrie Mountains）出现了例外情况。胡克博士说，那里的澳洲类型已经被驯化，而且繁殖速度非常快。显然，最后的冰期到来之前，热带高山上生长着土著高山类型植物，后来，有着更大优势的北方植物逐渐在各个地方排挤高山类型植物。许多海岛上的土著植物数量与入侵植物相似，甚至是更少，这是它们走向灭亡的开始。山岳是陆地上的岛屿，山上的土著生物逐渐被北方生物替代，就像海岛上的土著生物将地盘让给北方入侵者一样，并且逐渐让位于人类驯化出来的大陆型生物。

同理，生活在北温带、南温带、热带山上的陆相动物和海相生物也是一样。在冰期最寒冷时，洋流方向与现在的不同，有些温带海洋生物来到赤道地区，某些生物能够沿着寒流继续向南移动，剩下的留在比较寒冷的深海中，等到南半球变得寒冷时，它们才会继续前行。正如福布斯所言，这种情况类似于现在的北极生物生存在北温带深海中一样。

虽然我们还不清楚相距遥远的南方、北方、中间高山上生活的同一物种或者近缘物种，在分布状况和亲缘关系上的问题，但上述观点可以简要解释；我们不清楚它们的迁移路线；我们不明白为什么有些生物会迁徙，而另外一些不会；为什么有些物种产生巨大变异并形成了新类型，而其他物种依然保持原状。我们无法解释这些事实，除非我们可以解决下列问题：为什么有些物种在异地可以被人类驯化，而其他物种不可以呢？为什么某个物种的分布范围是本地另一物种的两三倍，而数量同样如此呢？

还有许多难题没有解决。例如，胡克博士说过，在克尔格伦岛（Ker Guelenland）、新西兰、弗纪亚（Fuegia）这些有着遥远距离的地方，生长着相同的植物。不过，根据莱伊尔的说法，冰川也许与这些植物的分布密切相关。我们需要注意的是，在南半球的某些地方，生活着不同种但完全相同的南方属生物。这种物种之间有着巨大差异，人们怀疑在最后一次大冰期开始之后，它们有足够的时间迁徙，随后发生某种程度的变异。这些事实好像表明，同一属的各个物种是从一个中心点逐渐向外迁移的。我认为，南北半球的情况一样，在最后冰期来临之前曾经出现过一个温暖时期。现在，冰雪覆盖着的南极大陆，当时是一个与外界隔绝的特殊植物群系。我们假设，当最后一次冰期还没有灭绝这种植物群时，极少数类型借助于偶然的传播方式，将当时没有沉没的岛屿作为休息点，向着南半球的各个地区广泛传播，因此，美洲、澳洲、新西兰南岸等地都出现了这种类型的生物。

莱伊尔在一篇文章中描述了全球气候变化对生物分布状况的影响。现在，我们再次强调克罗尔先生的结论：一个半球上的冰期，正好是另一个半球上的温暖时期。这个结论符合物种缓慢演化的观点，可以解释相同生物或者相似生物分布在全球的事实。在某个时期，携带着生物的洋流从北向南流；而在另一个时期，洋流从南向北流，但都会经过赤道地区。不过，从北向南流的洋流力量要比从南向北流的更大，所以能够在南方自由扩散。洋流将其携带的漂浮生物沿着水平面搁浅遗留在各个地方，而且洋流水面越高，遗留地点也越高，所以携带生物的洋流从北极低地到赤道高地，沿着缓慢上升的线将生物遗留在热带山顶。这种遗留下来的生物类似于人类尚未开化的民族，他们在各个深谷生活，证明了以前的土著居民生活在周围的低地上。

第十三章　生物的地理分布（续）

淡水生物的分布

由于陆地障碍物使得湖泊系统与河流系统分开，所以人们可能认为淡水生物无法在一个地区广泛分布。由于海洋是难以跨越的障碍物，所以人们猜测淡水生物无法向遥远的地方扩散。然而，事实绝非如此。某些不同纲的淡水生物分布非常广泛，而且近缘物种遍布全球。当我第一次在巴西淡水中收集标本时，发现那里的淡水昆虫、贝类等与不列颠的非常相似，而周围的陆地生物与不列颠的截然不同时，我觉得非常诧异。

在许多情况下，我觉得可以这样解释淡水生物的分布情况：它们以有利于自己的方式逐渐从一个池塘移动到另一个池塘，或者从一条河逐渐迁徙到另一条河中。这种短暂的迁徙会慢慢扩散为广泛的地理分布，这是难以否认的结果。在此，我们列举几个例子，其中鱼类的分布状况是最难解释的。以前，我们总是觉得，同一种淡水鱼不会生活在有着遥远距离的两个大陆上。不过，最近京特博士说：塔斯马尼亚（Tasmania）、新西兰、福克兰（Falkland）群岛、南美洲大陆等地都有南乳鱼（Galaxias attenuatus）的影子。这是一个奇特的例子，说明这种鱼在以前的某个温暖时期，可能从南极中心逐渐向四周扩散。不过，这个属中的物种，可能会用未知方式跨越海洋。因此，从某种程度上来说，这个例子就不会太稀奇了。这个属中的某个物种，生活在新西兰和奥克兰（Auckland）群岛上，这两地之间有着230英里的距离。在同一大陆上，淡水鱼类的分布非常广泛，而且没有规律，因为在两条相邻的河流中，有些物种相同，而另外一些物种截然不同。

有时候，淡水鱼类会以意外方式进行传播。例如，旋风可以将鱼类卷起来，并且运送到很远的地方；大家都知道，将鱼卵从水中取出，经过很长时间之后依然拥有活力。不过，淡水鱼广泛分布的主要原因是，近期内地平面的升降变迁促使各个河流能够相互沟通。例如，洪水暴发时，虽然地平面没有变化，但各条河流能够沟通。自古以来，连绵的山脉阻碍了山两侧河流的交汇，使得两侧河流中的鱼类有着巨大区别，这得出的结论与上述所说相同。有些淡水鱼类是古老类型。在这种情况下，它们长期经历缓慢的地理变迁，所以有足够的时间利用各种方式进行大规模迁徙。此外，最近京特博士进行研究后得出，鱼类可以长时间保持同一类型。海水鱼类经过处理之后，逐渐就能适应淡水生活。瓦伦西奈（Valenciennes）说，每个类群的所有鱼并不是仅仅可以在淡水中生活。因此，淡水鱼群中的海水种，可以沿着海岸向远处游去，然后在遥远的河流中再次适应淡水生活。

某些淡水贝类分布广泛，近缘物种遍布全球。根据我们的理论，一个共同祖先传衍下来的物种一定有着单一的发源地。开始时，我不理解它们的广泛分布，因为它们的卵好像不是鸟类进行传播，而是卵和成体一样，遇到海水会立刻死亡。而且，我也不明白，某些被驯化的物种如何在一个地区快速传播。然而，我发现的两个事实（肯定还有许多其他事实）在解决这个问题上很有启发。我发现鸭子从布满浮萍的池塘中游出来时，背上沾满了浮萍；还有这样的事情，我将一个水族箱中的浮漂移到另一个水族箱时，无意间将贝类携带过去了。不过，另外一种媒介效果更好：将一只鸭子的脚挂在水族箱中，箱内是许多正在孵化的贝类的卵，我发现许多刚刚孵化出来的贝类爬到鸭子的脚上，牢牢地黏附着，等到将鸭脚拿出水面之后，它们依然不会脱落，尽管它们长大一些会自己脱落。虽然这些刚刚孵化的软体动物是水生的，但它们黏附在鸭脚上，暴露在潮湿的空气中，可以存活12到20个小时，在这段时间中，鸭子或者鹭鸶（Heron）能够飞行六七百英里。如果是顺风还可以飞越海洋，到达更加遥远的地方，然后降落在池塘中或者小河里。莱伊尔说，他曾经捕住一只龙虱（Dytiscus），它的身上黏附着一只盾螺（Ancylus，一种淡水贝类）；他还在"贝格尔"号船上见到过同科水甲虫中的细纹龙虱（Colymbetes），当时船到最近陆地的距离大约是45英里，如果是顺风的话，谁都不知道这只龙虱会被吹到什么地方。

关于植物，我们早就知道淡水植物和沼泽植物的分布范围比较广泛，不管是在大陆上还是海岛上。根据大康多尔所言，大的陆生植物群中含有少数水生物种，分布范围令人惊讶，好像由于它们是水生的，所以分布范围比较广泛一样。我觉得，它们的传播方式可以解释这种现象。我在前文曾说过，鸟类的喙和爪子有时会黏附一些泥土。常常在池塘岸边的污泥中行走的飞禽类，突然受到惊吓起飞，爪子上往往带着一些泥土。涉禽目中鸟类的分布范围比较广，它们有时会飞往大洋中最远的海岛上。当然，它们不会降落在海面上，所以爪子上黏附的泥土不会被海水洗掉。等到它们到达陆地之后，一定会停留在经常出没的淡水栖息地。植物学家难以推测池塘的泥土中含有多少植物种子，我曾经进行了一个实验，在此列举一个典型例子：二月份，我从池塘水下三个不同的地方各取了一汤匙泥土，经过干燥之后，这些泥土的总重量是6.75盎司。我将泥土放在带有盖子的容器中，然后在书房里放置了半年。每长出一棵植物就将其拔掉，并统计数量，一共长出了537棵植物，而且是多种类型。这块泥土的大小，早餐用的杯子完全可以盛下。这个事实告诉我们，如果不是水鸟将植物的种子带到远方，或许就不存在长满植物的小池塘或者小溪流了。此外，这种传播方式还适用于淡水中某些小动物的卵的传播。

也许，其他媒介物也具有传播作用。我说过，淡水鱼可以吞食某些植物的种子，虽然某些种子会被吐出来。而且，某些小型鱼能够吞食很大的种子，如黄睡莲、眼子菜（Potamogeton）等。鹭鸶等鸟类一直在捕食鱼类，食用之后会飞往其他的河流或者池塘，或者顺风飞越海面。我们知道，若干小时之后，种子会以废物形式被吐出或者以粪便形式排出来，但依然拥有发芽能力。当我发现莲花（Nelumbium）的种子非常大，并想到德康多尔对它分布状况的描述时，觉得莲花种子的传播方式很难理解。不过，奥杜邦说，他在鹭鸶的胃里见到过南方莲花的种子（胡克博士猜测，或许是大型北美黄莲花）。这种鹭鸶一定在胃中装着莲子时，飞到远处的池塘里捕食鱼类。相似的推断让我明白，鹭鸶可以将能够发芽的种子随着粪便一起排出。

当我们分析上述传播方式时，一定要注意：当一个池塘或者小溪流刚刚形成时，里面肯定没有生物，那时的一粒种子或者一个卵都有很高的生长机会。在同一个池塘中的生物，即使种类非常少，它们之间也存在竞争。不过，即使池塘中的生物非常繁盛，但与相同面积的陆栖生物相比要少一些。因此，池塘生物之间的竞争不如陆栖生物的竞争激烈。结果，外来水生生物要比外来陆栖生物更容易占领新地盘。我们还要明白，在自然系统分类中，许多淡水生物的地位比较低下。所以我们相信，这些生物的变异要比高等生物慢一些，这让水生生物拥有更多的迁徙时间。我们还要记得这种可能性：许多淡水生物曾经分布在连续的广大地区，后来在中间分布的生物灭绝了。然而，对于广泛分布的淡水植物和低等动物来说，无论它们是保持原有形态，还是发生了一定变异，它们主要是依靠具有强大飞翔能力的淡水鸟类传播种子和卵的，从一片水域被携带到另一片水域。

海岛上的生物

我在前文曾说，不仅是同一物种的个体起源于一个地方，而且现在彼此有着遥远距离的相似物种也来自于同一个地方，然后逐渐向外迁移。根据这种观点，我发现了在生物分布方面最难解释的三类事实（前一章已经讨论了其中的两类）。现在，我们来分析最后一类事实。我已经通过各种理由说明，我否认在现存物种期间陆地的范围曾极大扩展，从而使几个大洋中的岛屿连在一起成为大陆，并形成了现代陆相生物的观点。尽管这个观点能够解决许多困难，但不符合关于岛屿生物的事实。在下文的论述中，我不仅仅分析生物的分布状况，还会研究生物的特创论和遗传变异进化论这两个问题，讨论一下孰是孰非。

海岛上的生物数量要比相同面积大陆上的生物数量少。德康多尔认为植物的分布状况如此，沃拉斯顿认为昆虫也是一样。例如，新西兰有高耸的山脉和各种地形，南北的长度大约是780英里，外围的岛屿是奥克兰、坎贝尔（Campbell）、查塔姆（Chatham）等，但显花植物总共是960种；如果我们将这个数字与澳洲西南部或者好望角相等面积种类繁多的生物相比，我们会发现某些因素导致两地生物数目有着巨大差异，而且这种因素与自然条件无关。在地势比较平坦的剑桥郡生长着847种显花植物，安格尔西岛上也有764种，但这两个数字中包含着少数蕨类植物和外来植物，对于其他方面来说，这种比较并不公平。我们发现，阿森松（Ascension）是一个贫瘠的荒岛，原来只有六种显花植物，但现在许多迁入物种被驯化了，类似于新西兰等海岛的情况。我们相信，在圣海伦那岛（St. Helena）已经被驯化的外来动植物严重排挤当地的土著生物，导致许多土著生物已经灭绝或者将要灭绝。只要赞同特创论的人就得承认，许多适应性比较强的动植物不是岛上原来就有的，而是后来人们无意中带到岛上去的。在这一点上，人类的能力要比大自然强得多。

虽然海岛上物种数目很少，但本地特有种类占据的比例很大。例如，我们将马德拉岛特有的陆栖贝类和加拉帕戈斯群岛特有的鸟类与任一大陆上的贝类和鸟类进行比较，然后选取相同的面积，就能明白这是真的。在理论上，这种事实可以被预测到，就像前文所说，物种进入一个新环境之后，一定会与那里的生物进行竞争，很容易发生变异并形成变异后代。不过，在一个海岛上，我们不能因为某个纲的物种是岛上特有的，就断定其他纲的物种也是特有的；这种差异性部分是由集体迁入的未变异物种造成的，所以它们之间的自然关系没有发生什么变化；另一部分是没有变异的物种常常从原地来到该地，并且与岛上生物进行杂交。我们要明白，这种杂交形成的后代非常强壮，所以偶然杂交形成的后果常常出乎意料。我要用几个例子解释上述观点：加拉帕戈斯群岛生活着26种陆栖鸟类，其中的21种（或者23种）是岛上特有的，但11种海鸟中只有2种是特有的，这说明海鸟更容易来到海岛上。另外，百慕大群岛（Bermuda）到北美洲大陆的距离大约等于加拉帕戈斯群岛到南美洲大陆的距离，而且百慕大群岛的土壤非常特殊，但岛上没有一种特有陆鸟。根据琼斯先生（Mr. J. M. Jones）对百慕大群岛的描述可知，北美洲的鸟类不时会来到这个岛上。哈考特先生（Mr. E. V. Harcourt）说，几乎每年都有一些鸟从欧洲或者非洲来到马德拉群岛，这个岛屿上有99种鸟，但只有一种是特有的，类似于欧洲的一种鸟；此外，马德拉群岛和加那利群岛所特有的鸟类大约是三四百种。因此，许多鸟类从相邻的大陆上飞到百慕大群岛和马德拉群岛上，那些鸟类经过长期竞争，已经相互适应了。因此，它们定居在这两个群岛之后，彼此会相互牵制，让每个物种保持原有的习惯和自然界中的位置，这样它们不容易产生变异。此外，原来没有出现变异的物种进入该岛之后与早来者进行杂交，这也会阻碍变异的形成。马德拉群岛有许多特有陆栖贝类，但没有一种海栖贝类是特有的。现在，虽然我们不清楚海栖贝类的传播方式，但我们知道，它们的卵和幼体能够依附在海草、漂浮的木头、飞禽的脚上，从而跨越几百英里的海洋，要比陆栖贝类容易传播。马德拉群岛上的各种昆虫，情况也是一样。

有时候，海岛上缺乏某种纲的动物，其他纲动物将它们的位置占领。这样，加拉帕戈斯群岛上的爬行类和新西兰的巨型无翅鸟都曾占领了哺乳动物的位置。虽然我们将新西兰当作海岛讨论，但这种观点不是完全正确，因为它的面积非常大，而且没有很深的海将它与澳洲分开。克拉克牧师根据新西兰的地

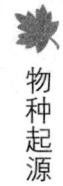

质特点和山脉走向，主张新西兰和新喀里多尼亚岛（New Caledonia）都应该属于澳大利亚。胡克博士针对植物方面曾说，加拉帕戈斯群岛上的各目植物的比例与其他地方的植物有着显著区别。这种数量上的差别和整群动植物的缺失常常用海岛上自然条件的不同进行解释，但这种解释的正确性令人怀疑。生物迁入岛上的难易程度和自然环境的性质一样重要。

关于海岛上的生物，需要注意许多小事。例如，有些海岛上没有一只哺乳动物，但本岛特有的植物上生长着带钩的奇特种子。钩可以将种子挂在哺乳动物的毛或者皮毛上，这是钩的显著用途。因此，这种植物也许不是通过兽类传播到岛上来的，后来经过变异成为了本岛的特有物种，但依然保留了原来的小钩，这钩变成了没有任何作用的附属物，就像许多岛上的昆虫在翅鞘下面保留着退化翅膀的突起。另外，海岛上长着各种灌木和多种乔木，而它们的同目植物在其他地方只有草本植物。根据德康多尔的说法，木本植物的分布范围常常受到限制，但不知道是什么原因造成的。因此，树木很难传播到遥远的海岛上，而草本植物在与陆地上发育完全的树木竞争时很难获胜。所以草本植物在海岛上扎根之后，变得越来越高大，比其他草本植物更有优势。这时，自然选择会逐渐增加植物的高度。因此，无论什么植物都可能变成灌木，然后变为乔木。

海岛上不存在两栖类和陆栖哺乳类

文森特（St. Vincent）先生很早就说过，海岛上会缺乏某个动物目。虽然大洋中存在无数岛屿，但从来没有见到过蛙、蟾蜍、蝾螈等两栖类动物。曾经，我想要证明这个说法是否正确，除了新西兰、新喀里多尼亚、安达曼（Andaman）群岛、所罗门群岛、塞舌尔群岛之外，这种说法是对的。不过，我在前文说过，新西兰和新喀里多尼亚是否属于海岛还未确定，至于安达曼、所罗门群岛、塞舌尔群岛是否属于海岛更有疑问。许多海岛上没有蛙、蟾蜍、蝾螈这些两栖类，这种情况无法用海岛的自然条件解释。显然，海岛环境非常适宜这些动物生存，因为蛙曾被引入马德拉、亚速尔、毛里求斯等岛屿，它们的繁殖速度非常快，甚至泛滥成灾。不过，蛙和它的卵碰到海水之后会马上死亡（某个印度种是例外情况），当然很难跨越海洋进行传播，所以我们很清楚它们不能在海岛上生存的原因。不过，它们为什么不是在海岛上被创造出来的，根据特创论的观点很难解释。

哺乳类是类似情况。我曾认真研究了最早的航海记录，没有一个实例能够证明陆栖哺乳类（除了土著人饲养的家畜）可以在远离大陆的海岛上生活，即使在距离大陆比较近的岛屿上也不存在。在福克兰群岛上，生活着一种很像狼的狐狸。这是一个例外情况，但不能将福克兰群岛看作海岛，因为它在与大陆相连的沙堤上，到大陆的距离大约是280英里，冰山曾将漂石运到西海岸，当时可能将狐狸携带过去了，类似于现在北极地区发生的事情。我们不能认为小海岛无法养活小型哺乳动物，因为许多小岛上生活着小型哺乳动物。而且，我们不知道哪个小岛无法驯化小型哺乳动物，并且滋生繁殖。根据特创论的说法，应该有足够时间创造哺乳动物。其实，许多火山岛非常古老，通过侵蚀作用和第三纪地层可知，这些岛屿有足够的时间形成本地特有物种。在大陆上，哺乳动物的形成和灭绝要比低等动物快一些。虽然海岛上不存在陆栖哺乳动物，但飞行的哺乳类到处都是。新西兰有特有的蝙蝠；诺福克（Norfolk）岛、维提（Viti）群岛、小笠原（Borin）群岛、加罗林、马利亚纳（Marianne）群岛、毛里求斯岛都拥有特殊类型的蝙蝠。人们也许会产生这样的疑问：在这些海岛上，为什么只会产生蝙蝠而不会产生其他哺乳动物呢？我觉得这个问题很容易回答：因为陆栖动物无法跨越广阔的海洋，但蝙蝠能够飞过去。曾经，有人在白天看见蝙蝠在大西洋上空飞行。在距离大陆大约600英里的百慕大群岛，偶尔也会出现北美洲的两种蝙蝠。著名的蝙蝠专家汤姆斯先生（Mr. Tomes）对我说，许多种类的蝙蝠有着广泛的分布范围，大陆和海岛上都有它们的踪迹。因此，我们推测，这类迁移物种在新环境中会发生变异，所以海岛上只有本地特有的蝙蝠，而不存在其他哺乳动物。

还有一种奇特关系，各个海岛之间或者海岛与相邻大陆之间的海水深浅程度，在一定程度上与哺乳动物亲缘关系的疏密程度相关。埃尔先生（Mr. Windsor Earl）仔细研究了这个问题，华莱士先生在马来群岛的研究将其进行扩展：一片海域将马来群岛和西里伯斯（Celebes）群岛隔开，两座群岛上的哺乳动物有着显著区别，但群岛周围是比较浅的海底沙滩，生活着相同或者相似的哺乳动物。虽然我没有在世界各地研究这类问题，但我觉得这种关系是对的。例如，不列颠和欧洲被浅海峡隔开，所以两边的哺乳动物一样；澳洲海岸附近岛屿上的情况也是一样。相反，西印度群岛在1000多英寻的沙洲上，尽管那里有许多美洲型生物，但属和种明显不同。因为生物的变异量与时间的长短有关，而浅海隔开的岛屿或者大陆隔开的岛屿比深海隔开的岛屿更容易连在一起。因此，两个地区哺乳动物的亲缘关系与将它们隔开的海水深度有关。但是，根据特创论的说法，无法解释这些问题。

上述内容是关于海岛生物的论述：物种的总数目比较少，但本地特有类型的比例很大；在同一纲中，有些类群能够变异，另一些类群不会变异；有些目全部消失了，如哺乳类和两栖类，尽管存在能够飞翔的蝙蝠；有些目植物的比例很特殊；草本植物会逐渐成为乔木，等等。根据我的观点，长期以偶然方式传播要比所有海岛以前是与最近的大陆相连更具说服力，更加符合实际情况。根据后一种说法，不同纲的生物也许会一起迁入海岛，由于物种是集体迁入的，所以物种之间的关系不会发生大的变化，它们可能保持原样，也可能以相同方式发生变异。

我承认，关于遥远海岛上的许多生物（无论它们是保持原样，还是发生了变异）是如何来到这里的这个问题，还有许多没有解决的难点。不过，绝对不能忽视这种可能性，那就是以前的许多岛屿曾是生物迁徙的休息点，但如今已经消失无踪。我要仔细分析一个难以理解的情况：几乎所有的海岛上都生活着陆栖贝类，即使是完全孤立、面积很小的岛屿。一般来说，这些贝类是本地特有生物，少数是共有物种。曾经，古尔德博士列举了太平洋岛屿上的例子。大家都知道，海水容易杀死陆栖贝类。它们的卵遇到海水后就会死亡，至少我进行实验的卵是这样。不过，一定存在未知的、偶尔有效的方法传播它们。刚刚孵化出来的幼体，是否会黏附在鸟类的脚上进行传播呢？我想到，陆地贝类冬眠时壳口上面覆盖着膜罩，能够黏附在木头的空隙中漂过宽阔的海湾。我发现几种贝类在休眠状态下，在海水中浸泡7天没有受到任何损伤。将一种罗马蜗牛（Helixpomatia）先这样处理，等到它再次休眠时放在海水中浸泡20天，依然能够完全恢复。在这段时间内，根据海流的平均速度可知，这种蜗牛可以漂浮660多英里。这类蜗牛壳口长有厚厚的石灰质的口盖（Operculum）。将蜗牛原有的口盖除去，等到新口盖形成之后，将它浸泡在海水中14天，它依然活着，而且可以慢慢爬行。后来，奥甲必登男爵（Boron Aucapitaine）进行了类似实验：他将10个种类中的100个陆栖贝类放在满是小孔的盒子中，在海水中浸泡半个月，取出后有27个贝类依然活着。看起来，口盖是否存在很重要。由于圆口螺（Cyclostoma elegans）有口盖，12个中有11个活着。需要注意的是，我在实验中选取的罗马蜗牛抗击海水侵蚀能力很强，而奥甲必登选用其他四种罗马蜗牛中的54个个体进行实验，结果没有一个活着。不过，陆栖贝类的传播一般不会采用这种方式，利用鸟类的脚进行传播更为普遍。

海岛生物与邻近大陆生物的关系和生物从最近的起源地向海岛迁移及其后来的演变

对于我们来说，最生动的事实是：海岛上的物种与最近大陆上的物种相似，但又有所区别的亲缘关系。我们可以列举无数个这种例子。赤道上的加拉帕戈斯群岛到南美洲海岸的距离大约是五六百英里，那里的水生生物和陆栖生物都有美洲大陆的痕迹。群岛上一共有26种陆栖鸟类，其中的21种（也许是23种）与大陆鸟类不同，曾经认为它们是在群岛上创造的。不过，群岛上的许多鸟类在习性、姿态、鸣声等许多方面，与美洲物种有着密切关系。其他动物也是一样。胡克博士在关于该群岛的著作《植物志》中说，许多植物表现出相似现象。博物学家站在距离大陆几百英里的太平洋火山岛上观察周围的植物，好像在美洲大陆一样。这种感觉是如何产生的呢？为什么设想加拉帕戈斯群岛创造出来的生物与美洲物种有亲缘关系，而不是其他地方创造出来的生物呢？在岛的生活条件、地质特征、高度、气候、各纲生物的比例等方面，任一方面都与南美洲沿岸的情况有所区别，而且是大不相同。另外，在火山性质、气候、高度、岛屿大小等方面，加拉帕戈斯群岛和弗得角群岛很相似，但两个群岛上的生物有着巨大区别。弗得角群岛生物与非洲生物的关系类似于加拉帕戈斯群岛生物与美洲生物的关系。根据特创论的说法，这种事实无法解释清楚。相反，根据我的观点，加拉帕戈斯群岛的某些生物从美洲迁徙而来，而弗得角群岛的某些生物来自于非洲，无论是偶然传播还是由于以前连在一起的大陆（虽然我不相信这种说法）。虽然这些迁徙生物容易发生变异，但遗传因素依然暴露了它们的原产地。

许多实例表明，海岛特有生物与最近大陆或者最近大岛上的生物有着密切联系，这是一个普遍规律。只有极少数例外情况，而且能够得到合理解释。例如，胡克博士的报告让我们明白，克尔格伦（Kergulen）岛距离非洲比较近、距离美洲比较远，但岛上植物与美洲植物有着密切关系。如果我们认为岛上植物主要来源于定期海流漂来的冰山携带的种子和泥土石块的话，这种例外很好解释。新西兰土著植物与最邻近澳洲大陆植物的关系密切，这在我们的预料之内；然而，新西兰土著植物与南美洲植物相关，虽然南美洲是新西兰的第二个邻近大陆，但两者之间的距离非常遥远，所以这也是例外情况。不过，下列观点可以解释部分难题：新西兰、南美洲及其他南方地区的某些生物是在第三纪和最后一次大冰期开始之前，从位于它们中间、当时长满植物的南极诸岛迁徙来的。更加值得注意的是，澳洲西南角和好望角的植物群之间的亲缘关系比较疏远，但只有植物方面如此，这种情况总有一天能够解释清楚。

决定海岛生物与最近大陆生物之间亲缘关系的规律有时可以用于范围很小的同一群岛，这种情况更加有趣：在加拉帕戈斯群岛中，每个孤立的岛屿上都有一些不同物种，这是一件奇怪的事情。各个岛屿中的物种之间的关系要比它们与美洲大陆等地的物种关系更加密切，这是显然的事情，因为各个岛屿之间的距离比较近，一定会接收同一原产地迁入的物种，而各个岛上的物种也会相互迁入。这些岛屿有着相同的地质特征、海拔高度、气候条件，为什么迁入的许多物种会发生不一样的变异呢？长期以来，我一直觉得这个问题很难解决，主要原因是一个根深蒂固的错误观点：一个地区的自然条件是非常重要的。然而，不可否认的是，每个物种都会与其他物种进行竞争，因此，竞争对手的性质对于这个物种的生存也很重要，甚至比自然条件更重要。现在，我们研究一下加拉帕戈斯群岛和世界其他地方的共同物种就会明白，几个岛上的同一物种有着明显差异。假如海岛上的生物通过偶然方式传播得来，例如一种植物的种子传播到这个岛上，另一种植物的种子传播到另一个岛上，虽然种子来自于同一个原产地，但物种在不同岛屿分布上的差别显而易见。因此，一个物种先传播到一个海岛上，然后从这个海岛传播到另一个海岛上，在不同的岛屿上，这个物种会遇到不同的自然条件，因为它要与其他生物进行竞争。例如，一种植物会在各个岛屿上找到最适宜自己生存的地方，但这个地方已经被岛上的其他物种占据了，所以会遭到排挤。在这种情况下，如果这个物种发生了变异，自然选择会使不同岛屿出现不同变种。无论如何，有些物种依然保持着原有性状向其他岛屿传播，类似于大陆上分布广泛且保持同一性状的生物。

最让人诧异的是，在加拉帕戈斯群岛的这些例子中，每个新物种在岛上形成之后，不会快速地向着其他岛屿传播。虽然这些海岛可以相望，但中间隔着深深的海湾，甚至有些海湾比不列颠海峡更宽，所以我们不认为它们以前是连在一起的。各个海岛之间的海流湍急，而且很少刮大风，所以各个海岛之间的隔离程度要比地图上显示的大。虽然这样，某些物种是若干个岛屿共有的，包括群岛特有物种和其他地区共有的物种。我们根据物种现在的分布情况推测，它们是从一个岛屿传播到其他岛屿的。不过，我们常常产生错误观念，觉得相似物种在自由往来时，可能会侵占对方的地盘。显然，假如一个物种相对另一个物种具有某种优势，它将会排挤对方，甚至使其灭绝。如果两个物种都能适应岛屿上的环境，那么，在很长一段时间内，它们将会在分离的岛屿上保持自己的地盘。我们明白，许多物种经过驯化后能够快速传播。这让我们猜想，大部分物种是这样传播的。不过，我们需要明白，在新地区驯化的物种与本地土著物种有着显著区别。就像德康多尔所说，大多时候是不同属的物种。在加拉帕戈斯群岛上，许多鸟类可以从一个海岛飞往另一个海岛，但各个岛的鸟类有所区别。例如，有三种近缘关系的效舌鸫，又名应声画眉鸟（Mocking thrush），每一种都分布在自己的本岛上。现在，我们假设大风将查塔姆（Chatham）岛上的效舌鸫带到查尔斯（Charles）岛上，而查尔斯岛已经有自己的效舌鸫了，它们绝对不会容忍外来的效舌鸫占领自己的地盘。我们假设：查尔斯岛上特有的效舌鸫已经饱和，它们每年所产的卵和孵出的幼鸟超出了该岛的养育能力。我们还假设，查尔斯岛上的效舌鸫对本岛环境的适应能力不会比外来查塔姆岛上的效舌鸫的适应能力差。关于这类问题，莱伊尔爵士和沃拉斯顿先生曾经向我说过一个很明显的事情，即马德拉群岛和相邻的小岛圣港（Porto santo）有许多陆栖贝类的代表物种，有些物种生活在石缝中，虽然每年都会将圣港的大量石块运往马德拉群岛，但圣港的贝类并没有迁徙到马德拉群岛。然而，欧洲入侵贝类可以在马德拉群岛和圣港快速繁殖，显然，这些欧洲物种比本地物种更具有优势。根据这些研究可知，加拉帕戈斯群岛中的某些岛屿上的特有物种不会迁徙到其他岛屿上，这不必太大惊小怪。此外，同一大陆上"先入为主"的惯例，在相似的地理条件下，可能在阻止不同物种混入方面有着重要作用。因此，澳洲东南地区和西南地区的地理条件相似，中间是连续的陆地，但两个地区的许多哺乳类、鸟类、植物有着显著差异。贝茨先生认为，在亚马逊河谷中，蝶类及其他动物也是一样。

在自然界中，控制海岛生物基本面貌的法则具有普遍性，也就是移居生物与它们最容易迁出的原产地的关系及生物在新地区出现变异的法则。在山顶、湖泊、沼泽等地，这个法则时时在发挥作用。对于高山物种来说，除了冰期广泛分布的物种，其他物种与周围低地物种有着密切关系；例如，南美洲的高山峰鸟（Hummingbird）、高山啮齿类、高山植物等都属于美洲类型。显然，一座山脉逐渐隆起时，周围低地的许多生物会迁徙而来。除了由于传播方便可以广泛分布在世界各地的类型之外，湖泊和沼泽中的生物同样如此。这个法则还可以表示欧洲和美洲的大多数洞穴瞎眼动物的分布情况。我相信，下列情况是真的：无论两个地区相距多远，只要存在近缘物种或者代表种，一定会有相同的物种。而且，对于任何地区来说，只要存在许多近缘物种，许多类型在分类上就会有争议：一些博物学家认为它们是不同物种，另一些博物学家认为它们是变种。这种有疑问的类型表示物种在变异过程中的不同阶段。

某些亲缘关系非常密切的物种分布在世界上非常遥远的地方，这表明某些现存物种或者过去物种具有较强的迁徙能力和广阔的迁徙范围。我们下面将要论述的例子也体现了这种关系。例如，古尔德先生曾说，假如某些鸟属是世界性的，那么，许多物种也会广泛分布。虽然这个规律很难证实，但我认为它是正确的。哺乳类中的蝙蝠分布就符合这个规律；猫科和犬科的情况大体上也符合；蝴蝶和甲虫的分布同样如此。许多淡水生物的分布也是一样，因为各个纲中都有许多属分布在全世界，其中许多物种的分布范围非常广泛。不过，这并不是说所有物种的分布范围都很广泛，而是一部分物种的分布很广泛；这也不是说属内所有物种的广泛性相同，这是由变异程度决定的。例如，某个物种有两个变种，分别生活在美洲和欧洲，所以这个物种的分布范围比较广泛；如果变异一直没有停止，这两个变种可能会变成两个物种，它们的分布范围便会缩小。这并不意味着，只要拥有跨越障碍物的能力且向着远方移动的物种的分布范围就会很广，如拥有强壮翅膀的鸟类，我们要明白：分布广泛的含义指的不是跨越障碍物的能力，而是在远方与当地土著生物竞争能够获胜的能力。同属的物种，即使位于相距遥远的地方，也是来源于同一个祖先。根据这种说法，我们在这个属内可以找到某些分布广泛的物种。

我们要明白，每个纲中都有起源非常古老的属，在这种情况下，物种有足够的时间向外扩散并出现变异。地质方面的证据让我们明白，各个纲里的高等生物的变异速度要比低等生物快一些。结果，低等生物更容易向远处扩散，并且保持原有的性状。这个事实和许多低等生物的种子、卵都很小且容易远程传播的事实结合在一起说明了一个定律，那就是"越低级的生物，分布范围越广泛"。最近，在植物的分布上，德康多尔先生讨论了这条定律。

上述各个关系是：低等生物比高等生物的分布范围更加广泛；在分布广泛的属内，某种物种的分布也很广泛；高山、湖泊、沼泽等地的生物与周围低地的生物有着密切关系；海岛生物与邻近大陆生物有着显著关系；在同一个群岛中，各个岛屿上的不同生物之间有着亲缘关系。根据特创论观点，这些事实无法解释清楚。不过，假如我们承认移居生物来自于传播便利的原产地，并且能够适应新环境，那么，上述事实便很容易理解。

上一章及本章摘要

我在这两章中想要说明：如果我们能够承认，我们对近期的气候变化、陆地水平面变迁等对生物分布的影响知之甚少；如果我们清楚自己对生物偶然的传播方式一知半解；如果我们明白某个物种起初在广大地区连续分布，后来在中间地带灭绝的情况总是出现；那么，我们就会相信，同一物种的所有个体都来源于共同祖先，无论是在什么地方发现的。根据传播障碍物的重要性、属和科的分布相似的情况，我们和许多博物学家得出结论，将其称为"生物单一中心起源论"。

根据我的学说，同属内的不同物种是从同一个原产地向外传播的。如果我们承认我们的知识非常匮乏，而且某些生物的变异非常缓慢，所以有足够长的时间让它们迁移，那么，这个观点在解释上的困难便不再是无法克服的，虽然这种情况下的困难依然很大，类似于"同一物种的个体分布"的情况。

为了解释气候变化在生物分布方面的作用，我曾说最后一次大冰期有着重要影响，甚至能够影响赤道地区。在南北冰期交替时，南北半球的生物会混合在一起，而且某些生物会遗留在各个山顶上。为了讨论生物的各种偶然传播方式，我详细论述了淡水生物的传播情况。

如果我们承认同种的所有个体和同属的某些物种来自于某一个原产地，那么，根据迁徙理论，所有生物的地理分布、迁徙之后的变异、新类型的增加等事实都能得到合理的解释。这样一来，我们就能明白障碍物的重要性，无论障碍物是海洋还是陆地，不仅可以将动植物分开，而且构成了若干个动物区系和植物区系。这样，我们便明白，为什么近缘物种集中在一个区域，为什么在不同的纬度下，例如南美洲的平原、高山、森林、沼泽、沙漠等地的生物，通过神奇的方式联系起来，而且和同一大陆已经灭绝的生物相连。如果我们承认生物之间的亲缘关系在所有关系中最重要，我们就会明白为什么在地理条件几乎相同的两个地区生活着不同的物种；因为生物迁入新地区的时间长度和迁徙的难易程度，导致不同地区迁入生物的种类和数量有着显著不同；因为生物迁入之后与本地土著生物会发生激烈竞争；因为迁入生物的变异有快有慢；这些因素导致生物在两个地区或者多个地区，无论地理条件是否相同，生物的生活条件都有巨大差异，这些不同的生活条件导致生物之间的关系错综复杂。结果，某些生物类群出现了明显变异，另外一些生物类群仅仅发生了轻微变异；某些类群发展很快，另外一些类群几乎没有进化。在世界几个大地理区中，这些现象很容易见到。

这些原理让我们明白，海岛上为什么只有少数生物类型，而且其中大部分是本地特有物种；为什么迁徙方式不同，某些类群中的所有物种都是海岛上的特有类型，而其他类群的所有物种与邻近地区的物种完全相同。我们还明白，为什么海岛上缺乏整个大类的生物，如两栖类和哺乳类，而飞行的哺乳动物蝙蝠却成为许多岛屿上的特有物种。我们知道，为什么海岛是否存在哺乳动物（或多或少出现了变异）与该岛和大陆之间的海洋深度有着一定的联系。我们还知道，为什么一个群岛上的所有生物，虽然在各个岛屿上的种类不同，但彼此之间密切相关，而且与最邻近的大陆生物有着亲缘关系，虽然这种关系比较疏远。我们更知道，假如两个地区存在亲缘关系很近的物种，无论这两地的距离多么遥远，一定存在若干个相同物种。

就像福布斯先生的主张，在时间和空间上，支配生命的规律非常相似。控制过去时代生物演化的规律类似于控制现代生物演化的规律，许多事实体现了这一点。在时间上，每个物种和物种群的分布都具有连续性；由于只有少数例外情况——某种生物在某套地层的上下层位存在，但中间层位不存在——不符合这个规律，所以我们猜测之所以存在例外情况，那是因为我们还没有在中间层位中发现该物种。在空间分布上，情况也是一样，某个物种或者物种群的栖息地是连续的，这是一个普遍规律，虽然存在一些例外情况。不过，正如我以前所说，这些可以根据物种迁徙时的不同情况，或者传播方式的不同，或者该物种在中间地带的灭绝情况来解释。在时间和空间上，物种和物种群都存在发展顶点。生活在同一时代或者同一地区的物种群，往往具有相同的微小特征，如纹饰、颜色等。我们研究过去漫长的连续时期，类似于研究全世界的遥远地区，发现某些纲的物种之间有着微小差异，而另一些纲的物种之间有着显著差异。在时间和空间上，每个纲中的低等生物要比高等生物变异少一些。当然，在上述两种情况中，这种规律存在一些例外情况。根据我的学说，生物在时间和空间上的分布规律很明显，因为我们研究的近缘生物，不管是在连续时代中发生变异，还是在迁徙到新环境中发生变异，都会遵循相同的演变法则；对于这两种情况来说，变异规律相同，而且变异量是通过自然选择作用进行积累的。

第十三章 生物的地理分布（续）

第十四章 生物之间的亲缘关系：形态学、胚胎学和退化器官的证据

分类

我们发现，生物之间的相似程度有所不同，所以可以划分为不同类别。如果一个类别只能在陆地生活，则另一个类别只能在水中生活；一个类别以肉食为主，则另一个类别以植物为主，这种划分方法太简单了。实际情况要复杂得多，甚至同一亚群中的生物常常具有不同习性，这是很明显的事实。我在第二章和第四章中想要说明，在任何一个地区，只要是广泛传播、分散、常见的物种就是每个纲中具有优势的物种，而且很容易出现变异。首先形成变种，最后变成有着显著特征的物种；根据遗传法则，这些物种将会形成占据主导地位的新种。因此，目前具有优势的类群（Groups）会不断扩大。我进一步说明，由于每个物种的变异后代都会在自然环境中占据尽可能多的位置，所以它们表现出性状分歧的趋势。下列事实证明了这一点：任意一个地方物种的繁多、竞争的剧烈程度、物种驯化等。我曾想要说明，只要是数目不断增加、性状不断分歧的种类就具有替代改良较少、分歧较少的物种的趋势。前文解释这几个原理的图表说明，从一个祖先繁衍得到的变异后代可以分成许多群，而且群下面还有群。图表顶线上的一个字母代表一个属，包括若干个物种，沿着上线的全部属构成一个纲，因为这些属来源于共同的原始祖先，因此遗传了许多相同的特征。同理，左边三个属拥有很多共性，所以构成了一个亚科，而右边两个属是另一个亚科，它们在第五阶段开始出现分歧。这五个属也有许多相同之处，虽然不如亚科内的各属之间的关系密切；它们构成一个科，与更右边的三个属构成的科不同，后者在更早期出现分歧。因此，从A传衍下来的这些属构成一个目，与从I传衍下来的那些属不同。所以许多单一祖先传衍下来的物种构成了许多属；这些属构成亚科，然后亚科构成科，再由科构成目，最后划分到一个大纲下。生物具有大小不同类型的事实，并不是令人惊奇的事情。我觉得

可以这样解释：显然，生物体能够依据多种方法分类，或者根据单一性状人为分类，或者根据多种性状自然分类。我们知道，矿物或者元素都能如此分类。当然，在这种情况下，缺乏系统演替关系和分类原理。不过，生物的情况不一样。上述看法符合群下有群的自然排列，截止到目前只有这种解释。

正如我们所知，博物学家想要用自然体系来排列每个纲内的物种、属、科。不过，这个体系到底是什么呢？有些学者认为，这是一个清单，将相似的生物排列在一起，将区别较大的生物分开；有些学者认为，这是一种人为地简单陈述普通命题的方法，即用一句话概括一群生物的共同特征，如用一句话表示哺乳动物的特征，用另一句话表示食肉动物的特征，再用一句话表示狗属的特征等。显然，这个体系的独特性和实用性难以否认。但是，许多博物学家认为这个自然体系具有更重要的意义。他们相信，这个体系可以揭示"造物主"计划；关于这个计划，我觉得除非能够说明它在时间和空间的顺序，或者两个方面的顺序，或者其他方面的意义，否则，对我们的知识没有裨益。例如，林奈先生的那句名言常常出现在文献中，有时会以隐藏形式出现，他说："不是特征构成了属，而是属表现出特征"，这句话好像在说分类不仅仅是相似，还有更深层的联系。我赞同这种说法，这种联系指的是共同祖传体系，这是导致生物密切相似的原因，虽然会出现不同程度的变异，但在分类中依然能够显示出来。

现在，我们研究一些分类学依据的法则，还有上述说法引出的难点，即分类是上帝创造计划，或者分类是一种简单的命题清单，将相似的生物放在一起，将不同的生物分开等。某些人可能认为（古时的想法），生物在自然体系中的位置和决定生活习性的构造是分类的重要依据，但这种观点非常荒谬。谁都不会认为老鼠与鼹鼠（Shrew）、儒艮与鲸、鲸与鱼等外表上的相似性有着重要意义。虽然这些相似性与生物的整体生命密切相关，但是仅仅体现了"适应与同功的性质"；我们以后会继续讨论。不过，我们可以将其当作一条普遍法则：与生物特殊习性关系越小的构造，在分类学上的重要性越大。例如，欧文在讨论儒艮时说："生殖器官在动物习性和食性方面作用很小，所以我认为这是最能体现生物亲缘关系的构造。对于这种器官的改变，我们不会将适应性状当作主要性状。"对于植物来说，在生活上必不可少的营养器官在分类学上没有什么价值；而生殖器官、胚珠、种子十分重要。我们以前说过的一些形态特征，在功能上没有重要作用，但在分类上用途很大。因为这种器官的性状在同源种群中非常固定，这种固定的原因是自然选择仅仅对有用性状发挥作用，而对这种器官的轻微变异不会积累起来。

生物器官的重要性无法决定它的分类价值，这是一个明显的事实。在近缘种群中，同样的器官，生理价值很相似的，在分类上的价值有所不同。经过长期研究，博物学者对生物类群中的这种情况感到惊讶；这是所有人都认可的。在这里，我们引用最高权威布朗（Robert Brown）的说法。他在讨论龙眼科（Proteaceae）的某些器官在属中的重要性时说："据我所知，这与其他部分相同，在这个科内和其他自然科内，它们的价值不同，而在某些时候似乎毫无意义。"他在另一本著作中说："牛栓藤科内属的区别在于一个子房或者多个子房、有胚乳或者没有胚乳、花瓣是叠瓦状或者镊合状等。"上述特征中的任何一个性状的重要性都超过了属的性状，虽然将所有性状合并在一起，但依然无法区分兰斯梯斯属（Cnestis）和牛栓藤属（Connarus）。我们来看一个昆虫的例子：韦斯沃特发现，膜翅目的某个支群中，触角的特征固定不变，但另一个支群内有所不同。在分类上，这种差异不重要；但是，这两个支群触角的重要性不同。此外，对于同一类生物来说，同样重要的器官在分类学上的价值不同，这样的例子数不胜数。

另外，残留器官和退化器官有着重要的生理意义或者生命意义；显然，这些器官在分类上的价值很高。大家都知道，年轻反刍动物上颌骨上的残留牙齿和腿部残留骨骼在表明反刍动物和厚皮动物的密切亲缘关系方面有着重要用途。布朗强调说，禾本草类残留小花的位置在分类上有着重要作用。

我们来看一些例子：有些构造在生理上没有重要作用，但人们认为它们的性状对整个类群生物的定义非常重要。例如，欧文说，从鼻腔到口内是否有敞开的通道可以用来区分鱼类和爬行动物；还有昆虫翅膀褶皱的方式，某些藻类的颜色，禾本科草类花上的细毛，脊椎动物真皮覆盖物（毛或者羽）的性质，等等。如果鸭嘴兽体外长的是羽毛而不是毛，那么，这种外部特征将会是鉴别鸭嘴兽与鸟类亲缘关系的依据。

在分类学上，细微性状的重要性是由它们与其他性状的关系决定的（后者也有一些重要性）。在自然演化史中，性状集合的作用非常明显。因此，正如人们所说，在某些性状方面，一个物种与它的近缘物种有所差异，但这不会影响它的分类地位。因此，我们常常发现，根据单项特征建立起来的分类系统是不可靠的，无论这种特征多么重要；因为机体上的任何部分都会发生变化。即使许多性状都不是重要的，但集合起来就能具有重大价值；这种性状集合的重要性可以解释林奈的名言"不是特征构成了属，而是属表现出特征"；这句名言好像建立在许多相似点的细微鉴别上，太细微便会难以鉴别，所以有此名言。在金虎尾科中，某些植物的花有的是完全的，有的是退化的；朱西厄（Jussieu）在评论后者时说，原来属于该物种、该科、该纲独有的许多性状消失了，这简直像是在开玩笑。亚司派卡巴属（Aspicarpa）进入法国之后，几年内仅仅留下了一些退化的花。它在许多构造上最重要的方面与本目典型的物种有着巨大差异。不过，根据朱西厄的说法，理查德凭借精准判断将该种归纳到金虎尾科中，这种做法体现了分类学者的敬业精神。

其实，博物学者在鉴定一个类群或者一个物种时所凭借的性状，并不会考虑它们的生理价值。如果他们发现一种性状是许多类型共有的，这种性状的价值就高；如果某些性状仅仅是少数类型共有的，这种性状的价值就低。某些博物学家认为这种原则是对的，著名的植物学家奥·圣堤雷尔（Aug. St. Hiaire）同样如此。如果常常一起发现若干个细小性状，即使它们之间不存在显著的同源关系，也认为具有重要价值。重要器官，如心脏、呼吸器、生殖器等，对于许多动物群来说没有大的区别，所以它们在分类上很有价值；不过，在某些类群中，这些重要器官表现出来的性状是次要的。因此，就像弗里茨·缪勒（Fritz Muller）所言，在甲壳纲中，海莹属（Cypridina）拥有心脏，但与它有着密切关系的贝水蛋属（Cypris）和金星虫属（Cytherea）没有心脏，海莹属中的某个物种拥有发达的鳃片，而另一个物种没有。

我们明白，为什么胚胎性状与成体性状同等重要，因为自然分类法包含所有阶段。不过，我们还不清楚，为什么在分类上胚胎构造要比成体构造重要，但在自然组成中只有成体构造可以发挥作用。然而，著名的博物学家爱德华兹和阿加西斯强调，在所有的性状中，胚胎性状是最重要的；而且，这个理论被普遍认可。不过，由于没有适合幼虫的性状，它们的重要性常常被夸大。为了证明这一点，缪勒根据幼虫性状将甲壳类这一大纲进行排列，结果证明不是自然排列。但是，除了幼虫性状之外，胚胎性状在分类中的价值最高。动物是这样，植物同样如此。因此，显花植物的划分依据的是胚胎性状的差异，即子叶的数目与位置、胚芽与胚根的发育方式等。现在，我们明白，在分类上，这些性状的价值为什么这么高，因为自然系统是根据谱系排列而成。

亲缘关系常常直接影响我们的分类。所有鸟类的许多共性最容易确定；在甲壳类中，迄今认为这样的确定无法实现。甲壳类中两个极端类型之间没有一个共同特征，但两个极端物种与其他物种很相似，而这些物种又与另一物种相似，一直关联下去将会发现，它属于甲壳类这一纲，而不是其他纲。

地理分布常常在分类中使用，尤其是很相似的大类群。邓明克（Temminck）觉得，这个方法同样适用于鸟类中的某些类群。甚至，某些昆虫学家和植物学家也会使用这个方法。

最后，在不同种群的比较价值方面，如目、亚目、科、亚科、属等，几乎是随意估定，至少现在如此。某些著名的植物学家（如本瑟姆先生等人）曾强调它们的任意性价值。对于植物和昆虫来说，杰出的博物学家最初将一个类群定义为一个属，后来逐渐上升为一个亚科或者一个科；原因不是发现了重要的构造差异，而是不断发现具有微小差异的近似物种。

如果我的观点是对的，那么，根据"自然体系基于世系演变"的见解能够解释上面所说的分类规则、依据、难点。博物学家认为可以显示两种物种或者多种物种之间亲缘关系的性状是从共同祖先那里继承而来。真正分类依据的是谱系，而共同谱系指的是博物学家无意中发现的隐藏联系，既不是不可知的造物主设计，也不是普通命题的论述，更不是将相似对象叠合在一起或者分开。

不过，我需要详细解释我的意思。我相信，如果我们想要清楚地表示每一纲内各个类群谱系的排列、地位、关系等内容，一定要根据它们的世系才能更合理；不过，在某些分支或者类群中，虽然在血缘的远近方面与共同祖先的距离相等，但所表现出来的差异量有着巨大差异，因为它们经历的演变程度有所不同；这个差异量是由该类型在不同的属、科、分支或者目中体现出来的。借助于第四章的图表，读者可以很好地理解它的含义。假设字母A到L表示生存在志留纪时期的近缘属类，它们来源于更早的时代。其中，A、F、I三个属都有一个种留下变异后代，并且延续至今，顶上横线a^{14}到z^{14}十五个属表示这些后代。现在，这三个种遗传下来的变异后代都有相同血缘或者血缘关系，将它们看作第100万代的堂兄弟；但是，它们之间存在很多差异。A遗传下来的类型分解成两三个科，而且组成一个目。I遗传下来的类型也分解成两个科，并构成不同的目。A遗传下来的现存物种与亲种A已经不是一个属；同理，I遗传下来的现存物种与亲种I也不是同一个属。如果F^{14}属依然存在，只是发生了微小变化，于是它与祖先F是同一个属，就像极少现存生物属于志留纪的属一样。因此，这些在血缘上有着相同程度关联的生物，它们之间差异的比较价值有着巨大不同。尽管如此，它们谱系的排列依然正确，现在和将来都是一样。A遗传下来的后代有着某些共同特征，这是从它们的共同祖先那里继承而来，I的变异后代也是一样；对于每个后续时期来说，每个继承后代的每一旁支同样如此。不过，如果我们假设A和I的后代发生了巨大变异，以至没有保存祖先的任何痕迹，在这种情况下，它们在自然系统中的位置便会消失，极少的现存生物出现过这种情况。如果F的后代只有微小变化，它们将会形成一个单一的属。虽然这个属处于孤立状态，但始终占据着独特的中间位置。这里用平面图表示的各个群太过简单，各个分支应该向着各个方向散射出去。如果用直线表示各群的名称，将会显得更不自然。因此，自然系统根据世系排列，看起来像是一个家谱。不过，不同类群的演变量要用不同的属、亚科、科、支、目、纲表示。

我们用一个语言的例子解释这个分类的观点。如果我们拥有完整的人类谱系，那么，人种的系统排列将是全世界现存所有语言的分类标准；如果包含所有的废弃语言、中间性质语言、逐渐变化的方言，那么，这样的排列是最可能的分类。不过，某些古老语言的变化很小，新语言出现得也很少，而其他古老语言由于同宗民族在散布、隔离与文化状态的关系发生过巨大变化，所以形成了许多新方言和新语言。同一语系不同语言之间的差异，一定要用群下有群的方式表现；但是，合适的排列将是系统排列，甚至是唯一的排列；而且，严格是自然的，它根据亲缘关系将古代语言与近代语言联系起来，还能表示每种语言的分支和起源。

为了证明这个说法，我们研究一下已知的或者由单一物种形成的变种的分类。变种位于物种之下，而亚变种位于变种之下。对于某些特殊情况来说，甚至存在其他等级差异，例如家鸽。一般来说，变种分类和物种分类有着相同的规则。许多人坚持变种排列的重要性，强调需要将人为系统上升为自然系统。例如，我们明白，不能因为凤梨（菠萝）两个种的果实（尽管很重要）相似就将它们放在一起；虽然瑞典熏菁和普通熏菁的块茎非常相似，但谁都不会将它们归到一起。最固定的构造部分在分类方面有着重要作用。因此，著名的农学家马歇尔认为，牛角在分类上最有用。因为与身体形状和颜色相比，角的变化比较小；但是，羊角的性质不稳定，所以很少在分类中使用。对于变种分类来说，如果我们拥有真正的谱系，系统分类法就会广泛应用。其实，它已经用于某些场合了。我们相信，无论存在多少变异，继承原则是将拥有相似点最多的类型放在一起；对于翻飞鸽来说，虽然某些亚变种的喙长有所区别，由于都具有翻飞习性，所以它们会被归为一类。不过，短面种类几乎完全失去了这种习性；虽然如此，我们依然将它们与翻飞种类放在一起，因为它们在血缘上非常相似，而在其他方面也有许多相似点。

　　对于处于自然状态的物种来说，博物学家会根据血缘关系分类；因为最低分类物种中包含了两性关系。在重要的性状方面，这些两性有时表现出巨大差异。例如，某些蔓足类的成年雄体与雌雄同体的个体之间，几乎不存在共同点，但谁都不会想将它们分开。三个兰花植物类型——和尚兰（Monachanthus）、蝇兰（Myanthus）、龙须兰（Catasethus），曾经被看作不同的属，但只要发现它们出现在同一植株上，便会被降为变种。现在，我已经明白，它们分别属于同一物种的雄性个体、雌性个体、雌雄同株个体。博物学者将同一个体的不同幼体阶段划分到一个物种内，无论它们与成虫有多大区别。斯登斯特鲁普（Steenstrup）所说的交替世代也是一样，它们在学术意义上被看作相同个体。博物学者将畸形和变种划分在同一物种内，不是因为它们与亲本类型相似，而是它们来源于同一亲本类型。

　　虽然有时雄体、雌体、幼体有着巨大区别，但同种个体的分类依据的是血统原理；有着较大变化的变种也是依据血统进行分类的。因此，物种归纳到属中，属归纳到更高的类群中，然后全部归于自然系统之下，同样是在使用同一血统因素在分类。我相信，血统因素在不知不觉中被运用。这样，我们将会有所了解著名的分类学家所凭借的准则和纲领。由于我们缺乏宗谱，只能依靠某些种类的相似点追寻血统的共性。因此，我选择在最近的生活条件下最不容易发生变化的性状当作分类依据。对于这个观点来说，在分类上，残留构造和未退化构造有着相同的重要性。无论一种性状多么细微，如颚的角度大小、昆虫翅膀的折叠方式、皮肤的附着物是毛发还是羽毛等，只要它是许多物种的共同特征，那么，它就具有很高的分类价值；因为我们只能用来源于共同祖先的遗传解释这种现象。如果依据某个构造进行分类，我们很容易出错。不过，即使非常不重要的性状，只要它们是拥有不同习性的一大群生物的共同特征，根据血统理论可知，这种性状来源于共同祖先的遗传；我们明白，在分类上，这些集合性状有着重要价值。

我们很清楚，为什么某个物种或者物种群在许多重要特征上与自己的伙伴不同，但依然将它们划分到一起。只要拥有足够多的共同性状，无论多么不重要，一旦能够体现血统共性的潜在联系，便可以这样分类。即使两个类型的性状都不相同，但如果某些中间类型将两个极端类型连在一起，我们就能推测出它们血统的共性，可以将它们划分在一个纲中。我们发现，生理上很重要的器官（在不同的生活条件下保护生命的器官）常常是固定的，所以它们拥有特殊价值。不过，如果发现这些相同器官在其他群中存在很大差异，它们在分类中的评价会立刻降低。我们明白，为什么在分类中胚胎的重要性很高。有时，在大属分类中地理分布很有效果，因为生活在各个地区的同一个属的物种来源于同一个祖先。

同功的类似性

我们根据上述观点可知，真正的亲缘关系与同功或者适应的类似性之间有着很大不同。拉马克最先意识到这个问题，后来马克里（Macleay）等人也注意到了。对于身体形状和鳍状前肢来说，儒艮和鲸的相似，哺乳类和鱼类的相似，全部属于同功。不同目的鼠与鼩鼱的相似也属于同功；密伐脱（Mivart）先生所说的鼠与澳大利亚小型有袋动物（Antechinus）的相似性同样如此。我觉得，最后这两者的活动可以解释为适宜在灌木丛和草丛中进行相似活动，以便躲避敌害。

在昆虫中，也有许多相似例子；林奈曾经受到表面现象的影响，将同翅类昆虫划分到蛾类中。家养变种也有类似情况，例如在形态上，中国猪和普通猪的改良品种很相似，但它们来自于不同的物种；普通芜菁和瑞典芜菁的加厚茎部也很相似。细腰猎狗和赛马之间的相似之处，类似于某些人所说的大不相同的动物。

只有性状能够表示血缘关系时，才在分类上有着重要意义。我们明白，为什么同功或者适应的性状在生物繁殖方面很重要，但在分类上毫无价值。因为两个不同血统的动物可以变得适应相似的环境，并获得相似的外表。不过，这样的类型不仅无法揭示它们的血缘关系，反而常常掩盖它们的血缘关系。因此，我们可以理解这种矛盾。当两个群相互比较时，完全相同的性状是同功的。同一个群的个体相比较时，显示出来的是亲缘关系。例如，将鲸和鱼相比较，身体形状和鳍状前肢是同功的，表示两个纲都具有游泳功能；然而，当比较鲸族（科）的个体时，身体形状和鳍状前肢显示的是亲缘关系；在整个科中，这些部分都是相似的，我们只得相信它们来源于同一个祖先。同理，鱼类也是一样。

许多例子表明，对于不同的生物来说，由于具有相同的功能，生物的某些部分和器官很相似。在自然系统中，狗和塔斯马尼亚狼或者袋狼是很不相同的两种动物，但它们的颚非常相似。不过，这种相似性仅仅表现在外表上，如犬齿的突出和臼齿的切割形状。其实，牙齿之间有着巨大不同，如狗的上腭的每一边都有四颗前臼齿，但只有两颗臼齿；袋狼有三个前臼齿，还有四个臼齿。此外，这两种动物的臼齿在大小和结构上也有很大不同；在成齿尚未长出来时，乳齿也很不同。当然，每个人都得承认，这两种动物的牙齿经过自然选择作用，完全能够撕裂肉食。不过，如果这种情况符合一个例子，但不符合另一个例子，我觉得不太可能。幸运的是，著名权威弗劳尔教授得出了相同的结论。

我们在上一章列举出来的特殊情况，例如带有闪电器官的不同鱼类，带有发光器官的不同昆虫，带有粘盘花粉块的兰科植物等，都属于同功范畴。不过，由于这些情况非常奇特，所以常常被当作我的学说的难点和异议。我们发现，它们器官的生长和发育有着巨大差异，成体构造同样如此。它们想要实现的目的相同，虽然使用的方法表面上看起来相同，但本质上有所区别。以前，同功变异下的某些原则在这种情况下也能发挥作用。虽然同纲成员的亲缘关系比较疏远，但它们继承了许多相同特征，所以它们受到相同的刺激之后会发生类似的变异。显然，自然选择促使它们拥有相似的构造和器官，与共同祖先的遗传毫无关系。

不同纲的物种经过连续轻微的变异之后，总是生活在相似的环境中，如陆地、空中、水中等。因此，我们明白，为什么不同纲的亚群中有时会出现数字平行现象。某位博物学家说，随意提高或者降低某些纲中的分类价值（经验表明，至今对它们的评论依然是随意的），这种平行现象的范围便会扩展。这样一来，便会形成七项、五项、四项和三项标准的分类法。

另一类奇特现象是，外表上的相似性不是因为相似的生活习性，而是由于保护作用。我指的是贝茨（Bates）先生所说的一些蝴蝶，它们模拟的是其他物种的奇特方式。贝茨说，南美的一些地区生活着一种透翅蝶（Ithomia），数量非常多，大群聚集，这种蝴蝶中常常夹杂着另一种蝴蝶——异脉粉蝶（Leptalis）。这两种蝴蝶的颜色、条纹、翅膀形状非常相似，所以有着丰富经验的贝茨先生也上当了，虽然他非常警觉。当捕捉到模拟者和被模拟者之后，人们发现它们的基本构造有着巨大差异。它们不仅是不同的属，常常属于不同的科。假如这种情况出现在一两个实例中，也许是一种巧合。不过，我们不讨论异脉粉蝶模拟透翅蝶，还能找到属于两个属的模拟者和被模拟者，而且非常相似。这种情况大约有10多个属，模拟者和被模拟者生活在相同的地区；我们从来没有发现，模拟者生活在距离被模拟者很远的地方。一般来说，模拟者是稀有昆虫，而被模拟者是大量聚集的。当异脉粉蝶模拟透翅蝶时，有时还夹杂着鳞翅类昆虫。结果，在一个地方偶尔能够找到三个属的蝴蝶，甚至有一种蛾非常像第四个属的蝴蝶。需要注意的是，许多异脉粉蝶是同一物种的不同变种，被模拟者同样如此；其他类型肯定是不同物种。也许，人们会产生疑问：我们为什么将某些类型当作被模拟者，其他类型当作模拟者呢？关于这个问题，贝茨先生给出了答案。他解释说，被模拟类型保持着原有的装饰，而模拟者改变了原来的装饰，与近缘类型有所不同。

接下来，我们研究一下，某些蝴蝶和蛾类为什么要改变原来的装饰。博物学者不明白，为什么会出现欺骗手段呢？显然，贝茨先生给出了正确解释。被模拟者总是大量聚集，它们一定可以成群躲避灾难。否则，它们无法生存那么长时间。现在，许多证据表明，它们是许多鸟类和大量食虫动物不喜欢食用的类型。另外，生活在同一地区的模拟类型的数量非常少，属于稀有类群。因此，它们常常要面临危险，否则，根据蝶类的产卵数量，它们很快就能遍布整个地区。现在，假如整个稀有种群中的某个个体获得了一种外形，这种外形很像另一个受到良好保护的类群，所以它不仅能够骗过经验丰富的昆虫学家，还能够骗过具有掠夺本领的鸟类和昆虫。因此，它能够躲避灾难，平安地活下去。其实，贝茨先生几乎见证了模拟者变得类似于被模拟者的过程；他观察到异脉粉蝶的某些类型模拟其他多种蝴蝶，并发生巨大变异。对于某个地区的几个变种来说，只有一个变种类似于该地区常常出现的透翅蝶；而另一个地区的两三个变种中，一个变种更加常见，它尽力模仿透翅蝶的另一种类型。贝茨先生依据这个事实得出结论：首先，异脉粉蝶发生变异；当一个变种在某种程度上与同一地区的普通蝴蝶很相似时，由于这个变种类似于受到良好保护的类型，因此能够很好地躲避具有掠夺能力的鸟类和昆虫，从而被保留下来。类似程度比较低的会被淘汰，只有类似程度高的才能保存下来，繁衍自己的后代。所以，这是一个自然选择的最佳例子。

同样，华莱士先生和特里门（Trimen）先生论述了马来半岛和非洲鳞翅类昆虫的情况，其中有一些非常显著的模拟实例。不过，在大型四足类中，还没有发现这种情况。对于昆虫来说，模拟频率比较高，这也许是因为它们的身体比较小。昆虫无法保护自己，除了带刺的特殊种类。那些带刺种类不会模拟其他昆虫，但常常成为被模拟对象。由于昆虫无法通过飞翔躲避吞食它们的动物，所以它们常常采用欺骗方法或者掩饰手段来躲避灾害，类似于许多幼小动物。

一般来说，模拟不会出现在颜色很不相同的类型之间，而是出现在相似的物种之间。假如相似是有益的，上述方法能够实现。如果被模拟者后来发生了变异，模拟者也会出现相似的变化，几乎能够达到任何程度。这样一来，与同科中的其他成员相比，它的外表和颜色有着显著不同。不过，在这方面存在许多困难，在某些情况下，我们一定要假设，几个不同群的古老成员在没有分化到现在的程度之前，偶然与另一个受到保护类群的某一个体相似，从而得到一定的保护；这样，逐渐出现了完全相似的基础。

关于连接生物亲缘关系的性质

在大属中，优势物种的变异后代具有继承优越性的趋势。这种优越性能够壮大它们所属的种群，并促使其双亲具有优势。因此，它们可以迅速传播，占据的地方越来越多。每一纲中的大群和优势群会不断增大，直接排挤小群和弱势群。因此，这些事实能容易解释：在少数的目和纲中，包含了灭绝和现存的所有生物。这个事实令人惊讶：高级类群在数量上非常少，但它们的分布范围非常广泛。所以在澳洲被发现之后，无法建立一个新纲。胡克博士让我们明白，在植物界仅仅增加了两三个小科而已。

我在讲述地层序列的那一章说过，对于漫长且连续的变异过程来说，每个群的性状都会出现大量分歧。在某种程度上，为什么古老生物类型能够表示某些现存物种的中间类型呢？因为某些古老类型可以将变异很小的后代遗传到现在，它们构成了我们所说的中介物种（Osculant Species）或者畸变物种（Aberrant Species）。一个类型畸形越严重，已经消失的连接类型的数量越庞大。某些证据表明，畸形类群由于灭绝遭受了重大损失，因为它们只有很少的代表物种。根据它们现有的情况而言，这种物种常常很不一样，很容易导致灭绝。例如，鸭嘴兽和肺鱼属，如果它们不是仅存单一物种，或者两三个物种，而是拥有十几个物种，那么，它们的数量也不会如此稀少。我们根据上述情况可以得到这样的解释：将畸变类型当作在竞争中战败的类型，所以只有少数成员存活下来。

沃特豪斯（Waterhouse）先生曾说，当两个很不相同的群表现出亲缘关系时，这个亲缘关系常常是抽象的，而不是具体的。因此，根据沃特豪斯先生的说法，对于啮齿类来说，绒鼠与有袋类的关系最密切。不过，对于它和有袋类接近的诸点来说，它们的关系很一般，即它们不是与有袋类的某个物种更加接近。因为亲缘关系的诸点不是适应性的，而是真实的，所以根据我们的说法，必须将它们归纳到来自于共同祖先的遗传上。因此，我们猜测，包括绒鼠在内的所有啮齿类属于某种古老的有袋类的分支，而这种古老的有袋类与现存有袋类在性状上多少表现出中间性质；或者啮齿类和有袋类来源于共同祖先，而后来两者在不同的方向上发生了许多变异。无论是哪一种说法，我们都要假设，与其他啮齿类相比，绒鼠从古老祖先那里获得的性状更多；因此，它不会与现存的有袋类中的某个物种关系更近。不过，由于保存了共同祖先的部分性状，所以间接地与有袋类存在关系。另外，正如沃特豪斯先生所言，对于一切有袋类来说，袋熊（Phascolomys）很像啮齿类，不是类似于某个具体物种，而是类似于整个啮齿目。不过，在这种情况下，大家会产生疑问，这种类似或许是同功的，因为袋熊完全适应了啮齿类的习性。在不同科植物的亲缘关系上，德康多尔（De Candolle）进行了相似的研究。

根据遗传于共同祖先的生物性状不断增加和逐渐分支的原理，并根据它们保留了一些共同性状的事实，我们明白，非常复杂和辐射性的亲缘关系能够将同一科或者同一目中的成员连接起来。因为共同祖先会将自己的某些性状通过不同方式遗传给分裂为群和亚群的所有物种。它们通过迂回的亲缘关系相互关联（正如第四章的图所显示），并不断进化。即使借助于系统树，依然难以将古代贵族家庭无数亲属之间的血统关系表示出来。不过，如果没有系统树，更无法弄明白其血统关系。因此，我们可以理解这种情况：一个大的自然纲能够显示现存物种和灭绝物种之间的亲缘关系，但如果不借助图解的话，这种关系很难描述出来。

正如第四章中所讲述的内容，在确定和加宽每个纲中的几个群之间的间距上，灭绝作用发挥了重要作用。这样，我们很容易解释各个纲存在明显界限的原因，如鸟类与脊椎动物的界限。这样说来，许多古老生物类型已经完全灭绝，这种灭绝类型将当时的鸟类和脊椎动物连接起来。然而，曾经将鱼类和两栖类连接起来的中间类型灭绝得比较少。在某些纲中，如甲壳纲，灭绝情况更稀少。因为最奇特的类型被一个只是缺少部分亲缘关系的锁链连在一起。灭绝只能限定群的界限，无法创造群。如果曾经生活在地球上的所有生物类型突然重现，虽然我们无法为每个群建立显著的界限，但根据它们的自然排列关系可以建立一个自然分类体系。图解可以告诉我们这一点：A~L代表志留纪的11个属，其中有一些已经形成了变异后代的大群。分支和亚分支之间的演化链条依然没有消失，这些链条类似于现存变种之间的链条。在这种情况下，难以用定义将某些群的成员与它们有着直接关系的祖先和后代分开。虽然如此，图解上的排列依然有效。根据遗传原理可知，A传衍下来的类型拥有一些共同特征。在一棵树上，我们可以区分不同的树枝，尽管分叉处的树枝是连在一起的。我说过，虽然我们无法分清几个群的界限，但我们可以用模型或者类型表示每个群中的大部分性状，无论这个群的规模如何。这样一来，它们之间的差异值就表示出来了。假如我们可以搜集到某个纲的全部类型，这将是我们的依据。不过，我们永远无法圆满地完成这项工作。尽管这样，在某些纲中，我们正在朝着这个目标努力。最近，爱德华兹在一篇论文中主张使用模式的高度重要性，无论我们是否可以将这些模式所属的群区分开，并明确它们的界限。

最后，我们发现自然选择和竞争总是一起出现，这就导致了亲种后代的灭绝和性状分歧。它解释了生物亲缘关系中的普遍现象，那就是群下有群的从属关系。我们通过血统将两性个体与所有年龄的个体归纳到同一个物种中，尽管它们只有少数性状相同。根据血统原理，我们对已知变种进行分类，无论它们与双亲有多大区别。我相信，血统是博物学家在自然系统下追求的潜在连接纽带。自然系统这个概念在完整的范围内，它的排列是系统的，差异程度用属、科、目等术语表示。根据这个概念，我们很清楚在分类中需要遵守的规则，为什么某些相似性的价值比较高；在分类中，我们为什么采用残留器官和无用器官，或者生理用途很小的器官。在讨论不同类群的亲缘关系时，我们为什么不采用同功性状或者适应性状，却用在同一群的范围内。我们发现，几个大纲就包含了现存生物和灭绝生物的所有类型；为什么最复杂的亲缘关系辐射线能够将每个纲的若干成员连接起来。也许，我们永远无法解释清楚某个纲中的成员之间复杂的亲缘关系网，但我们在观念上存在一个确定目标，而且不去祈求某种未知创造计划时，我们便会得到缓慢的进步。

最近，赫克尔教授在《普通形态学》等著作中，运用自己渊博的知识讨论了所有生物的血统图，他将其称为系统发生（Phylogeny）。在对几个系统进行描述时，他主要依据的是胚胎学性状，而且参考了同源器官和残留器官，还有各种生物首次出现在地层中的连续时期。这样，他勇敢地跨出了第一步，并指导我们未来如何进行自然分类。

形态学

我们发现，无论同一纲的成员有着怎样的生活习性，它们躯体的总体设计非常相似。我们常常用"构架一致"这个术语表示这种相似，也可以说一个纲中的不同物种的某些构造和器官属于同源。"形态学"这个总术语包含了整个命题。在自然历史中，这是一门有趣的学科，甚至是它的灵魂。便于抓握的人手，善于挖掘的鼹鼠的前肢、马的腿、海豚的鳍、蝙蝠的翅膀，全部由同一构架组成，而且在相应的位置上拥有相似的骨骼。这是多么奇特的现象啊！我们来看一个惊人的例子：袋鼠的后肢适于在广阔的平原上奔跑，澳洲熊[即考拉（Koala）]的后肢善于抓握树枝，袋狸（Bondicoot）的后肢及其他澳洲有袋类的后肢，全部拥有特殊的构架，即第二、三趾骨非常瘦长，而且被同一张皮包裹着，看起来像是由两个爪的单独的趾构成的。虽然构架相似，但这几种动物的后肢有着不同的作用。关于这种情况，美洲负子鼠的表现更令人惊讶。它们的生活习性类似于澳洲的亲缘物种，但它们的脚是普通的样式。弗劳尔教授在论文中说："我们可以将其称为构架的一致性"，但并没有过多解释这种现象。然后，他又说："难道这不是在暗示亲缘关系，而且来自于共同祖先的遗传的事实吗？"

圣·提雷尔一直强调同源部分的相对位置或者连接关系；在形式和大小上，它们可以有着巨大差异，但以相同的顺序连接起来。例如，我们从来不会发现，肱骨和前臂骨、大腿骨和小腿骨的位置颠倒过来。因此，相同名称可以表示不同动物的同源骨骼。在昆虫的口器构造中，我们发现了这个重要规律：天蛾（Sphix-moth）的很长且呈现螺旋状的喙，蜜蜂或者臭虫（Bug）的折合的喙，甲虫的很大的颚，它们彼此有着巨大不同。这些有着不同用途的器官，全部是由一个上唇、大颚、两对小颚构成。同理，这个法则也适用于甲壳类的口器和附肢的构造，甚至是植物的花。

如果想用功利主义或者终极目的论解释同一纲中的各个成员构架的相似性，这是最难成功的。欧文在《四肢的性质》一书中，认为这种企图毫无希望。根据独创论观点，只能说"造物主"根据相同的设计，将每一纲的动物和植物创造出来。不过，这种观点没有科学依据。

根据连续轻微变异的选择学说，解释会变得容易很多。对于生物来说，每个变异都是有好处的，但常常由于相互作用对生物体的其他部分造成影响。在这种性质的变化中，很少出现改变原始构架或者各部分位置的趋势。一种附肢骨骼能够缩短和变扁到任意程度，以便能够被厚厚的膜包裹住，当作鳍使用；一种有蹼的手能够使其所有骨骼或者某些骨骼变长到任意程度，而连接它们的膜也会扩展，当作翅膀使用。不过，这些变异没有改变骨骼构造和各个部分的连接关系。如果我们假设，哺乳类、鸟类、爬行类的共同祖先具有根据现在构架组成的肢，无论它们有什么用途，我们将会发现全纲动物的同源构造。昆虫的口器同样如此，我们假设它们的共同祖先拥有一个上唇、下颚（Mandibles）、两对小颚，而这些部分在形状上非常简单；于是，自然选择能够解释昆虫的构造和功能的多样性。尽管如此，由于某些部分的减小和萎缩，或者由于与其他部分的融合，或者由于其他部分的增加（这些变异都是可能出现的），一种器官的构架也许会变得晦暗不明，甚至是彻底消失。早已灭绝的巨型海蜥蜴（Sea-lizard）的鳍状物和某些吸附性甲壳类的口器的一般架构变得模糊不清。

这个问题派生出来的另一个问题是系列同源（Serial homologies），即比较同一个体的不同部分或者不同器官，而不是比较同一纲中的不同个体之间的相同部分或者相同器官。许多生理学家认为，头骨与一定数量的椎骨的基本部分属于同源结构，即在数量上和关联上相一致。对于比较高级的脊椎动物来说，前肢和后肢属于同源结构。甲壳类的颚和腿同样如此。大家都知道，在一朵花上，花萼、花瓣、雄蕊、雌蕊的相互位置、内部结构、螺旋状排列、变态叶组成的说法，都很容易理解。在畸形植物中，我们常常发现一种器官转化为另一种器官的现象；在花发育的早期或者胚胎阶段，在甲壳类和其他动物的同一时期，成熟期有着巨大差异的器官在最初十分相似。

根据创造论的说法，系列同源的情况很难理解。为什么脑子（brain）被装在数目巨大、形状奇特、表示脊椎的骨片构成的"盒子"中呢？就像欧文所言，分离的骨片有利于哺乳动物的分娩，但这种便利无法解释鸟类和爬行类的头颅构造相同的情况。为什么构造相似的骨骼变成了蝙蝠的翅膀和腿，而具有飞翔和行走的不同用途呢？为什么拥有十分复杂口器的一种甲壳类，它的腿非常少呢？相反，为什么拥有许多腿的甲壳类的口器非常简单呢？为什么每朵花中的萼片、花瓣、雄蕊、雌蕊的用途不同，但都是在相同模式下形成的呢？

根据自然选择学说，我们能够在某种程度上解答这些问题。在这里，我们无须考虑动物的身体如何形成一系列构造，或者它们如何分出有着相应器官的左侧和右侧，因为这些问题不属于我们的研究范畴。不过，一系列结构也许是细胞分裂和细胞增殖形成的，细胞分裂引发了细胞增殖，并促使各部分构造出现增殖。为了我们的目标，只要清楚下列事实即可：正如欧文所言，同一部分或者同一器官的不停重复是低级生物的共同特征；脊椎动物的共同祖先或许拥有许多椎骨；关节动物的共同祖先或许拥有许多环节；显花植物的共同祖先或许拥有螺旋状的叶子。我们发现，在数量和形状上，总是重复的部分容易出现变异。因此，由于这样的部分具有高度的变异性，将会提供有着不同用途的材料；然而，在遗传力量的影响下，常常会保留原始痕迹或者基本痕迹。由于自然选择作用，这种变异是它们以后变异的基础，并且起初就体现了类似趋势，所以它们更容易保留这种类似性。在早期阶段，这些部分很相似，而所处的环境几乎相同。无论这样的部分发生多大程度的变异，除非它们的共同起源变得晦暗不明，否则，它们就属于系列同源。

对于软体动物来说，虽然表示不同物种的某些构造属于同源（少数是系列同源），例如石鳖的壳瓣；不过，我们很少发现，同一个体的某些部分属于同源。这个事实很好解释，因为软体动物中很难观察到某个构造会无限制的重复，类似于动植物界中的情况。

不过，正如兰开斯托（Lankester）先生所言，形态学是一门非常复杂的学科，尤其与它刚刚出现时相比。博物学家将他描述的某些纲之间的重要区别划分为同源。他说，不同动物拥有相似构造是因为来源于共同祖先，但后来发生了不同的变异。他认为，这种构造属于同源，而无法这样解释的相似构造属于同形。例如，他相信鸟类和哺乳类的心脏是同源结构，所以它们来源于共同祖先；不过，在两个纲中，心脏的四个腔是同形的，即独立发展而来。此外，兰开斯托先生还分析了同一个体身体左侧或者右侧的各个部分的相似性。在这里，我们常常称为同源。然而，它们与拥有共同祖先的不同物种的血统无关。同形构造类似于我在分类中所说的同功变化或者同功类似，但我的分类方法还不完善。它们的形成或许因为不同生物的各个部分或者同一生物的不同部分曾以相同方式发生变异；或者部分相似的变异，为了某个用途而被保留下来，关于这一点，我们说过许多例子。

博物学家总是认为，头颅来源于变形的脊椎；螃蟹的颚来源于变形的腿；花的雄蕊和雌蕊来源于变形的叶子，等等。就像赫胥黎所言，在许多情况下，头颅和脊椎、颚和腿并不是从现有的一种构造逐渐演变为另一种构造，而是来源于比较简单的原始构造。不过，许多博物学家只是在比喻意义上使用这种说法。他们并不是想说，在漫长的遗传过程中，某些原始器官（在两个例子中分别是椎骨和腿）曾经转化为头颅或者颚。然而，这种情况有着很强的说服力，所以博物学家才会使用具有清晰意义的说法。根据本书的观点，完全可以使用这种语言；而且，下列事实可以得到部分解释，例如螃蟹的颚，如果真的来源于简单的腿的变形，那么，它们的大部分性状或许是通过遗传得到的。

发育和胚胎学

在整个博物学中，这是一个非常重要的学科。大家都知道，昆虫的变态主要体现在少数几个阶段上。其实，存在着许多个隐藏的转化过程。正如卢布克（Lubbock）爵士所言，某些蜉蝣的昆虫（Chloeon）在发育期间要经过20多次蜕皮，每次蜕皮都会发生一些变异。这个例子中的变态活动是以原始的渐变方式实现的。某些昆虫在发育过程中完成的构造变化非常奇特，尤其是某些甲壳类。而且，在某些低等动物的世代交替中，这些变化达到了巅峰。例如，一种分枝精巧的珊瑚性动物的水螅体（Polypi）零零散散地分布在海底的岩石上。首先，它是芽生；接着，横向分裂；最后，逐渐发展为巨大的浮游水母群。这些水母产卵，从卵中孵化出会游泳的微小动物，它们依附在岩石上，慢慢成长为分枝的珊瑚状动物；这样，永无止境地循环。世代交替和普通变态基本相同，已经得到华格纳的赞同。他发现，一种蚊即瘿蚊（Cecidomyia）的幼虫或者蛆通过无性繁殖产生其他幼虫，这些幼虫慢慢发育成雄虫和雌虫，然后以普通方式用卵繁殖。

需要注意的是，当华格纳宣布自己的发现时，有人问我如何解释这种蚊的幼虫的无性生殖呢？只要这种情况是唯一的，就很难进行解答。不过，格里木（Grimm）表示，另一种蚊即摇蚊（Chironomus）的生殖方式几乎一样。他推断，这一目中常常出现这种方式。摇蚊的蛹具有这个能力，而不是幼虫；格里木深入阐释，在一定程度上，这个例子将瘿蚊与介壳虫科（Coccidae）的单性生殖连接在一起；单性生殖说明介壳虫科的成熟雌体无须与雄体交配便能够产生能育的卵。现在，我们发现几个纲中的某些生物在早期就具有正常的生殖能力；只要我们能够让单性生殖出现的更早（摇蚊显示的是中间阶段，即蛹的阶段），或许可以解释瘿蚊的情况。

我们说过，在胚胎早期，同一个体的不同部分非常相似，但在成虫阶段变得很不相同，而且有着同样的用途。我曾说过，同一纲中的最不相同的生物的胚胎十分相似，等到发育后会变得很不相同。冯贝尔的论述可以很好地证明最后一个事实。他说："哺乳类、鸟类、蜥蜴类、蛇类、龟鳖类的胚胎在早期阶段，整体和各个部分的发育方式非常相似；事实上，由于它们很相似，我们往往从大小上区分这些胚胎。我将两种小胚胎浸泡在酒精中，由于忘记将带有名字的标签贴上，所以无法说出它们到底属于哪一纲。它们可能是蜥蜴或者小鸟，也有可能是哺乳动物。在头部和躯干的形成上，这些动物非常相似。不过，这些早期胚胎没有四肢。然而，即使发育的早期阶段存在四肢，我们依然无法弄清楚它们的准确属性，因为蜥蜴和哺乳类的脚、鸟类的翅膀和脚类似于人类的手和脚，来源于同一个基本类型。"在发育的相应阶段，大部分甲壳类的幼虫非常相似，但成虫有着巨大区别；许多动物同样如此。偶尔，胚胎相似性可以持续到很晚还保留着痕迹：同一属和近似属的鸟类的幼体羽毛非常相似；在鸫类的斑点羽毛上，我们能够看到这种现象。在猫族中，大部分物种都具有条纹和斑点。在植物中，偶然也会出现这种现象，尽管非常稀少。因此，金雀花（Furze）的首叶和假叶、金合欢属的首叶都是羽状或者分裂状的，类似于豆科植物的叶子。

同一纲中的完全不同的生物胚胎构造上的相似之处，与它们的生存条件往往没有直接联系。例如，在脊椎动物的胚胎中，鳃裂附近的动脉有个独特的弧形结构，我们无法想象，这种结构与母体子宫内的幼小哺乳动物、巢内正在孵化的鸟卵、水中的蛙卵等所处的生活环境有何关联。我们没有理由相信这种关联，正如我们没有理由相信人类的手、蝙蝠的翅膀、海豚的鳍内相似的骨骼与相似的生活条件相关。谁都不会考虑，幼小狮子的条纹或者幼小黑鸫鸟的斑点对它们有什么作用。

不过，如果某种动物在胚胎时期的某一阶段处于活动状态，而且需要为自己寻找食物，情况就会有所不同。活动时期可以是生命的较早时期或者较晚时期；但是，无论在什么时期，幼体都能够很好地适应生活条件，像成虫那样完美。最后，卢布克爵士已经详细地解释了它们的形成过程：有着巨大差距的目的一些昆虫幼体存在密切联系，而同一目中的各种昆虫的幼体有所不同，这是根据它们的生活习性而言的。由于这类的适应，有时近缘生物的相似性变得模糊不清；尤其是在发育的不同阶段出现分工现象时更是如此。正如一种幼虫在一个阶段需要寻找食物，另一个阶段需要寻找生活的地方一样。甚至会出现这种情况，近缘物种或者物种群的幼虫之间的差异要比成体大。不过，一般来说，活动的幼体或多或少要遵循胚胎相似的法则，蔓足类就是一个例子，即使著名的居维叶尚未发现藤壶属于甲壳类；但是，只要研究一下幼虫，便会明白它是甲壳类。蔓足类的两个主要类型是有柄蔓足类和无柄蔓足类，尽管它们的外表有着巨大差异，但它们的幼虫在各个阶段都很相似。

在胚胎的发育过程中，机体结构也在不断提高。虽然我很清楚无法准确地表示机体结构的高级或者低级，但我依然采用了这个说法。谁都不会否认蝴蝶要比毛虫高级。不过，对于某些情况来说，成体动物的等级常常被认为比幼虫低，例如某些寄生的甲壳类。我们分析一下蔓足动物：第一阶段中的幼虫拥有三对运动器官、一个简单的单眼、一个吻状的嘴；它们依靠这个嘴吃许多食物，所以它们的体积不断增大；在第二个阶段中，这个时期类似于蝴蝶的蛹期，它们拥有六对精致的游泳腿、一对巨大的复眼、一对复杂的触角，但它们的嘴是紧闭的、不完善的，而且无法吃东西；它们在这个阶段需要做的事情是，运用发达的感觉器官和游泳能力寻找合适的地点，以便附着在上面完成最后的变态。完成变态之后，它们的生活便会固定下来：它们的腿转化成了把握器官，重新生成一个结构良好的嘴，但它们的触角消失了，两只眼睛转化为细小的、单独的、简单的单眼。在最后阶段中，蔓足动物的成体与幼体相比，既高级又低级，两方面都有所体现。不过，在某些属中，幼虫能够发展成拥有普通结构的雌雄同体，还可以发展成我所说的补雄体（Complemental male）；后者的发育属于退步，因为雄体仅仅是一个能够短暂存在的囊，除了生殖器官之外，没有嘴、胃等重要器官。

我们已经习惯了胚胎与成体在构造上的不同，所以我们常常将这种不同当作成长过程中必然会出现的事情。不过，我们还不明白，当这些动物的某些结构（如蝙蝠的翅膀、海豚的鳍等）开始出现时，其他结构为什么不根据适当比例显现出来。对于某些整群和其他群的部分成员来说，无论在什么时期，胚胎和成体没有显著区别；欧文曾在讨论乌贼时说："尚未经过变态，头足类的性状在胚胎早期就表现出来了。"陆栖贝类和淡水甲壳类一出生就具有固定形状，但这两个纲中的成员在发育过程中常常要经历显著变化。而蜘蛛几乎没有经历变态。大部分昆虫都会经历蠕虫状阶段，无论它们是积极活动以适应生活条件，还是身处适宜的养料中，或者接受亲体的哺育。不过，在特殊情况下，如果我们发现了赫胥黎教授绘制的昆虫发育图，将会无法找到蠕虫状阶段的丝毫痕迹。

有时候，早期的发育阶段不会出现。缪勒发现，在某些虾形的甲壳类（很像对虾属）中，首先形成的是简单无节幼体（Nauplius-form），接着经历几次水蚤期（Zoea-stage），然后是糠虾期（Mysis-stage），最后得到成体构造。在包含甲壳类的巨大软甲目（Malacostracan）中，现在还未发现其他成员要经历无节幼体阶段，虽然许多成员会经历水蚤期。虽然如此，缪勒提出一些理由支持自己的说法：如果发育上没有抑制的话，所有甲壳类都会经历无节幼虫阶段。

那么，我们如何理解胚胎学上的这些现象呢？胚胎和成体在构造上存在一般化的差异；同一个体胚胎的各个部分在早期很相似，但后来变得不同，而且有着各自的用途；同一纲中的不同生物的胚胎和幼虫相似，但存在例外情况。胚胎在卵或者子宫中时，常常保留一些没有用的结构；幼虫需要自己寻找食物时，它能够完全适应周围的条件；最后，某些幼体的机体构造等级要比它们的成体高。我觉得，这些现象可以采用下列解释。

由于畸形会对胚胎的早期发育产生影响，所以人们常常认为，轻微变异或者个体变异一定出现在这个时期。关于这一点，我们没有什么证据。相反，我们的证据能够支持截然不同的说法。大家都知道，牛、马及其他观赏动物（Fancy animal）的饲养者们，在动物出生后的一段时间内，无法说出幼小动物的优缺点。我们在自己的孩子身上也发现了这一点；我们无法说出某个孩子将来长得高还是长得矮，或者将来拥有什么容貌。关键不是变异出现在哪一个时期，而是哪一个时期可以表现出来。变异原因也许出现在生殖之前，我们常常猜测作用于亲本的一方或者双方。需要注意的是，对于幼小动物来说，只要它还处于卵内或者子宫内，只要还会得到亲体的营养和保护，无论它的大部分性状是在早期得到的，还是晚期得到的，都没有重要性。例如，对于借助于钩状的喙获得食物的鸟类而言，当它很幼小时，只要获得亲体的哺育，是否拥有这种喙无关紧要。

我在第一章中说过，一种变异无论在什么时期出现在生物的亲本身上，这种变异可能会在相应时期出现在后代身上。某些变异只能出现在对应时期，例如蚕蛾的幼虫、茧、成体的各种特征，牛在成熟期角的特征，等等。不过，我们发现，虽然变异常常在亲代或者后代的相应时期出现，但这种情况不是绝对的，也会出现例外的变异事例（从这个术语的广义而言），这些变异在后代中出现的时间比较早。

我相信下列原理可以解释上述胚胎学中的事实：轻微变异常常出现在不太早的时期，而且在相同的时期遗传给后代。首先，我们研究一下家养变种中的相似情况。仔细观察过狗的一些作者认为，虽然细腰猎狗和斗牛狗的外表不同，但它们是有密切关系的相似变种，来源于同一个野生种；因此，我非常好奇，它们的幼狗存在多大差异。饲养者对我说，幼狗之间的差异和亲代之间的差异一模一样。凭借眼睛判断，这种说法或者没错；在对老狗和出生六天的狗崽进行测量之后，我发现狗崽没有获得相同比例差异的全部量。有人对我说，拉车马和赛跑马，这些在家养状态下经过人工选择得到的品种，小马之间的差异与大马之间的差异相同；但是，在仔细测量了拉车马和赛跑马的母马和刚刚出生三天的小马之后，我发现根本不是这样。

许多证据表明，鸽子的品种来源于单一的野生种。我认真比较了出生几个小时之后的雏鸽；还仔细测量了野生的亲体种、凸胸鸽、扇尾鸽、侏儒鸽、巴巴鸽、龙鸽、信鸽、翻飞鸽等（在此不列举详细材料）鸽子的喙的比例、嘴的宽度、鼻孔与眼睑的长度、脚的大小、腿的长度。在这些鸽子中，某些在成熟时期，长度、喙的性状等方面变得很不相同。在自然状态下，它们可能会被划分为不同的属。不过，当把刚刚出生的雏鸟排成一排时，虽然可以勉强区分出一大部分，但与成熟的鸟相比，上述各个特征的比例差异非常小。而且，差异的某些特点几乎很难察觉，例如嘴的宽度。不过，这个法则有一个例外情况，因为短面翻飞鸽的雏鸽和成鸟几乎有着相同的比例，这一点与其他鸽子不同。

上述两个原理解释了下列事实，即饲养者是在狗、马、鸽子等将要成熟时才会选择它们用来繁殖。他们所需性状是在什么时期获得的不重要，但只要成体能够具备即可。通过鸽子的例子可知，人工选择积累起来的具有特殊价值的特征，一般不会出现在生命的早期阶段，也不是从相应的时期进行遗传。不过，短面翻飞鸽的情况证明这个规律没有普遍性，因为雏鸽出生12个小时后就具有了固定性状；而这里所说的特征，不是出现的比通常早一些，就是从更早时期开始遗传。

现在，我们运用这两个原理分析一下自然状态下的物种。某些古老类型发展而来的鸟类的一个群，为了适应不同的生活条件，通过自然选择作用进行改变。于是，由于许多轻微变异不是出现在生命的早期阶段，而是在相应时期遗传下去，所以幼体一般不会发生变异，而且它们之间的相似程度要比成体高一些，就像各种鸽子表现出来的情况。这个观点拓展之后，可以应用于完全不同的构造和整个纲中。例如前肢，古老祖先曾经将其当作腿使用，在漫长的演化过程中或许发生了某些变化，某一类的后代将其当作手使用，另一类的后代将其当作桨状物使用，其他类型可以将其用作翅膀。不过，根据上述两个原理可知，前肢在这几个类型的胚胎早期几乎是相同的，虽然前肢在成体阶段有着巨大区别。无论是长期使用还是不常用的器官，只有在生物将要成熟、迫切需要使用全部力量谋生时，才会对改变生物的前肢或者其他构造产生重要影响。这样的影响会在相应时期传递给后代。这样，幼体的各个构造通过增强使用或者不使用的效果，不会发生变化或者仅仅出现微小变化。

对于某些动物来说，连续变异可能出现在生命的早期阶段，或者在更早时期遗传下去，正如短面翻飞鸽表现出来的情况。在上述情况中，幼体或者胚胎与成熟亲体非常相似。在某些整群或者亚群中，例如乌贼、陆生贝类、淡水甲壳类、蜘蛛、昆虫纲中的某些成员，这是一条发育准则。我们认为这些生物的幼体不会经历变态的原因是，它们在幼体时期就得自己解决各种需要，而且需要遵循与亲代一样的生活习性。在这种情况下，它们的变异方法肯定与亲代相同。许多陆生动物和淡水动物不会经历变态阶段，但同一群中的海生动物需要经历各种变态。关于这个奇特的事实，缪勒曾说，生活在陆地或者淡水中的动物，由于不会经历任何幼虫阶段，这个缓慢变化和适应过程会变得非常简单。因为当环境和生活习性发生巨大变化时，如果想要找到既符合幼虫阶段又符合成虫阶段，而且没有被其他生物占据的地方，绝对是不可能的。在这种情况下，成体构造变得越来越提前，自然选择将会偏爱渐进的获得；于是，以前的变态痕迹将会彻底消失。

另一方面，一种动物幼体的生活习性与它们亲体类型的生活习性有着细微不同，所以构造也有一些不同。如果这种情况对生物有利，或者一种幼虫不同于亲体的连续变异是有利的，根据在相应时期的遗传原理可知，自然选择会促使幼体与亲体的差异不断增大，直到任何程度。幼虫阶段的差异或者类似于连续发育时期；因此，第一阶段的幼虫可能与第二阶段有着巨大差别，许多动物都是如此。成体可能也会变得能够适应那样的生活习性，即运动器官和感觉器官失去作用；这样，变态就会退化。

根据上述幼体的构造变化与生活习性变化相一致的原理，以及相应时期原理可知，为什么动物经历的发育阶段与它们成体发育的原始状态有着巨大区别。许多权威专家认为，昆虫的幼虫期和蛹期是通过适应生活条件得到的，而不是来源于古老类型的遗传。芫菁属是异常发育阶段的甲虫，它的奇异情形能够解释发展过程。法布尔说，第一批幼虫类型是一些活泼、微小的幼虫，长着六条腿、两根长触角、四只眼睛。这些幼虫在蜂巢中孵化；在春天中，当雄蜂首先羽化出室时，幼虫会附着在它们身上，等到雌雄交配时，再爬到雌蜂身上。只要雌蜂将卵产在蜜室上，芫菁属的幼虫就会将这些卵吃掉。此后，它们会出现巨大变化：眼睛彻底消失，腿和触角变得残缺不全，而且依靠蜜生存；此时，它们很像昆虫的普通幼虫；后来，它们再次发生变化，最终变为甲虫。现在，假如有一种昆虫的转化类似于芫菁属的变态过程，只要成为新昆虫纲的祖先，那么，这个纲的发育过程与现有昆虫的发育过程完全不同；而第一批幼虫阶段肯定无法表示成体类型或者古老类型的状态。

另一方面，许多动物的胚胎阶段或者成虫阶段大体上显示了整个类群祖先的成虫状态。在甲壳类这一大纲中，包含着巨大差异的类型，例如寄生虫类、蔓足类、切甲类、软甲类，但它们的最初形态都是无节幼体。因为这些幼虫生活在广阔的海洋中，不必适应各种生活习性。缪勒推测，很早以前可能就存在类似于无节幼虫的成体动物。后来，沿着若干条分叉的血统线形成了巨大的甲壳类群。此外，我们通过已知的哺乳类、鸟类、鱼类、爬行类的胚胎知识可知，这些动物可能是某些古老动物的变异后代。在成体状态中，这些古老动物有着适宜在水中生活的鳃、鳔、鳍状肢、长尾等结构。

由于所有的灭绝动物和现存动物可以包含在几个大纲中。根据我们的理论，细微的分级将每个纲中的所有成员连接起来。假如我们的收集是完整的，那么，根据谱系的分类将是最好的、唯一的分类；在自然系统下，博物学家们使用"血统"在生物之间建立联系。我们根据这个观点可知，许多博物学家认为，胚胎构造在分类中的作用要比成体构造大。不过，对于若干个动物群来说，无论它们的成体构造和生活习性多么不同，只要它们拥有相似的胚胎阶段，那么，它们就来源于同一个亲体类型的遗传，而且有着密切的联系。这种胚胎构造的共同性体现了血统的共同性。不过，胚胎发育的不同无法证明血统的不同，因为对于两个类群的一个群来说，发育阶段或许会被抑制，或者为了适应新环境发生了变化，所以难以辨认。即使成体有着极端变异的类群，幼虫构造往往能够显示起源的共同性。例如，我们清楚，虽然蔓足类的外表很像贝类，但根据它们的幼虫可知，它们属于甲壳类，因为我们通过胚胎发现了很少变异的古老甲壳类祖先的构造。因此，我们很清楚，为什么古老类型的成体状态与同一纲中的现存物种的胚胎相似。阿加西斯认为，这是自然界中的普遍规律；以后，我们会发现，这条规律真实存在。不过，只有下列情况能够证明这条规律的真实性，即这个群的古老祖先没有发生过连续变异，早期变异在遗传过程中没有彻底消失。需要注意的是，虽然这条规律是对的，但由于地质记录延续的时间不是太久远，所以很难得到验证。如果某个古老类型在幼虫时期，变得能够适应特殊的生活方式，而且将这种变异遗传给了整个群的后代，那么，这条规律不能严格符合这种情况，因为这样的幼虫与古老的成体状态不相似。

因此，我觉得可以用变异原理解释胚胎学上的这个重要事实。在一个古老祖先的许多后代中，变异不会出现在很早时期，但会在相应时期传递给后代。我们可以将胚胎看作一幅图画，虽然有些模糊，但依然能够看出同一纲中所有生物的祖先形态；或许是它的成体状态，或许是它的幼体状态。这样，胚胎学变得更有趣味。

退化的、萎缩的和停止发育的器官

这些奇特的器官和构造常常具有不同的标记。在自然界中，它们很容易见到，甚至非常普遍。如果想要说出一种没有退化结构或者残留痕迹的高级动物，那是不可能的事情。例如，哺乳动物的雄体含有退化的奶头；蛇类的肺有一叶残缺不全；鸟类的"庶出翼"（bastard-wing）可以被看作发育不全的趾，而且有些物种的整个翅膀都是残缺的，所以不能用来飞翔；更稀奇的是，鲸的胎儿拥有牙齿，但长大之后消失了；尚未出生的小牛的上颌有牙齿，但从来都不会穿出牙龈。

残迹器官通过各种方式表现自己的起源意义。近缘物种或者同一种内的甲虫，有的拥有巨大且完全的翅，有的仅有残迹的膜，位于粘合起来的翅鞘下面。这时，我们不得不怀疑这种残迹表示翅膀。偶尔，残迹器官依然保留着潜在能力：有些雄性哺乳动物的奶头发育得非常好，而且能够分泌乳汁。牛属的乳房就是如此，正常情况下，它们有四个发育的乳头和两个残迹的奶头；有时候，后者在家养奶牛中发育得很好，而且能够产奶。对于植物来说，同一物种的个体中的花瓣有时是残缺的，有时是完全发育的。凯洛伊德在研究某些雌雄异花的植物时发现，让拥有残迹雌蕊的雄花物种与具有发育雌蕊的雌雄同花物种杂交，杂种后代能够明显地表现出残迹雌蕊。这一点表明，在自然界中，残迹雌蕊和完全雌蕊非常相似。从某些意义上来说，一种动物在完全状态中的构造可能属于残迹，因为它毫无用途。刘易斯先生说过："普通蝾螈（Salamander，即水蝾螈）的蝌蚪生活在水中，而且有鳃；但山蝾螈（Salamander atra）生活在高山上，产出的幼体发育完全。这种动物从不在水中生活。不过，如果将一个怀胎的雌体剖开会发现，里面的蝌蚪含有精致的羽状鳃；如果将它们放在水里，它们会游来游去，就像水蝾螈的蝌蚪一样。显然，这种水生体制与动物的未来生活无关，更不是在适应胚胎条件；它只是与祖先的适应有关，体现了祖先发育过程中的某个阶段。"

具有两种用途的器官，对其中重要的用途可能变为残迹或者完全不发育，而对另一种用途完全有效。例如，植物雌蕊的作用是让花粉管能够到达子房中的胚珠，雌蕊是由花柱支撑的柱头构成的。不过，对于某些聚合花科的植物来说，无法授精的雄性小花没有柱头，只有残迹的雌蕊。不过，花柱依然很发达，而且长着细毛，将周围花药和邻区花药刷掉。还有一种器官将原来用途变为残迹，而作用于另一用途：对于某些鱼类来说，鳔的漂浮功能变成了残迹，转化成了呼吸器官或者肺。还存在许多相似的例子。

关于有用的器官，无论它多么不发育，绝对不能被看作残迹的，除非我们相信它们曾经高度发达。它们可能是一种初生状态，正在逐渐变得完善。另一方面，残迹器官或许毫无用途，例如从来不会穿透牙龈的牙齿；或许几乎没用，例如鸵鸟的翅膀，仅仅可以当作风篷。在这种情况下，这种器官在以前发育更不发达时，用途更小，所以它们不是来源于变异或者自然选择作用，因为自然选择作用仅仅保留有利变异。在遗传的力量下，它们部分被保留下来，而且与生物以前的状态有所关联。但是，残迹器官和初生器官很难辨别。因为我们只能根据类推方法判断一种器官是否可以变得更发达，只有它能进一步发达才是初生器官。然而，这种状态的器官很少出现；因为拥有这种器官的生物常常会受到拥有更完善的同样器官的后继者的排挤，最后走向灭绝。企鹅的翅膀有着重要作用，还可以当作鳍使用；尽管它能够表示翅膀的初生状态，但我反对这个说法，因为它是一种缩小器官的可能性更大，为了适应新功能出现了变异。另外，几维鸟（即无翼鸟）的翅膀毫无用途，绝对是残迹器官。欧文认为，肺鱼的简单丝状肢表示高级脊椎动物得到性功能充分发展的器官的起点。

不过，昆特（Gunther）博士认为，它们可能是坚固的鳍轴组成的残迹，这个鳍轴拥有鳍条和侧枝，但两者都是不发达的。将鸭嘴兽的乳腺与黄牛的乳房相比，能够认为是初生状态。某些蔓足类的卵带变得很不发达，无法继续作为卵的附着物，它表示鳃的初生状态。

对于同一物种的个体来说，残迹器官很容易出现变异。在亲缘关系比较近的物种中，同一器官的缩小程度也会发生变化。同一科中的雌蛾的翅膀状态证明了这一点。残迹器官能够完全不再发育；这表明，对于某些动植物来说，有些器官已经彻底消失了，根据类推原理或许能够找到它们，而且在畸形个体中偶尔能够发现。玄参科（Scrophulariaceae）的许多植物的第五条雄蕊已经完全萎缩；不过，我们推测，第五条雄蕊以前存在，因为该科的许多物种保留着它的残迹物，而且这种残迹物偶尔能够完全发育，类似于我们在普通的金鱼草中见到的情况。在研究同一纲的不同成员之间的各种结构的同源性时，常常可以见到残迹物。为了充分解释各个器官的关系，残迹物是最有用的。欧文描绘出来的马、牛、犀牛的腿骨插图，充分表明了这一点。

残迹器官，例如鲸和反刍类的胚胎中能够见到上颚的牙齿，但会逐渐消失，这个事实非常重要。我相信，这也是一条普遍规律，即与相邻器官相比，残迹器官在胚胎中要比成体中大；因此，这种生命早期的器官大部分不是残迹的，甚至不会出现残迹。所以成体的残迹器官常常被认为是保留着胚胎状态。

上述所说的是关于残迹器官的事实。我们回想这些事实，谁都会觉得无比惊讶；因为相同的推论让我们明白，大部分结构和器官怎样具备了不同用途，还明确指出残迹器官和萎缩器官都是不完全的、无用的。博物学著作常常将残迹器官的形成看作是"为了对称的缘故"或者"为了完成自然的设计"。不过，这并不是一种解释，而是在陈述事实，而且本身就很矛盾。例如，王蛇（Boa constricter）拥有后肢和盆骨的残余物，假如这些骨骼的保存是为了体现"自然的设计"，那么，正如魏斯曼教授的疑问，为什么其他蛇没有这些骨骼，甚至没有骨骼的痕迹呢？一位著名的生理学者猜测，残迹器官的存在是为了排泄剩余物质，或者排泄对身体有害的物质。不过，我们想象一下微小的乳头（Papilla），相当于雄花中的雌蕊，仅仅由细胞组织构成，它有这样的作用吗？我们再想象一下，将要消失的残迹牙齿失去磷酸钙之后，对快速生长的牛胚胎会有帮助吗？人类的手指被切割之后，断指上面会有不完全的指甲，而指甲痕迹的发育是为了排除角质物质。依此类推，海牛鳍上的残迹指甲应该也有相同的功能。

根据变异和血统的说法可知，残迹器官的起源比较容易解释；在很大程度上，我们很清楚它们发育不完全的原因。家养动物中存在许多残迹器官的例子，例如无尾种类中尾巴的残迹，无耳绵羊中耳朵的残迹，无角牛的情况等，尤亚特发现，小牛的下垂小角会重现，还有花椰菜（Cauliflower）的花的状态。在畸形动物中，我们常常发现各种结构的残积物；不过，我觉得这种情况只能说明残迹器官的存在，无法说明残迹器官在自然状态下是如何形成的；许多证明表明，自然状态下的物种不会出现巨大变化或者突然变异。我们通过研究家养动物得知，某些器官的萎缩原因是不使用；而且，这种情况能够遗传。

器官衰退的主要原因可能是不使用。首先，器官缓慢地缩小，最后转变为残迹器官，例如生活在暗洞中的动物眼睛，生活在海岛上的鸟类翅膀。后者由于在海岛上缺乏猛兽的追击，所以逐渐失去了飞行能力。某些器官在一些情况下是有用的，但在另一些情况下是有害的，例如生活在小岛上的甲壳虫的翅膀。在这种情况下，自然选择作用会促使这种器官逐渐缩小，一直到变成残迹器官。

构造上和功能上积累而成的任何变化，都是来源于自然选择作用。因此，一种器官由于生活条件或者某种用途变得无用或者有害时，或许改变之后会有其他作用。一种器官可能因为以前的功能而被保留下来，而原来有用的器官变得无用时，或许会发生变异，因为自然选择不再阻碍它们的变异。这些完全符合我们在自然界中观察到的情况。此外，无论是那个时期，一种器官不管是废弃还是缩小，一般都会出现在生物成熟时期，因为它们能够发挥全部活力；相应时期的遗传原理具有一种趋势，让缩小的器官在相同的成熟时期重现。不过，这个原理很难对胚胎时期的器官产生影响。因此，我们明白，为什么残疾器官在胚胎时期要比邻近器官大，而在成体阶段比后者小。例如，一种成体动物的指头在世代遗传中，由于习性的变化使用频率越来越低。如果一种器官或者腺体在功能上使用得越来越少，那么，它们在成体后代中会变小，但在胚胎中不会发生变化。

不过，依然存在无法解释的难点。当一种器官停止使用时，它是如何一步步缩小，直到剩下一点残迹，最后彻底消失呢？只要器官在机能上变得无用之后，它很难产生进一步的影响。这里需要借助于某些附加解释，但我不能提出。不过，假如可以解释生物的各个部分朝着缩小方向要比朝着增大方向的变异程度更大，我们便能够理解，早已变得无用的器官为什么还会受到"不使用"的影响，从而变成残迹器官，最后消失不见；因为自然选择作用不再抑制向着缩小方向的变异。我们在上一章讨论过生长的经济原理。根据这个原理可知，任何部分假如对所有者无用，将会尽可能地被省略。这在解释无用部分变为残迹器官方面或许有所帮助；然而，这个原理仅仅适用于缩小过程的早期阶段；我们无法想象，雄花中表示雌花雌蕊且只能形成细胞组织级的小小乳突，为了节省原料可以进一步缩小，甚至是彻底消失。

最后，我们需要注意的是，无论残迹器官是如何变成无用状态的，它们都代表生物的先前状态。而且，它们全部是由遗传力量保存而来。我们根据系统分类观点可知，分类学家将生物放在自然系统中的合适位置时，为什么残迹器官和在生理上有着重要作用的器官用途相同，甚至价值更大。残迹器官类似于英文中的某些字母，虽然单词拼法上还保留着这个字母，但发音已经毫无用途，但可以作为指示该词来源的线索。我们根据变异的血统观点可知，残迹的、不完全的、无用的或者彻底消失的器官，对于特创论说法是一个难以解决的问题。不过，对于本书的观点而言，却在预料之内，绝对不属于难点。

摘要

我在本章中想要说明的是，各个时期内的生物可以排成不同的谱系；复杂的、辐射状的、曲折的亲缘线将所有的灭绝生物和现存生物连接在几个大纲中；博物学家们在分类中需要遵守的原则和遇到的问题；性状的价值表现为稳定性和普遍性，而不是生理上的重要性，无论它们是重要的还是不重要的，或者类似于残迹器官毫不重要；在分类价值上，同功性状与真正亲缘关系的性状之间的对立性；其他的相关法则。假如我们认为同源类型有着共同祖先，经过变异和自然选择发生变化，从而导致了物种灭绝和性状分歧，那么，上述内容很容易理解。在考虑这种观点时需要注意，血统因素曾被普遍使用，将不同性别、年龄、两性类型、同种中的变种都划分到一起，而不会考虑它们构造上的差异。如果我们将血统因素（生物相似的内在因素）进行拓展，我们将会明白何为"自然系统":自然系统是根据谱系排列而成,通过变种、物种、属、科、目、纲等术语表示它们之后的差异程度。

根据血统和变异的观点,"形态学"上的许多事实很容易解释清楚。我们无论观察同一纲的不同物种的同源器官所表现的同一模式,还是观察同一个体的动植物的系列同源,全部能够解释。

根据连续变异一般不会出现在生命的早期阶段,而且会在相应时期遗传的原理,"胚胎学"中的许多事实能够得到解释;成熟时期在结构和功能上存在巨大差异的同源器官在胚胎中很相似。对于相似且有着显著区别的物种来说,同源构造或者器官在胚胎时期非常相似,尽管在成体阶段它们有着不同的功能。幼虫可以被看作活动胚胎,由于生活习性的关系,它们或多或少会出现一些变化,并且在相应的时期将这些变化遗传给后代。我们根据同一原理得知,当器官由于萎缩或者自然选择作用逐渐缩小时,一般出现在生物必须解决自己需求的时期。我们还要明白,遗传力量非常强大,所以残迹器官的产生在预料之内。由于自然分类的依据是谱系,所以胚胎性状和残迹器官在分类上的重要性很好理解。

最后,本章中的许多事实表明,世界上的许多物种、属、科,在各自的纲或者群的范围内,来源于共同祖先的遗传,而且在生物的发展过程中出现了变异。即使暂时没有证据支持这种观点,我依然相信它是正确的。

第十五章　综述和结论

由于本书一直在进行争论，所以为了方便读者的阅读，我将本书的主要事实和各种推论进行一下综述。

我承认，通过变异和自然选择形成优良后代的这个理论会遇到各种反驳，并且我曾努力让这些反对意见发挥作用。乍看之下，下列论点很难让人相信：复杂器官和生物本能的完善来自于对生物个体有益的无数微小变异的积累，而不是类似于人类理性的方式，或者超越那种理性方式。尽管这个难题在我们的想象中难以解决，但如果我们认同下列命题，它就不能算是真正的难点。这些命题是：生物体的各个部分和生物本能存在着个体差异，而生存斗争促使生物体构造或者生物本能中的有利变异保存下来，每个器官的完善过程都伴随着级进的阶元，而且每个阶元越来越完善。这些命题的正确性无法否定。

许多生物是通过怎样的中间级进阶元变得完善的，看来很难推测，尤其是对于早已灭绝的、不连续的、衰退的生物类群而言。不过，我们发现自然界中存在许多奇特的过渡阶元，所以当我们认为某种器官或者生物本能，或者完整的生物构造无法通过各种级进步骤达到现有状态时，我们一定要非常谨慎。需要注意的是，自然选择学说遇到一些难点，其中最奇特的是，同一群中共同生活着两三种工蚁或者不育雌蚁，而且有着明显的等级。不过，我已经在寻找解决这些问题的方法。

在初次杂交过程中，物种存在普遍的不育性，而变种在杂交过程中普遍可育。这两者之间存在着鲜明对比。关于这一点，读者可以翻阅本书第九章结尾时的相关论述。我觉得，这些事实类似于两种不同的树木无法嫁接在一起，根本不存在特殊性，而是杂交物种之间的生殖系统中的偶然差异造成的。这个结论的正确性可以通过相同两个物种互交（即一个物种先是作为父本，然后作为母本）产生的巨大差异进行验证。仔细研究具有两三个世代的植物更容易得出上述结论。因为不同世代的两个类型相互交配，它们很少产生种子，甚至不产生种子，而且大多数后代是不育的。毫无疑问，这些不同世代的类型属于同一物种，除了生殖器官和生殖功能之外，它们之间没有任何区别。

虽然许多作者认为变种杂交及其杂交后代普遍可育，但权威学者格特纳（Gartner）和凯洛依德（Kolreuter）举出一些例子后，上述观点就受到了人们的质疑。实验采用的变种大部分是驯养条件下的生物；而且驯养（不仅指圈养）具有消除不育性的趋势。同理，当杂交时，这种不育性会对亲种产生影响；因此，我们不能希望驯养会导致变异后代杂交不育。显然，这种不育性的消除类似于人们在不同环境中促使驯养动物自由繁殖的因素，而且与它们慢慢适应不断变化的生活环境相关。

两组相同的事实更容易解释物种初次杂交的不育性及其杂交后代的不育性是如何形成的。一方面，我们相信生活条件的微小变化会增加生物的活力，而且增强其繁殖能力；另一方面，我们知道，同一变种不同个体的交配和不同变种之间的交配会促使后代数量增加，而且会使个体增大，活力增强。主要原因是交配者所处的环境有着细微不同。曾经，我做过许多实验，结果表明同一物种的所有个体在相同环境下生活几代之后，杂交优势将会大大降低，甚至是彻底消失。另一方面是，曾经长期生活在几乎相同的环境下的物种进行圈养时，由于外界环境的变化太大，不是面临死亡，就是能够健康地存活下来，但会失去生育能力。不过，由于驯养动物一直处于变化的环境中，上述情况一般不会发生。我们发现，两个不同物种的杂交后代，受孕不久或者幼年期就会夭折；即使能够生存下来，也会丧失部分生育能力，从而造成后代数量减少。这种情况可能是两个杂化物的生活条件出现巨变造成的。如果能够解释清楚，大象、狐狸等动物在本土圈养，依然无法生育，而家畜（如猪、狗等）的生活条件即使发生了巨变，它们依然能够自由繁殖，那么，你就可以回答这个问题：为什么两个不同物种及其杂交后代在交配时，往往会失去部分生育能力，而两个驯养变种及其混种后代在交配时是完全可育的。

在地理分布上，遗传变异理论面临着严重威胁。同一物种的所有个体，同一属的所有物种，甚至更高一级分类阶元都拥有共同祖先。因此，在世界上的任何一个地方，都能发现它们的踪迹，它们在一代代的传承中，从最初的某个地方向着全球扩散。人们难以推测这个迁徙过程是如何实现的。不过，既然有证据显示某些物种在很长时间内（无法以年作为计时单位表示）能够保持原有形态，所以偶然的广泛分布并非很难理解。在漫长的时间内，总有机会找到各种方式向着远方迁徙。关于生物分布的不连续性或者中断现象，物种在中间地带的灭绝能够解释这种情况。现在，对于晚近时期对地球各种气候变化和地理变化造成影响的广度和深度，人们仍然一无所知，而这种变化有利于生物的迁徙。曾经，我想要证明冰期对同一物种或者近似物种的分布情况有着重要影响。不过，直到现在，人们依然不清楚物种偶然的各种迁移方式。至于同一属内的不同物种为什么能够在相距遥远的地区生存，那是因为变异过程非常缓慢，在这么漫长的时间内，任何一种迁徙方式都有出现的可能性，从而造成同属物种的广泛分布。

根据自然选择学说，以前存在着许多中间类型，它们通过好像现存变种这样的微小阶元将每个类群中的所有物种连接在一起。有些人可能会产生疑问：我们周围为什么没有这些连接类型呢？所有生物为什么不会混合在一起造成无法分辨的混乱状态呢？我们必须明白，关于现存类型，除了少数情况之外，我们无法找到它们之间的直接过渡类型；而且，如果想要找到这些类型必须在已经灭绝或者被排挤掉的类型中寻找。即使在连续的广大地域中，气候和生活条件处于一个物种向另一个近缘物种过渡的时期，我们在中间地带依然很难找到相应的中间变种。关于这一点，我们可以这样理解，一个属中的少数物种出现了变异，而其他物种全部灭绝了，而且没有留下变异后代。即使是那些变异物种，只有极少数生物会在同时同地出现变化，而且变异过程非常缓慢。此外，我曾说过，中间物种可能生活在中间地带，但它们很容易受到两侧近似物种的排挤。由于后者数量比较庞大，变异程度和进化速度往往大于数量较少的中间变种，所以中间变种会受到排挤，最终走向灭亡。

根据传统观点，现存生物和灭绝生物之间、各个连续地质时期内的灭绝生物与更古老的生物之间，存在着无数个已经灭绝的过渡类型。不过，根据这个说法，各个地层中为什么没有这些过渡类型呢？我们收集的化石标本为什么显示不出生物进化的情况呢？尽管地质研究找到了一些过渡类型，从而拉近了许多生物的亲缘关系。但是，我们依然没有找到现存物种与过去物种之间应该存在的无数个级进细微阶元，而这正好是我的学说需要解释的地方。有些人反对我的学说，主要是因为这一点。另外，整群的近似物种为什么会在地质历史时期突然出现呢？尽管这种突然性常常是假象。我们知道，生物的出现非常久远，出现在寒武纪最底地层沉积之前。然而，人们觉得奇怪的是，寒武纪之前的大套地层中为什么没有发现寒武纪生物的祖先呢？根据这个理论，这样的地层肯定在尚未弄清楚的历史时期在某个地方沉积了。

关于这些问题和疑问，我只能用地质记录的不完整性来解释。博物馆内收藏的所有化石标本与曾在地球上生活过的物种数量相比，绝对是冰山一角。任意两个或者多个物种的祖先类型，所有性状绝对不会直接处于变异后代之间。就像岩鸽的嗉囊和尾巴的性状，不是处于变异后代球胸鸽和扇尾鸽之间。即使我们经过了认真研究，在没有找到大多数中间过渡类型时，无法确定一个物种是不是另一个物种的祖先。而且，由于地质记录是不完整的，我们无法找到许多过渡类型。即使能够找到两三个甚至更多的过渡类型，许多博物学家也会将其列为新物种。尤其是它们来自于不同的地质时期，即使差异非常细微，也会被定义为新物种。现存的许多可疑类型可能是变种，但谁都无法否认在未来的日子中，人们或许会找到许多化石过渡类型，从而帮助博物学家们断定哪些可疑类型是变种。目前，世界上的极少数部分被勘探过，只有某些纲中的生物能够很好地保存下来。许多物种从出现后从未发生过变化，后来便灭绝了，没有留下变异后代。虽然物种发生变异的时间很长，无法以年来计算，但与物种保持某一形态的时期相比，却要短多了。优势种和广域种很容易发生变异，而且变异非常显著，变异也是出现在局部地区。由于这两个原因，如果想在某个地层中找到中间过渡类型是非常困难的。地方性变种只有在变异积累到一定的程度后，才会慢慢地扩散到远处。在它们进行扩散之后，假如在某个地层中被发现，看起来像是被突然创造出来一样，所以常常被定义为新物种。在沉积过程中，许多地层会出现间断，它们的延续时间要比物种类型的平均延续时间短一些。在许多情况下，较长时间的间断常常将连续的地层沉积分割开，所以只有海底上的许多沉积物在沉积时，富含化石的地质层的厚度能够抵抗后来的侵蚀作用。地质记录在水平面上升和静止的交替时期常常是一片空白；在上升期，生物类型变异比较多，而沉降期，物种灭绝比较多。

至于寒武纪地层之下没有富含化石的沉积层，我只好用第10章中的假说回答，即尽管大陆和海洋的相对位置在很长时间内没有发生变化，但我们不能认为它们永远不会变化。因此，比现在所知道的更古老的地层可能已经被大洋淹没。曾经，威廉·汤普森爵士（Sir Willian Thompson）说过一个至今为止最严厉的疑问：他认为，地球凝固之后所经历的时间，尚不足以实现我们推测出来的生物演化量。关于这一点，我的想法是，第一，我们并不知道如何计算生物物种的年变化速率；第二，许多哲学家不承认，我们对宇宙构造和地球内部知之甚少，无法准确地推算地球经历的历史演变。

大家都认可地质记录的不完整性，但很少有人同意这个不完整性能够达到我的学说所要求的程度。假如我们从很长的时间尺度来看，地质学表明所有的物种都有过变化，而变化方式与我的学说相符，因为它们采用的是缓慢的、渐进的方式。我们发现，连续地层中的化石遗骸的关系比较密切，而相隔遥远的地层中的化石遗骸的关系比较疏远。

上面所说的是我的学说遇到的主要难题和几个异议，我已经给出了自己的解释。许多年来，我一直被这些难题所困扰。不过，需要注意的是，那些重要的意见与我们知之甚少的问题有着联系，而且我们不清楚还存在多少不知道的东西。我们不清楚最简单的器官和最复杂的器官之间存在着多少过渡类型；也不清楚生物在漫长的地质时期的传播方式；更不清楚地质记录不完整的程度。不过，虽然反对者的说法非常尖锐，但无法推翻遗传变异理论。

现在，我们看一下争论的另一面。对于圈养动物来说，许多变异是生活条件的变化造成的，至少是被其激发出来的。不过，由于情况不明确，我们常常认为这种变异是自发的。变异是由多种规律支配的，例如相关生长律、补偿律等，还有器官的使用频率和周围环境的作用，等等。虽然难以确定驯养生物的变异量，但这个变异量非常大。而且，这种变异具有遗传性。某种已经遗传了很久的变异，如果周围的环境不会发生变化，这种遗传将会一直持续下去。此外，有证据显示，在驯养条件下，只要变异出现了，很长一段时间内将会持续下去，绝对不会突然停止。即使是最古老的驯养生物，偶尔也会出现新变种。

其实，变异不是人为造成的，人们只是在无意间将生物放在新环境中。于是，自然对生物组织发挥作用，生物便会发生变异。不过，人们可以选择自然给予生物的变异，使其按照一定的要求积累起来。这样，动植物便会符合人类的喜好或者需求。人们可能有计划地这样做，或者无意识地将符合自己要求的个体保留下来，但没有想过改变它的品种。显然，经过几个世代的连续选择，除了有着丰富经验的人之外，一般人很难区分有着微小差异的个体，但这些微小差异能够影响一个品种的性状。当培育最特殊、最有用的驯养品种时，这种无意识的选择有着重要作用。人们培育出来的品种与自然物种的大部分性状相同，主要表现为人们难以确定许多品种到底是变种，还是不同物种。

驯养条件下有着重要作用的原理，在自然条件下肯定也能发挥作用。在生存竞争中，具有优势的个体或者物种能够生存下来。我们在这里发现了一种强有力的选择形式，而且一直在起作用。所有生物的增加都符合几何级数，所以很容易引发生存竞争。这种增长方式可以用实例证明，许多动植物在适宜的季节中或者新地区归化时，数量可以迅速增长。生物的出生数量要比存活数量大得多，自然条件的丝毫差异都能决定哪个个体可以生存，哪个个体将会死亡；哪个变种或者物种的数量会增加，哪个的数量会减少，最后走向灭亡。从各个方面来说，同一物种的不同个体之间的关系最密切，但它们之间的竞争也最激烈，其次是同属中的不同物种之间的竞争。另一方面，自然阶元中相距较远的生物之间的竞争也比较激烈。对于某些生物来说，不管它们处于什么年龄或者哪个季节，只要比竞争者多一点优势，或者能够较好地适应周围的生活环境，便很容易在竞争中获胜。

对于雌雄异体的动物来说，常常出现雄性为了争夺雌性进行竞争的情况。最强壮的雄性或者对环境适应良好的雄性，往往能够拥有更多后代。但是，成功的关键在于雄性动物是否拥有特殊武器、良好的防御手段等。只要具备微小的优势，便很容易获得成功。

地质学表明，各个大陆都曾经历过巨大的变化。因此，我们有希望在自然状态下发现生物的变异，就像驯养情况下一样。只要自然状态下出现变异，自然选择肯定会发挥作用。有些人认为，自然状态下的变异只会出现在小范围内，但这个说法没有得到证实。虽然只是对外部性状产生作用，而且结果无法确定，但驯养生物的微小差异可以慢慢积累，并在一段时间内表现出显著效果。大家都知道，物种之间存在着个体差异。不过，除了这些个体差异之外，博物学家们认为还存在着自然变种。它们之间的差异非常显著，应该在分类学著作中写上一笔。谁都无法区分个体差异和细微变异、特征明显的变种和亚种、亚种和物种。在相隔离的大陆上，或者被障碍物隔开的不同地区，或者孤立的小岛上，生活着各种各样的生物类型，某些有经验的博物学家将它们列为变种，另一些博物学家则将它们列为地理种或者亚种，而另一些博物学家认为它们是亲缘关系非常近的物种，而且有着显著特征。

如果动植物发生变异，无论这个变异多么微小或者多么缓慢，只要有利于生物的发展，自然选择就会将其保存下来，并且不断地积累，这不是正好符合适者生存的法则吗？如果人们可以选择有利于自己的变异，在不断变化的环境中，对自然界生物有利的变异为何不会出现，并被选择呢？在漫长的发展过程中，对生物的体制、构造、生活习性发挥作用的选择力量，也就是优胜劣汰的力量，到底会受到什么限制呢？我认为，任何力量都无法与这种缓慢地、并巧妙地促使每种生物都能适应复杂环境的理论相比。仅仅是这一点，自然选择学说已经有很高的可信度了。我已经将反对我的学说的各种疑点和意见简要地综述，接下来我要讨论一下支持这个学说的各种事实和多个论点。

　　物种是特征显著的变种，而且每个物种的初始阶段都是变种。根据这种说法，物种和变种之间不存在明确的界限。我们很清楚，为什么某个地区存在同一属内的许多物种，而且这些物种至今依然非常繁盛，还存在着许多变种。根据一般规律可知，在形成物种很活跃的地方，这种作用依然在发挥作用。当变种属于初期物种时，情况也是一样。另外，大属内的物种为了保留变种性状，所以需要形成大量的变种或者初期物种，因为与小属内的物种相比，它们之间的差异比较小。大属内的亲缘关系比较密切的物种，在分布上存在明显的界限，它们根据亲缘关系在其他物种周围形成许多小群体，这两点类似于变种的特征。如果每个物种都是独立创造出来的，那么，上述关系便会无法解释；如果认为物种最初是以变种的形成存在，那么，上述关系很容易理解。

　　由于每个物种的增长都符合几何级数，而且各个物种的变异后代可以通过改变习性或者构造的多样化占据自然条件下的多个生活场所，以便数量可以不断增加。因此，自然选择作用更加倾向于保存物种中的歧异后代。这样，经过长时间的连续变异，同一物种中的不同变种之间的微小差异不断增大，最后成为同一属内的不同物种之间的巨大差异。新的改良变种一定会取代旧的、改良较小的变种，并导致其灭绝；这样，在某种程度上，物种将会变为界限分明的自然群体。每一纲中的优势物种一定属于较大的种群，优势物种更容易形成具有优势的新类型，结果每个大种群会越来越大，性状分异也会更加明显。由于地球上的空间有限，不能允许所有物种都扩大规模，结果优势类型会战胜没有优势的类型。这促使大类群不断增大，性状分异越来越明显，而且会造成许多物种的灭绝；这就可以解释为什么只有少数几个大纲在竞争中始终具有优

物种起源

势，而所有的生物类型都能排列为不同的次一级生物群。特创论观点无法解释自然系统下的所有生物可以划分为不同类群的这个事实。

自然选择的作用是积累微小的有利变异，所以它无法引发突变，只能依据缓慢的步骤进行。因此，不断被证实的"自然界中没有飞跃"这句格言，绝对符合自然选择学说。我们发现，自然界中可以通过许多方式实现同一个目的，因为每个性状只要得到之后，便会一直遗传下去。通过各种方式发生变异的构造，一定要符合同一个目的。总之，自然界中很难出现重大革新，但很容易出现微小变异。但是，如果说每个物种都是被独立创造出来的，那么，我们无法解释这种现象怎样构成了自然界中的法则。

我觉得，这个理论还可以解释许多其他的事实。下列现象非常奇特：一种类似于啄木鸟的鸟在地面上捕食昆虫；高地上的鹅大部分不会游泳，但拥有蹼状的脚；一种类似于鸫的鸟具有潜水能力，而且可以捕食水生昆虫；一种海燕拥有海雀的生活习性和构造，类似的例子数不胜数。每个物种都想要扩大自己的规模，而且自然选择要求变异后代努力适应自然界中尚未被占领的环境。根据这种观点，上述事实不仅不奇怪，而且在预料之内。

我们在某种程度上能够理解自然界中到处都是美，这很大一部分是由自然选择决定的。对于人类的感官而言，美并不是无处不在，只要人们见过某些毒蛇、某些鱼类，或者非常丑陋的蝙蝠，他们就会赞同这种说法。性选择赋予雄性鲜艳的颜色、优美的体形、华丽的装饰等。有时候，对于许多鸟类、蝴蝶等动物来说，雌性和雄性都是这样。例如鸟类，性选择促使雄鸟的鸣叫声不仅可以取悦雌鸟，还可以取悦人类。在绿叶的陪衬下，花朵和果实显得更加鲜艳，更容易被昆虫发现，有利于植物的传粉和种子的传播。为什么某些颜色、声音、形态会吸引人类和动物的目光呢？最初的美感是如何获得的呢？这些问题很难回答，正如某种气味最初如何让人觉得舒适一样。

自然选择的表现是竞争，促使各个地区的生物发生改良，以便更好地适应环境，但这种说法针对的是同一地区的生物关系。因此，虽然某个地区的物种是本地区独有的，而且能够适应这里的环境，但很容易被其他地方迁徙而来的物种打败和排挤。关于这一点，不必大惊小怪。据我们所知，自然界中的所有设计并不是完美无缺的，即使我们的眼睛也是一样。某些构造或许很不合理，对此也无须惊讶。为了抗击敌人，蜜蜂舍身刺敌；大量雄峰产生的目的只是为了交配，交配结束后便会被雌蜂杀死；枞树的花粉十分浪费；蜂后本能地仇视可育的儿女们；姬蜂在毛虫体内取食，类似的例子不足为奇。对于自然选择学说而言，奇怪的是没有发现更多完美的实例。

我们推测，控制变种产生的复杂且不明确的规律与控制物种产生的规律相同。对于这两种情况来说，自然条件产生了重要作用，但很难说明这种作用有多大。于是，变种进入新环境后，它们有时能够获得该地物种具有的某些特征。对于物种和变种而言，某些器官的重复使用或者废弃都会对它们产生作用，下列情形证明了这个结论。例如：大头鸭的翅膀不能飞行，这类似于家鸭的情况；一种穴居的栉鼠，偶尔眼睛是瞎的，而某些鼹鼠大部分是瞎子，眼睛上面覆盖着皮肤；生活在欧美黑暗洞穴中的许多动物常常是瞎的。在物种和变种中，相关变异有着重要作用，所以某一部分发生变异时，身体的其他部分也会发生相应变化。物种和变种中有时会出现返祖现象。马属内的某些物种或者杂交变种的肩部和腿部偶尔会出现斑纹，特创论无法解释这种现象。不过，假如我们承认这些物种来源于具有斑纹祖先的遗传，如同许多家鸽品种来源于带有条纹的蓝色岩鸽一样，那么，上述事例便很容易解释。

根据物种的特创论观点，很难解释同一属内的不同物种之间的区别特征要比它们的共同特征更容易变异的情况。例如，花朵的颜色，为什么同属内的不同物种之间花色不同时要比只有一种花色时更容易变异呢？如果物种是特征显著的变种，而且特征已经非常稳定了，那么，这种现象很好理解，因为它们从共同祖先分出来之后，某些特征已经发生过变异，所以它们之间才会有区别，而这些相同特征与长久没有发生变异的遗传特征相比，显然更容易发生变异。假如某一属内的某个物种的一些器官非常发达，我们会以为这些器官对该物种比较重要，但它们也更容易发生变异。特创论观点难以解释这种现象，但根据我们的观点，这些物种从共同祖先分出来之后，这些器官已经发生了变异，而变异过程将会一直持续下去。不过，对于异常发育的器官来说，例如蝙蝠的翅膀，如果是许多从属类型共有的，应该是长期遗传的结果，那么，它与其他构造一样，不会更容易发生变异。因为在这种情况下，长期自然选择作用已经让它变得非常稳定了。

接下来，我们讨论一下本能。虽然某些本能很神奇，但根据自然选择学说，本能不会比身体构造难以解释。这样一来，我们便能明白，为什么自然赋

第十五章　综述和结论

予同一纲中的不同动物的许多本能是循序渐进的，而不是一蹴而就的。曾经，我尝试着用级进原理解释蜜蜂那近乎完美的建筑能力。显然，习性在本能的改变中有着重要作用，但绝对不是必须的，正如中性昆虫所表现出来的，它们没有后代遗传亲本的习性。根据同属内的所有物种来源于共同祖先，而且继承了一些共同特征的观点，我们能够理解为什么边缘物种生活在不同的环境中，但依然拥有一样的本能。例如：为什么南美洲的热带鸫类和温带鸫类与英国的那些物种相似，都会在所筑的巢内涂上一层泥土。根据本能是由自然选择缓慢形成的说法，如果我们发现某些动物的本能并不完美，而且容易出现错误，甚至某些本能会伤害其他动物时，便不会觉得惊讶。

如果物种是有着显著特征的变种，我们会发现，某些杂交后代在某些性状和程度上，与它们的父母非常相似，而且和公认的变种杂交后代遵循的法则相同。如果根据特创论观点，变种是依据不同的法则形成的，那么，上述相似性就会变得难以解释。

如果我们认同地质记录的不完整性，那么，地质记录表现出来的事实能够支持遗传变异理论。新物种陆续出现在连续的间隔期内，在同一时期不同类群的变化有着巨大差异。在生物演化史上，物种和类群的灭绝有着重要作用，体现了自然选择原理形成的效果，因为新改良类型会替代旧生物类型。只要世代链条断裂，单一物种和成群物种都不会重现。优势类型的扩散伴随着后代的缓慢变异，经过很长一段时间后，生物类型好像在很多地方都有了变化。在某种程度上，各个地层中的化石性状介于上下两个地层之间，这个事实可以通过世代链进行解释。所有灭绝生物可以与现存生物一样进行分类，因为灭绝生物和现存生物来源于共同祖先。在漫长的演化过程中，由于生物的性状会发生变异，所以我们很容易理解为什么古老类型或者生物群的早期祖先类型，在分类谱系上常常处于现存生物类群之间的位置。总而言之，现存生物类型的组织结构要比古老类型更高级，因为在生存竞争中，新改良类型战胜了旧类型；同时，前者的器官更加特化，以便拥有不同的功能。同理，某些类型在演化过程中为了适应退化的生活习性，所以体制上出现了退化。最后，同一大陆上的近缘物种，例如澳洲的有袋类、美洲的贫齿类等，为什么能够长期共存，这很容易解释，因为在同一个地区中，现存生物和灭绝生物以世系关系连接起来。

在地理分布上，假如我们认可在漫长的地质时期，由于气候的变化和偶然的散步方式，生物曾经从一个地区迁移到另一个地区；那么，根据遗传变异学说，生物在分布上的许多事实变得容易理解。为什么生物在地质地理和时空分布上表现出平行现象呢，因为生物通过相同的世代谱系联系起来，而且有着相同的变异方式。在同一大陆上，在很不相同的条件下，在炎热和寒冷的环境中，在高地和低地，在沙漠和沼泽，每个大纲中的大部分生物有着紧密联系。这使得游客觉得惊讶，但我们很容易理解这些情况，因为它们有着共同的祖先，而且是早期潜入者的变异后代。根据迁徙理论和生物变异，然后借助于冰期事件，我们便能理解为什么遥远的山区和南北温带中少数植物完全相同，而且许多植物非常相似；同时也能理解，为什么即使隔着整个热带海洋，南北温度海洋生物依然很相似。虽然两个地区的自然条件相同，如果两个地区一直处于隔离状态，两地的生物一定有着巨大不同。而且，这两个地区在不同的时期，其他地区迁入两地的生物比例不同。因此，两个地区中的生物变异过程必然存在差异。

我们根据这种迁徙观点和随后的生物变异可知，为什么在海岛上生活的物种很少，而且大部分是地方性类型。我们清楚地发现，那些无法跨越广阔海洋的生物类群，例如蛙类和陆栖哺乳类，为什么没有生活在海岛上；另一方面，那些能够飞越海洋的动物，例如蝙蝠中的特殊类型，为什么能够生活在遥远的海岛上。海岛上存在着特殊类型的蝙蝠，但是没有任何陆生哺乳动物，特创论观点无法解释这种情况。

根据遗传变异学说，如果任意两个地区生活着亲缘关系很近的代表性物种，那么，它们的共同祖先类型可能曾经存在于这两个地区。而且，如果两个地区存在着亲缘关系密切的物种，我们还会发现这两个地区共有的物种；如果某个地方出现了许多亲缘关系密切的特征性物种，那里一定存在着同一类群的可疑类型和变种。各个地区的生物一定与其最近的迁徙源区的生物密切相连，这是一个很普遍的法则。我们发现，加拉帕戈斯群岛、胡安·斐尔南德斯（Juar Fernandez）群岛、美洲岛屿上的许多动植物与相邻北美大陆上的动植物存在紧密联系。同理，佛得角群岛和非洲岛屿上的生物与非洲大陆上的生物也紧密相连。我们无法否认，特创论观点难以解释这些事实。

我们发现，所有的灭绝生物和现存生物可以根据等级划分到几个大纲中，而且灭绝生物群的等级常常介于现存生物群之间，这种现象自然选择及其引发的物种灭绝和性状分歧能够解释。根据相同原理，我们可以明白为什么同一纲中的生物之间的亲缘关系如此复杂，为什么生物在分类上某些特征要比其他特征更加实用；为什么生物的适应特征对于生物本身非常重要，但在分类学上的价值很小；相反，虽然某些退化器官对生物毫无用处，但在分类学上有着重要意义；同时，我们也很清楚，为什么胚胎性状在分类学上最重要。所有生物的亲缘关系表现在遗传或者世系的共性上，而不是适应的相似性。自然分类法是根据生物的等级差异形成的一种谱系排列，通过变种、物种、属、科、目等术语进行表示。我们要依据生物的稳定性状寻找谱系线，而不用考虑对生物本身的重要性。

人类的手、蝙蝠的翅膀、海豚的鳍、马的蹄子都是由同样的骨骼构成；长颈鹿的脖子和大象的颈部的脊椎数目相同；类似的许多事实都可以用生物遗传变异理论进行解释。蝙蝠的翅膀和腿，螃蟹的颚和脚，花朵的花瓣、雄蕊、雌蕊等，尽管它们有着不同的用途，但它们的结构很相似。在各个纲的早期类型中，这些器官或者身体某部分的构造非常相似，但后来慢慢发生了变化。根据这个观点，上述各种相似性大部分能够解释清楚。由于连续变异一般不会出现在生命的早期阶段，而且遗传作用也不会发生在早期阶段，我们便能明白为什么哺乳类、鸟类、爬行类、鱼类的胚胎结构如此相似，但成体结构有着巨大差异。我们也不用诧异，陆生哺乳类和鸟类的胚胎中含有鳃裂和弧形动脉（鱼类拥有发达的鳃和鳃裂，以便呼吸水中溶解的空气）。

由于生活习性和自然条件的变化，器官不使用或者自然作用常常导致器官萎缩，所以我们也能理解退化器官的意义。不过，只有当生物到达成熟期并在生存竞争中充分发挥作用时，不使用和自然选择才会产生影响；而对幼年时期的生物器官几乎没有影响，因为不使用的器官在生命早期不会萎缩，更不会发育不全。例如小牛从原始祖先那里继承来的牙齿，但这些牙齿无法突破上颌的牙龈生长出来。对此，我们可以这样理解，在自然选择的作用下，成熟牛的舌、腭、唇已经变得适宜咀嚼草料，牙齿已经变得没有作用了；因此，牙齿在牛成熟之前就由于不使用变得萎缩了。对于小牛来说，牙齿没有受到影响。根据遗传出现在相应时期的观点，它们的牙齿是从很久以前遗传而来。根据特创论的观点，每个生物的各个部分都是由上帝创造出来的，那些无用的器官，例如牛在胚胎期的牙齿，许多甲壳类愈合的翅鞘之下的萎缩翅膀等，将要做出何种解释呢？在自然界中，退化器官、胚胎结构、同源构造等都能够显示生物的变异过程，因为我们没有仔细观察，所以没能发现其他的奥秘。

我已经简要讲述了一些事实和论据，所以我深信，在漫长的演化过程中，物种发生了许多变化，主要表现为自然选择作用对许多微小连续且有利变异的积累。此外，还要借助于生物体的器官使用和器官废弃的手段，自然环境对过去生物或者现存生物的适应性构造的作用，以及现在还不清楚的自发性变异的影响。以前，我低估了自发变异对生物构造的影响。目前，许多人误解了我的结论，有些人认为我觉得自然选择是决定物种演变的唯一因素，对此我要解释一下。在本书的第一版中，"绪论"的结尾处有这样一段内容："我相信，自然选择是物种演化的主要手段，但不是唯一手段。"不过，这句话并没有受到人们的关注。虽然误解的力量很大，但这种力量不会在科学史上存在很长时间。

我们难以想象，一种错误的学说可以像自然选择学说一样，完美地解答上述各种事实。不过，最近有些人反对说，这种辩论方法并不可靠。但是，我想说的是，这是判断日常事理的有效方法，更是伟大的物理学家们常常使用的方法。光的波动说由此而来，地球绕着中心轴转动的观点一直缺少直接证据。目前，科学无法准确地回答生命的本质或者生命的起源这个问题，这不是强有力的反驳。谁能清楚地心引力的本质是什么呢？不过，现在谁都不会反对通过地心引力得出的结论，虽然莱布尼兹（Leibnitz）曾批评牛顿，说他将玄妙的东西引入到哲学中。

我无法解释，为什么本书的一些观点会影响到某些人的宗教感情，但我们不要忘记，地心引力这样伟大的发现也曾受到莱布尼兹的攻击，认为它破坏了自然信条，导致宗教信仰破灭。这样一来，我们便会明白这种影响是短暂的，我们就满足了。曾经，某位著名的作家和神学家在写给我的信中说："他渐渐相信上帝创造出几种原始类型，而这些类型能够逐渐发展成其他类型，这种观点与上帝需要使用新的创造方法弥补他的法则形成的空白同样重要。"

有些人可能会疑惑，直到现在为止，为什么许多博物学家和地质学家都不承认物种的可变性呢？人们无法断言，生物在自然条件下不会发生变异；也无法证明，生物在漫长的演变过程中，变异量是有限的；在物种和变种之间，根本不存在明显的界限。我们无法肯定物种杂交一定会不育，而变种杂交必然可育；或者不育性代表创造的标志和禀赋。如果认为地球历史比较短暂，一定会认为物种是不变的产物；现在，我们对地质历史有了一定的了解，在没有足够证据的情况下，我们不会轻易认为物种发生了变异，而地质记录能够提供充分的证据。

显然，人们不想承认一个物种能够形成具有显著特征的其他物种，主要因为人们在不清楚变异经历的所有步骤之前，不会轻易认同物种存在巨变。在地质学中，也曾出现过这种情况。最初，莱伊尔提出陆地上岩壁的形成和大峡谷的凹陷都是由动力引起的，地质学家们都觉得难以相信。关于100万年的时间概念，人们已经很难理解其中的含义了，而经过无数世代所积累的微小变异，人们更是难以理解其中的真谛。

尽管我相信本书观点的正确性，但我绝对没有想要说服经验丰富的博物学家们。经过长期的实践，他们得到了大量事实，但与我得出的结论截然不同。借助于"创造计划""设计一致"这样的幌子，人们常常掩饰自己的无知，有时仅仅是将事实陈述出来，便觉得自己给出了合理的解释，无论谁强调没有解决的难点，而不是解释某些事实，他就会反驳我的学说。某些思路比较灵活的博物学家们，假如他们对物种不变的信条产生了怀疑，本书的观点或许对他们会有启发意义。我希望那些年轻的博物学家们，能够从正反两个方面正确地看待我的学说。如果承认物种可变的人们可以坦诚表述自己的信念，这就是一件好事。只有这样，才能逐渐消除这个问题受到的质疑。

最近，某些著名的博物学家发表了自己的看法，他们认为每个属中都有一些公认的物种但不是真正的种，只有分别创造出来的一部分才是。我觉得，这个结论非常奇怪。他们承认一直以为是被创造出来的种具有真正物种的外部特征，它们来自于变异，但它们不想将这个观点拓展到其他类型中去。不过，他们无法确定，哪些生物类型是被创造出来的，哪些生物类型是第二性法则形成的。在一些情况下，他们承认物种形成的真正原因是变异，但在其他情况下否认，而且没有说明两种情况的不同之处。总有一天，这会成为解释先入为主盲目性的实例。这些学者认为奇迹般的创造作用类似于普通生殖。不过，他们是否真的相信，在地球历史中，一些元素的原子多次被神秘力量控制而形成活的组织呢？他们是否相信，每次创造性活动都能产生一个或者若干个个体呢？这些数不清的动植物在被创造出来时，究竟是卵子还是种子，或者是发育良好的成体呢？对于哺乳动物来说，它们在被创造出来时是不是就具有从母体吸收养料的虚假证据呢？无疑，那些认为只有少数生物类型或者某种生物是被创造出来的人们无法回答这些问题。某些作者曾说，承认一种生物是被创造出来的与承认千千万万种生物是被创造出来的毫无区别；然而，由于受到莫帛邱（Maupertuis）的"最少行动"哲学格言的影响，人们更愿意相信少数生物是被创造出来的。当然，我们无法就此推测，每个纲中的无数生物在被创造出来时就具有从单一祖先那里继承来的带有欺骗性的印记。

在上述内容及以前的章节中，我曾简要地描述了某些博物学家提出的每个物种都是被单独创造出来的观点，这仅仅是记录了一些往事而已。不过，正是这一点让我受到了许多谴责。在本书初版时，大家的确是这样认为的。曾经，我与许多博物学家讨论进化论问题，但从来没有得到过认同。当时，他们中的一部分人相信进化论，但不是保持缄默，就是含糊其辞。现在，情况已经完全不同了。几乎所有的博物学家都赞同进化论理论。不过，现在依然有人认为，物种是以一种无法解释的方式突然出现的新类型。但是，许多证据能够反驳这种巨大突变的观点。从科学角度而言，为了未来的研究，认同新生物类型是以一种无法解释的方式从旧类型中发展而来，与认同生物是地球上的尘土创造出来的，这两种观点没有什么区别。

某些人可能会疑惑，我想将物种变异学说拓展到何种地步呢？这个问题很不容易回答，因为我们所研究的生物类型的差别越大，能够证明它们来源于共同祖先的证据就越少，说服力也越小。不过，某些说服力很强的证据能够使得这个学说推广得很远，如同一纲内的所有生物都是通过亲缘关系连接在一起的，都可以根据相同法则划分为不同等级。有时候，现存各目之间的空白能够由化石填补。

退化器官清楚表明，该器官在早期祖先中是高度发达的。在某种程度上，这表明它们的后代发生了巨大变异。同一纲中的所有生物构造都是同一构架形成的，所以它们的胚胎状态非常相似。因此，我认为生物的遗传变异理论能够包含同一纲中的所有生物。我推测，所有生物来源于四五个原始祖先的遗传，而动植物的原始祖先也是相同数量或者更少。

我们依此类推，所有的动植物都是由某个原始类型繁衍而来。不过，类比可能将我们引入歧途。尽管这样，所有生物在化学成分、细胞结构、生长规

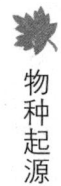

模等各方面有着许多相似之处。在许多细节上，我们都能发现这一点。例如，同一毒素常常对多种动植物产生相同的影响；瘿蜂的毒液能够让野蔷薇或者橡树形成畸形瘤；除了某些低等生物之外，所有生物的有性生殖方式都很相似；所有生物的胚珠都是相同的，因为它们都是同源的。假如我们认真研究动物界和植物界，将会发现某些低等生物的性状处于两者之间，所以博物学家们在其归属上存在争议。就像阿莎·格雷教授（Asa Gray）所说："最初，许多低等藻类的孢子和其他生殖体是动物性的，后来慢慢变成了植物。"根据遗传变异理论可知，动植物都是由中间低等类型发展而来。如果我们承认这个观点，同样要承认地球上的所有生物都是由某个原始类型繁衍而来。不过，这个推断是从类比中得出的，它能否被接受毫无关系。然而，就像刘易斯（G. H. Lewes）的观点，地球生命之初已经有许多不同生物类型演化形成了。显然，这种情况可能是真的。不过，如果真是这样的话，我们可以断定只有少数类型能够留下变异后代。因为正如我所说，每个大界中的生物，例如脊椎动物、关节类、节肢类等，在胚胎同源性或者退化器官的构造上都有证据显示，同一界中的所有动物都来源于单一祖先。

　　本书中的许多观点和华莱士先生的一些观点，或者关于物种起源的相似观点，只要能够被大家所接受，我们可以预测博物学中将会迎来一场重大变革。分类学家们依然会继续自己的工作，但他们不会总是被某个生物是物种还是变种这样的问题所困扰。我想，这一点对他们来说是非常重要的。关于英国的50多种草莓到底是不是物种，这样毫无止境的争论也会告一段落。分类学家需要做的事情是确定某个类型是否稳定（当然，这也不是容易的事），与其他类型是否不同，能够给出定义。如果确定了之后，需要看看这些区别能够定义一个种。这是比较重要的，因为无论两个生物类型的差别多么细微，只要没有级进性状将它们连接起来，许多博物学家会将它们列为物种。

　　此后，我们会发现物种与有着显著特征的变种之间的差别在于：人们承认许多中间级进性状将各个变种联系起来，而物种曾经存在这种联系。因此，当我们研究两个类型之间是否存在中间级进性状时，我们会认真比较两个类型之间存在的差异量。也许，现在认为是变种的类型将来会被划分为物种。这样，学名和俗名便会一致。总之，我们要用博物学家对待属的态度对待物种，而属则是他们为了方便进行的人为组合。虽然前景晦暗不明，但我们不会浪费精神寻找物种这个术语所包含的尚未发现的意义，甚至是不可能发现的意义。

博物学中其他知识将会更加吸引人。博物学家们常常使用的术语，例如亲缘关系、构架的同一性、父系、形态学、适应性状、退化器官等，这些词语将不再是喻词，应该具有明确的含义。生物对于人们来说，不再是什么难以理解的东西；当我们将自然界中的某件东西看作有着悠久历史时，当我们将复杂的生物构造和生物本能看作有利于生物本身的精巧综合时，当我们用这种态度研究生物体时，根据我以往的经验，博物学研究将会是最有趣的事情。

在变异的起因和规律、器官使用或者废弃产生的结果、外界条件的直接作用等各个方面，人们面对的是一片广阔且尚未涉足的领域。人工驯养生物的价值会大大提高，人类培育的变种的学术价值要远远超过已知物种中出现的新种。我们将会根据谱系关系对生物分类，那时它们将会表现出真正的创造性计划。当我们有了确定的目标时，分类原则就会变得非常简单。我们没有现成的谱系作为参考，必须根据长久遗传下来的各种性状去寻找自然谱系中许多分支的演化关系。退化器官能够揭示出早已消失的构造特征。畸形物种或者类群，或者被叫做活化石的类型，将帮助我们绘制古代生物类型的图画。胚胎学能够显示各个大纲中的原始类型的构造，但有些模糊不清。

当我们能够确定同一物种内的所有个体或者同一属内的亲缘关系密切的所有物种都是来源于一个共同祖先的遗传，而且是从同一个发源地向四周扩散的；当我们能够弄清楚生物迁徙的各种方法，而且与地质时期的气候变化和地平面变化有关时，我们就可以追溯地质时期生物的迁徙情况。现在，我们通过比较某一大陆上的生物与两侧海生生物的差别，根据大陆上各种生物的特征，同时参考它们的迁徙方式，我们可以简单地了解古代的地理状况。

由于地质记录的不完整性，地质学这门科学缺少光辉。蕴含着生物化石的地壳不像内容丰富的博物馆，比较像人们偶然找到的收藏品。每个较厚的化石层沉积都需要有利的环境，而上下不含化石的地层代表着长长的间隔期。不过，通过比较前后生物类型，我们大概能够计算出这些间隔期的时间值。假如两端地层中含有的化石属种不同，根据生物类型的演变规律，我们在判断它们是否严格时要非常谨慎。因为物种形成和物种灭绝都是缓慢因素在发挥作用，而不是神奇创造作用的结果，更因为生物之间的关系是引发生物改变的重要因素，即一种生物的改进会促使其他生物改进或者走向灭亡，但不断变化的自然关系没有产生大作用，因此，虽然连续沉积层中的古生物变化量无法准确测量经过的时间，但能够估算相对的时间变化值。许多生物聚集成一个团体时，能够长期不变。同时，某些物种迁移到新地区，与那里的生物进行竞争，导致生物发生变异。因此，当用生物变化量衡量时间时，一定不能过高估计其作用。

展望未来，我发现一个非常重要的研究领域。赫尔伯特·斯宾塞先生提出的每一智力和智能都是通过级进方式获得的理论，为心理学的发展奠定了基础。这个理论对人类的起源和历史也有重要的启示作用。

许多优秀作者都赞同物种特创论的观点。我觉得，过去生物和现存生物之所以会形成和灭绝，类似于个体的出生和死亡，决定因素都是第二性法则。这正好符合大家知道的"造物主"留给生物的法则。如果我们认为生物不是被单独创造出来的，而是在寒武纪最古老的地层沉积之前已经存在的少数生物类型的后代，它们便会变得更加珍贵。我们根据过去事实可知，没有任何一个现存生物能够保持原有状态一直到遥远的未来，而且只有极少数现存物种能够在遥远未来留下后代。因为根据生物的分类方式来看，少数属中的大部分物种和许多属中的全部物种都已经灭绝了，而且没有留下任何后代。我们展望未来能够预料，只有各个纲中的最常见、分布最广泛的物种才能够形成具有优势的新物种。既然现存生物是生活在寒武纪最古老地层之间的少数生物类型的后代，我们推测，世代演变从来没有停止，而且更没有出现过导致全球生物灭绝的灾难。因此，我们会拥有一个安全的长久未来。由于自然选择是对生物个体发挥作用，而且有利于生物的发展，所以一切肉体上和心智上的禀赋将会越来越完善。

我们观察一下缤纷的河岸，草木丛生，鸟语花香，昆虫在树林间飞舞，蠕虫在湿木中穿梭，这些生物的构造多么精巧啊！尽管彼此各异，但用类似的方式相依生存；而它们都是围绕在我们身边的那些法则形成的，这真是非常奇妙！从广义上来说，这些法则就是与"生殖"相伴的"生长"；生殖中隐含的"遗传"；生活条件的变化和器官使用与废弃引发的变异；由于过度繁殖而引发生存竞争，所以导致了自然选择、性状分化、改良较少生物的灭绝。这样，在自然界的竞争中，在饥饿和死亡中，自然界中最美妙的高等动物诞生了。生命及其种种力量是由大自然注入到少数几个类型中去的，并促使最简单的无形物体逐渐演化为令人赞叹的生命体，而且这个演化过程一直持续着，这才是真正的伟大思想理论！